江苏省高等教育教改研究课题一般项目（2017JSJG128）
江苏高校品牌专业建设工程项目"安全工程"（PPZY2015A055）

安全工程

第二版

魏连江　陶红菲　赵才智　唐　俊

王云刚　柴红保　高亚斌　曹文涛　编著

中国矿业大学出版社

China University of Mining and Technology Press

内 容 提 要

本书从初学者角度出发,由浅入深、循序渐进地讲述了目前最流行的计算机辅助设计软件 AutoCAD 2019 在安全工程中的应用,侧重煤矿安全图形的绘制方法与规范。全书共分 10 章,内容主要包括 AutoCAD 快速入门、绘图环境设置与图案填充、对象特性与图层管理、文字与表格、块与设计中心、夹点编辑对象与光栅图像矢量化、尺寸标注与图形输出、安全工程图的绘制与规范、三维建模基础、三维对象编辑与渲染以及常用绘图与编辑命令的使用等。

编写中采用 AutoCAD 基础知识与安全图形实例相结合的模式,突出绘图方法与实战技巧;精选典型采矿、安全图形素材,实用性强,让读者达到由基础到专业绘制安全工程图形的目的,解决了使用 AutoCAD 过程中遇到的一些实际问题。

本书内容丰富、实用,结构严谨,条理清楚,重点突出,讲解循序渐进,具有很强的实用性和可操作性,不仅可作为高等院校相关专业及社会相关培训班的教材和教学参考书,同时也是采矿工程、安全工程技术人员及设计人员必备的工具书。

图书在版编目(C I P)数据

安全工程 CAD/魏连江等编著. —2 版. —徐州:中

国矿业大学出版社,2019.7(2022.8重印)

ISBN 978 - 7 - 5646 - 4461 - 1

Ⅰ. ①安… Ⅱ. ①魏… Ⅲ. ①安全工程—AutoCAD 软

件 Ⅳ. ①X93—39

中国版本图书馆 CIP 数据核字(2019)第 104753 号

书　　名	安全工程 CAD
编　　著	魏连江　陶红菲　赵才智　唐　俊 王云刚　柴红保　高亚斌　曹文涛
责任编辑	周　红
出版发行	中国矿业大学出版社有限责任公司 (江苏省徐州市解放南路　邮编 221008)
营销热线	(0516)83884103　83885105
出版服务	(0516)83995789　83884920
网　　址	http://www.cumtp.com　E-mail:cumtpvip@cumtp.com
印　　刷	徐州中矿大印发科技有限公司
开　　本	787 mm×1092 mm　1/16　**印张** 18.75　**字数** 468 千字
版次印次	2019 年 7 月第 2 版　2022 年 8 月第 2 次印刷
定　　价	39.80 元

(图书出现印装质量问题,本社负责调换)

前　言

　　AutoCAD 是美国 Autodesk 公司于 1982 年开发的通用自动计算机辅助设计软件,是集二维绘图、三维设计、参数化设计等于一体的计算机辅助绘图软件包,广泛应用于采矿、机械、建筑、电子、航天、石油化工、冶金、地质、商业等领域。

　　AutoCAD 功能强大、操作简单,毫无疑问,其已经成为应用最广泛的计算机辅助设计软件之一,掌握 AutoCAD 的绘图技巧已经成为工程设计领域中工作人员的一项基本技能。

　　本书以 AutoCAD 2019 版为基础进行讲解,着重阐述 AutoCAD 绘图的基本理论与基本技能,采用 AutoCAD 基础知识与安全图形实例相结合的模式,突出矿井通风与安全二维图形绘制的基本方法和常用技巧,与安全专业紧密结合,从现场实际的相关工作出发,精选典型采矿、安全图形素材,图形举例全面,内容的编排以让读者由零基础到高效准确绘图为目标,实用性、可操作性强;以安全专业典型图形绘制为操作实例,致力于理论与实际应用相结合,解决了使用 AutoCAD 过程中遇到的大量实际问题。

　　全书共分 10 章:第 1 章由中国矿业大学魏连江和太原理工大学高亚斌编写,第 2 章、第 3 章由河南理工大学王云刚编写,第 4 章、第 5 章由新疆工程学院陶红菲编写,第 6 章由中国矿业大学唐俊编写,第 7 章由中国矿业大学唐俊和运城职业学院曹文涛编写,第 8 章由中国矿业大学魏连江编写,第 9 章由中国矿业大学赵才智编写,第 10 章由湖南科技大学柴红保编写。全书由魏连江、陶红菲统稿,并负责全面修正及整体性优化。

　　本书在编写过程中吸取了以往相关教材精华,参阅了近年来高校及矿山设计部门的资料与文献,在此向所有文献作者表示感谢!

　　本书定位以初学者为主,并考虑初学者的特点,内容讲解由浅入深,循序渐进,引领读者快速入门,具有很强的实用性和可操作性,适合作为高等院校、大中专院校相关专业及社会相关培训的优秀教材,同时也是采矿工程、安全工程技术人员及设计人员必备的工具书。

本书的编写得到李增华教授、罗新荣教授和张伯权老师的指导与帮助,在此表示衷心的感谢。本书的收集资料、整理插图和部分文字的录入校正工作得到李小林老师、杜凌云老师、郝宪杰老师、王建伟硕士、许占营硕士、李文栋硕士、陈欢硕士、杨永亮硕士、殷炳南硕士、董席席硕士、胡建坤硕士、梁伟硕士、邢璐硕士、高方舟硕士、魏宗康硕士、李胜硕士、王梦薇硕士的帮助,他们付出了艰辛的劳动,值本书出版之际,向他们表示衷心的感谢。本书出版过程中,中国矿业大学出版社给予了大力支持,编辑付出了大量劳动,在此一并表示感谢。

由于时间仓促,书中难免存在疏漏之处,欢迎读者批评指正。

编 者

2019 年 6 月

目　录

第 1 章 快 速 入 门

本章主要介绍 AutoCAD 2019 的安装与启动、主界面、图形文件操作、绘图常用辅助命令及其操作,学习直线、圆、删除、放弃、重做等绘图与修改命令的使用,学习点的输入等方面的知识与技巧,讲解 AutoCAD 的命令及键盘操作。通过本章的学习,可以掌握 AutoCAD 基础操作,实现 AutoCAD 的快速入门,为深入学习 AutoCAD 奠定基础。

本章要点

- 了解 AutoCAD 的安装、启动及退出方法;
- 熟悉 AutoCAD 的程序界面;
- 熟练掌握 AutoCAD 的命令及键盘操作;
- 熟练掌握直线、圆、删除、放弃、重做命令及点的输入方式。

1.1 计算机辅助设计和 AutoCAD

计算机辅助设计(Computer Aided Design,CAD)作为工程设计领域中的重要技术,在设计、绘图和相互协作方面展示了强大的技术实力。利用 AutoCAD 可以迅速而准确地绘制出所需图形。由于其具有易学、使用方便、体系结构开放等优点,因而深受技术人员的喜爱。

1.1.1 计算机辅助设计

计算机辅助设计只是一种辅助工具,辅助实现用户的设计意图。计算机辅助设计是一种将人和计算机的最佳特性结合起来以辅助进行产品设计和分析的技术,是综合了计算机与工程设计方法的最新发展而形成的一门学科。设计人员可以通过人机交互操作的方式进行产品设计的构思和论证。

计算机辅助设计将朝标准化、智能化、集成化、网络化、三维化及多媒体虚拟化等方向发展,甩掉图板,实现全自动无纸化设计、生产和制造,是计算机辅助设计发展的目标。

AutoCAD 的功能日益强大与完善,成为世界上最为流行的计算机辅助设计软件之一。其他常用软件有 Photoshop、CorelDRAW、Pro/Engineer、SolidWorks、CAXA 电子图板、中望 CAD、开目 CAD、PICAD、高华 CAD、清华 XTMCAD、天正建筑工程软件等。

1.1.2 AutoCAD

AutoCAD(Auto 为 Autodesk 的简写，CAD 为计算机辅助设计的英文简称)是 Autodesk 公司的主导产品，在二维绘图领域 AutoCAD 系列软件拥有最广泛的用户群。自 1982 年问世以来，Autodesk 公司对 AutoCAD 进行不断的升级，使其功能不断扩充，且日趋完善。AutoCAD 具有强大的辅助绘图功能，彻底改变了传统的手工绘图模式，把工程设计人员从繁重的手工绘图中解放出来，从而极大地提高了设计效率和设计质量。因此 AutoCAD 已成为工程设计领域中应用最为广泛的计算机辅助绘图与设计软件之一，应用范围遍布机械、建筑、航天、轻工、军事、电子、服装和采矿等设计领域。

与以前的版本相比较，新版软件具有更好的绘图界面以及更加形象生动、简洁快速的设计环境。它在性能和功能方面都有较大的增强，同时又能够保证与低版本完全兼容。

1.2 AutoCAD 2019 的安装与启动

1.2.1 AutoCAD 2019 的安装

要想使用 AutoCAD 的功能首先必须安装 AutoCAD 软件。安装前要了解安装软件的系统配置要求，不过对于现在的计算机来说，硬件配置一般都能达到软件的安装要求。

AutoCAD 软件包以光盘形式提供，光盘中有名为 setup.exe 的安装文件，执行该安装文件(将 AutoCAD 2019 安装盘放入光驱后，一般系统会自动执行 setup.exe 文件)，弹出安装向导主界面，如图 1-1 所示。

图 1-1　AutoCAD 2019 安装程序界面

单击界面中的【安装】按钮，依次显示各安装页，应根据提示在各安装页进行必要的设置。通过安装页完成各安装设置后，开始安装软件，直至软件安装完毕。

1.2.2　AutoCAD 2019 的卸载

如果不再使用当前 AutoCAD 可以将其卸载，卸载 AutoCAD 具体步骤如下：

01 在"开始"菜单（Windows）上，依次单击"控制面板"→"卸载程序"。

02 选择 AutoCAD 2019，单击"卸载/更改"。如显示"用户账户控制"对话框，单击"是"。

03 在安装向导中，单击"卸载"。

04 在"卸载 AutoCAD 2019"页面上，单击"卸载"。

05 单击"完成"即可。

1.2.3　AutoCAD 2019 的启动与退出

（1）启动 AutoCAD

启动 AutoCAD 的常用操作方式有如下几种：

01 单击【开始】菜单→【所有程序】→【Autodesk】→【AutoCAD 2019-简体中文（Simplified Chinese）】。

02 双击 AutoCAD 桌面快捷图标打开。

03 双击打开 AutoCAD 格式的文件，如.dwg，.dwt 等文件。

首次打开的 AutoCAD 会出现【新功能练习】界面，可以根据需要选择是否使用该功能。启动后的 AutoCAD 初始界面见图 1-2。

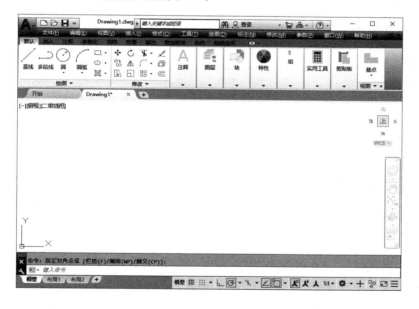

图 1-2　AutoCAD 2019 中文版初始界面

（2）退出 AutoCAD

退出 AutoCAD 的常用操作有以下两种：

① 单击 AutoCAD 程序窗口右上角的【关闭】按钮。单击该按钮下方的【关闭】，可关闭当前的图形文件而不是退出 AutoCAD。关闭当前的图形文件的命令为 Close。

② 在命令行输入 Quit、Exit 或按 Ctrl＋O。

> **● 注意**　　　　　　　　　　　何谓"命令行为空"？
>
> 　　当退出 AutoCAD 软件时，如果系统中还有未保存的绘图文件，则会弹出询问对话框，提示是否保存相应的图形。

1.3　AutoCAD 2019 程序界面

　　AutoCAD 程序界面是 AutoCAD 显示、编辑图形的区域，一个完整的 AutoCAD 程序界面如图 1-3 所示，包括绘图区、滚动条、坐标系图标、工具栏、菜单栏、标题栏、命令行窗口、状态栏、"快速访问"工具栏、功能区、布局标签、状态托盘等。

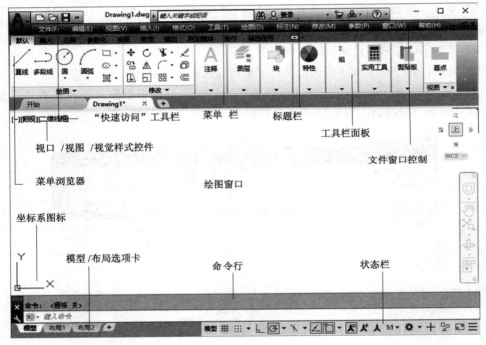

图 1-3　AutoCAD 2019 中文版程序界面

1.3.1　工作空间

　　切换或自定义工作空间，命令调用方法：**01**【工具】→【工作空间】；**02** 状态栏：⚙️。

　　AutoCAD 提供了【草图与注释】、【三维基础】和【三维建模】三种工作空间，可以根据需要随时进行切换。

　　默认状态下启动的工作空间是【草图与注释】空间。但对于老用户来说，比较习惯于传统的【AutoCAD 经典】工作空间的界面，但是 AutoCAD 2019 中并没有经典模式的工作空间。

注意   **如何在工作空间中显示菜单栏?**

在"二维草图与注释"和"三维建模"工作空间中,默认情况下系统不显示菜单栏,此时可单击快速访问工具栏中的 ▼ 按钮,在弹出的如图1-4所示的菜单栏中选择"显示菜单栏"命令来控制菜单栏的显示。

图1-4 显示菜单栏

1.3.2 菜单浏览器

【菜单浏览器】按钮 位于界面左上角,单击该按钮,将弹出菜单,其中包含了AutoCAD的大部分常用的功能和命令,选择命令后即可执行相应操作。

在该菜单中可快速进行创建图形、打开现有图形、保存图形、维护图形、打印图形、发布图形以及退出AutoCAD等操作。

此外,在该菜单弹出的【搜索】文本框中输入关键字,然后单击【搜索】按钮,就可以显示与关键字相关的命令。

1.3.3 标题栏

标题栏位于AutoCAD程序界面的最上方,见图1-5,主要由快速访问工具栏、应用程序名称和交互信息工具栏及窗口控制按钮组成。

图1-5 标题栏

① 快速访问工具栏:该工具栏包括【新建】、【打开】、【保存】、【另存为】、【打印】、【放弃】和【重做】等最常用的工具按钮。也可以单击此工具栏后面的小三角下拉按钮选择设

置需要的常用工具。

② 应用程序名称：在标题栏中部，显示 AutoCAD 图标和正在使用的图形文件名称。

③ 交互信息工具栏：位于标题栏右侧，该工具栏包括【搜索】、【帮助】等常用按钮。

④ 窗口控制按钮：标题栏的最右侧是 Windows 标准应用程序的控制按钮，分别是窗口最小化按钮、还原或最大化按钮和退出按钮。

1.3.4 功能区

功能区主要包括【常用】、【插入】、【注释】、【参数化】、【视图】、【管理】和【输出】等选项卡，如图 1-6 所示。在功能区中集成了相关的操作工具，方便用户的使用。可以单击功能区选项板后面的 按钮控制功能的展开与收缩。打开或关闭功能区的操作方法如下：选择菜单栏中的【工具】→【选项板】→【功能区】命令。

图 1-6　标题栏

1.3.5 滚动条

滚动条可以实现平移图纸的功能。滚动条有两种，即垂直滚动条和水平滚动条，分别位于绘图区的右侧和底部。为增加绘图区大小，一般将其关闭。关闭方法如下：

选择菜单栏中的【工具】→【选项】命令，打开【选项】对话框。单击如图 1-7 所示的【显示】选项卡，将【在图形窗口中显示滚动条】前的对勾去掉，然后单击【确定】按钮即可。

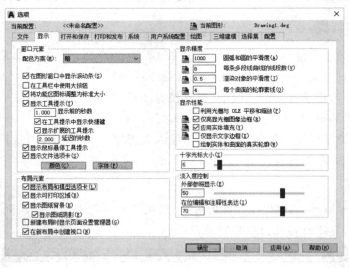

图 1-7　功能区面板

1.3.6 绘图区

绘图区是指在标题栏下方的大片空白区域，它是绘制图形的区域，要完成一幅设计图形,其主要工作都在绘图区中完成。可以根据需要关闭其他窗口元素,例如工具栏、选项板等,以增大绘图空间。如果图纸比较大,需要查看未显示部分,可以单击窗口右侧与底部滚动条箭头,或拖动滚动条上的滑块来移动图纸。

在绘图区中,有一个作用类似光标的十字线,其交点坐标反映了光标在当前坐标系中的位置。在 AutoCAD 中,将该十字线称为光标,通过光标坐标值显示当前点的位置。十字线两交叉线的方向分别与当前用户坐标系的 X 轴、Y 轴方向平行,十字线的长度系统预设为绘图区大小的 5%。

① 修改绘图区十字光标的大小:光标的长度,可以根据绘图的实际需要修改其大小,修改光标大小的方法如下:

选择菜单栏中的【工具】→【选项】命令,打开【选项】对话框。单击【显示】选项卡,在【十字光标大小】文本框中直接输入数值,或拖动文本框后面的滑块,即可以对十字光标的大小进行调整,如图 1-7 所示。

② 修改绘图区的颜色:在默认情况下,AutoCAD 的绘图区是黑色背景、白色线条,修改绘图区颜色的方法如下:

选择菜单栏中的【工具】→【选项】命令,打开【选项】对话框。单击如图 1-7 所示的【显示】选项卡,再单击【窗口元素】选项组中的【颜色】按钮,打开如图 1-8 所示的对话框。在"颜色"下拉列表框中,选择需要的窗口颜色,然后单击【应用并关闭】按钮,此时 AutoCAD 的绘图区就变换了背景色,通常按视觉习惯选择黑色或白色为窗口颜色。

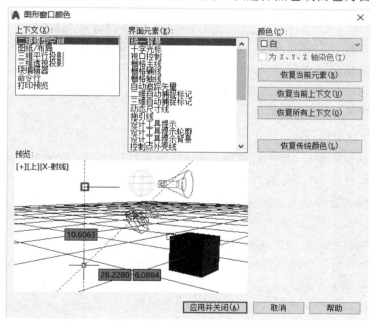

图 1-8 【显示】选项卡

③ 布局标签选择:AutoCAD 系统默认设定一个【模型】空间和【布局 1】、【布局 2】两个图样空间布局标签,一般均在模型空间绘制图形。

📖 知识精讲　　　　　　　　　**布局与模型的含义**

布局：它是系统为绘图设置的一种环境,包括图样大小、尺寸单位、角度设定、数值精确度等,在系统预设的 3 个标签中,这些环境变量都按默认设置。用户可根据实际需要改变这些变量的值。用户也可以根据需要设置符合自己要求的新标签。

模型：AutoCAD 的空间分模型空间和布局空间(图纸空间)两种。模型空间是通常绘图的环境,而在布局空间中,用户可以创建叫作"浮动视口"的区域,以不同视图显示所绘图形。用户可以在布局空间中调整浮动视口并决定所包含视图的缩放比例。如果用户选择布局空间,可打印多个视图,也可以打印任意布局的视图。AutoCAD 系统默认打开模型空间,用户可以通过单击操作界面下方的布局标签,选择需要的布局。

1.3.7　坐标系图标

在绘图区左下角,有一个箭头指向的图标,称之为坐标系图标,表示绘图时正使用的坐标系样式,如坐标原点,X 轴、Y 轴、Z 轴正向等。AutoCAD 默认的坐标系为世界坐标系。根据需要,可灵活设置是否将其关闭。关闭方法如下：

选择菜单栏中的【视图】→【显示】→【UCS 图标】→【开】(选"开"后菜单状态会发生变化,读者可以自行体验)。

1.3.8　菜单栏

菜单栏位于【标准】工具栏之上,标题栏之下,大部分功能均可由菜单实现。菜单栏中包含 12 个菜单：【文件】、【编辑】、【视图】、【插入】、【格式】、【工具】、【绘图】、【标注】、【修改】、【参数】、【窗口】、【帮助】。这些菜单是下拉形式的,并在菜单中包含子菜单。

单击或将光标指向下拉菜单内右侧带有黑三角的菜单项,可弹出下一级子菜单。单击或将光标指向下拉菜单内右侧带有省略号的菜单项,可弹出一个对话框。单击不带三角形或省略号的菜单项,可直接执行显示的命令。

1.3.9　命令行(Ctrl+9)

命令行又称文本窗口,几乎所有 AutoCAD 命令都可以通过键盘输入在命令行中执行,而文本内容、坐标、数值以及各种参数的输入大部分是通过键盘来进行的。

命令行是输入命令名和显示命令提示的区域,默认命令行窗口在绘图区下方,由若干文本行构成。AutoCAD 通过命令行窗口反馈各种信息(包括出错信息),因此,要时刻关注在命令行窗口中出现的信息。

在 AutoCAD 版本中命令行的状态可以分为锚固和浮动两种,在浮动状态中还可以锁定到窗口侧边或者工具选项板侧边,也可以完全浮动。锚固状态可以把命令行固定在绘图区下方或者功能区上方。

无论命令行是在浮动状态还是锚固状态,均可以点击命令行左侧 按钮显示最近执行过的命令,并可以在这个下拉列表中直接点击执行这些命令。

使用 AutoCAD 绘图时,命令提示符一般有如下两种显示状态：

① 等待命令输入状态：表示系统等待输入命令,从而进行图像的绘制或编辑操作,如

下所示。

> 命令：*取消*

② 正在执行命令状态：在执行命令的过程中，命令提示符中显示该命令的操作提示，以方便快速确定下一步操作，如下所示。

> 命令：_line 指定第一点：

☞ 专家点拨　　　　　　　命令行使用技巧

三角括号默认值回车直接用，若换选项输括号参数。

命令行如不见，速按快捷键"Ctrl＋9"即可现，神奇更见 F2 键。

命令行中的命令选项可以直接用鼠标单击来选择，而不需要键盘输入选项。

1.3.10　状态栏

状态栏在程序界面的底部，左端显示绘图区中光标定位点的坐标 X、Y、Z 值，坐标显示取决于所选择的模式和程序中运行的命令，共有【相对】、【绝对】和【无】3 种模式；中间依次有【推断约束】、【捕捉模式】、【栅格显示】、【正交模式】、【极轴追踪】、【对象捕捉】、【三维对象捕捉】、【对象捕捉追踪】、【允许/禁止动态 UCS】、【动态输入】、【显示/隐藏线宽】、【显示/隐藏透明度】、【快捷特性】、【选择循环】和【注释监控器】15 个功能开关按钮，如图 1-9 所示。单击这些开关按钮，可以实现这些功能的开和关。

图 1-9　状态栏

①【捕捉】按钮 ：单击该按钮，打开捕捉设置，此时光标只能在 X 轴、Y 轴或极轴方向移动固定的距离（即精确移动）即只能在栅格点上移动。右击该按钮，在弹出的菜单中选择【设置(S…)】命令，在打开的【草图设置】对话框中的【捕捉和栅格】选项卡中设置 X 轴、Y 轴或极轴捕捉间距。

②【栅格】按钮 ：单击该按钮，打开栅格显示，此时屏幕将布满小点，其中栅格的 X 轴、Y 轴间距也可通过【草图设置】对话框中的【捕捉和栅格】选项卡中设置。

③【正交】按钮 ：单击该按钮，打开正交模式，此时只能绘制垂直直线和水平直线。

④【极轴】按钮 ：单击该按钮，打开极轴追踪模式，在绘制图形时，系统将根据设置显示一条追踪线，可以在该追踪线上精确移动光标，从而进行精确绘图。默认情况下，预设 4 个极轴，与 X 轴的夹角分别为 0°、90°、180°、270°，也可以右击该按钮，在弹出的菜单中选择【设置(S…)】命令，在打开的【极轴追踪】选项卡中进行自定义设置。

⑤【对象捕捉】按钮 ：单击该按钮，打开对象捕捉模式。因为所有的几何对象都有一些决定其形状和方位的关键点，所以在绘图时可以利用对象捕捉功能，自动捕捉这些关键点。可以右击该按钮，在弹出的菜单中选择【设置(S…)】命令，在打开的【对象捕捉】选项卡设置对象的捕捉模式。

⑥【对象追踪】按钮 ∠ :单击该按钮,打开对象追踪模式,可以通过捕捉对象上的关键点,并沿正交方向或极轴方向拖动光标,此时可以显示光标当前位置与捕捉点之间的相对关系,若找到符合要求的点,直接单击即可。

⑦【允许/禁止动态 UCS】按钮 ∠ :单击该按钮,可以允许或者禁止动态 UCS。

⑧【动态输入】(DYN)按钮 ┼ :单击该按钮,将在绘制图形时的光标处自动显示动态输入文本框,方便绘图时设置精确数值。

⑨【线宽】按钮 ┼ :单击该按钮,打开线宽显示。

⑩【快捷特性】按钮 ▨ :单击该按钮,可以显示对象的快捷特性面板,快捷地编辑对象的一些特性。

☝ 必备技巧	口　　诀
状态栏按钮上左单击执行右设置。	

1.3.11　状态托盘

状态托盘包括一些常见的显示工具和注释工具按钮,如图 1-10 所示,通过这些按钮可以控制图形或绘图区的状态。

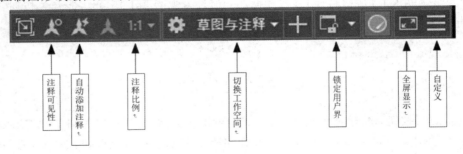

图 1-10　状态托盘

1.4　AutoCAD 图形文件的管理

在 AutoCAD 中,图形文件的基本操作一般包括新建文件,打开文件,保存文件,关闭及加密图形文件等。

1.4.1　创建新图形文件(Qnew)

(1)命令调用方法

01 菜单:【文件】→【新建】;**02** 工具栏:单击 ▭ 按钮;**03** 命令行:qnew 或 qn;**04** 快捷键:Ctrl＋N。

(2)命令应用

执行新建图形命令后,出现【选择样板】对话框,如图 1-11 所示,单击【打开】按钮,将创建一张新图。

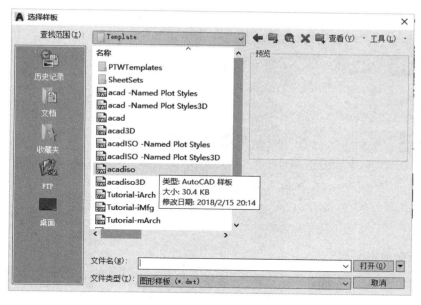

图 1-11　【选择样板】对话框

1.4.2　打开图形文件(Open)

（1）命令调用方法

01 菜单：【文件】→【打开】；**02** 工具栏：单击![按钮]按钮；**03** 命令行：open；**04** 快捷键：Ctrl＋O。

（2）命令应用

执行打开图形文件命令后，弹出【选择文件】对话框，见图 1-12。在"文件类型"下拉

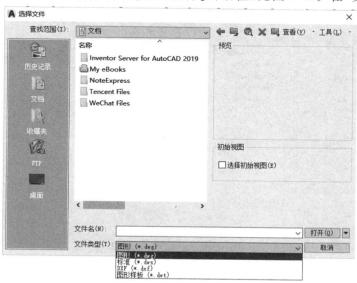

图 1-12　【选择文件】对话框

列表框中可选.dwg 文件、.dwt 文件、.dxf 文件和.dws 文件。在该对话框中选择需要打开的文件,单击【打开】按钮即可完成操作。

---

① 知识补充站　　　　　　打开文件的快捷方法

也可以直接双击 AutoCAD 文件打开。使用 Ctrl 键和 Shift 键,可一次打开多个文件。

👆 专家点拨　　　　　　AutoCAD 是否支持多文档环境?

AutoCAD 支持多文档环境,可以同时打开多个图形文件。在快速访问工具栏中选择【显示菜单栏】命令,在弹出的菜单中选择【窗口】菜单中的子命令可以控制多个图形文件的显示方式,例如,以层叠、水平平铺或垂直平铺等形式在窗口中排列。

按 Ctrl＋Tab 键,可以实现同时打开的多个图形文件的切换。

1.4.3　保存图形文件(Save)

在绘图过程中经常对文件进行保存,这样可以防止因出现断电或系统崩溃等意外状况造成图形及数据的丢失,下面来学习如何保存图形文件。

(1)命令调用方法

01 菜单:【文件】→【保存】;**02** 工具栏:单击 🖫 按钮;**03** 命令行:SAVE ;**04** 快捷键:Ctrl＋S。

(2)命令应用

执行上述操作后,若文件已命名,则系统自动保存文件,若文件未命名(即为默认名 drawing1.dwg),则系统打开【图形另存为】对话框,如图 1-13 所示,可以重新命名保存。在【保存于】下拉列表框中指定保存文件的途径,在【文件类型】下拉列表框中指定保存文件的类型,在【文件名】下拉框中键入当前文件名,然后单击【保存】按钮即可完成保存。

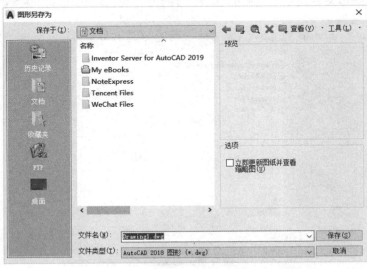

图 1-13　【图形另存为】对话框

🔔 提示

　　文件名应具有可读性,文件的存放路径应合理;文件一般不直接在软盘或优盘上操作。

　　（3）文件类型

　　AutoCAD 2019 提供的文件格式类型有 16 种,见表 1-1。

表 1-1 　　　　　　　　　　　　　**AutoCAD 2019 的文件类型**

文件类型	说明
AutoCAD 2018 图形(＊.dwg)	AutoCAD 2018 文件类型
AutoCAD 2013/LT2013 图形(＊.dwg)	AutoCAD 2013 文件类型
AutoCAD 2010/LT2010 图形(＊.dwg)	AutoCAD 2010 文件类型
AutoCAD 2007/LT2007 图形(＊.dwg)	AutoCAD 2007 文件类型
AutoCAD 2004/LT2004 图形(＊.dwg)	AutoCAD 2004 文件类型
AutoCAD 2000/LT2000 图形(＊.dwg)	AutoCAD 2000 文件类型
AutoCAD R14/LT98/LT97 图形(＊.dwg)	AutoCAD R14 文件类型
AutoCAD 图形标准(＊.dws)	AutoCAD 标准图形文件
AutoCAD 图形样板(＊.dwt)	AutoCAD 图形样板文件
AutoCAD 2018 DXF(＊.dxf)	AutoCAD 2018 二进制 DXF 文件
AutoCAD 2013/LT2013 DXF(＊.dxf)	AutoCAD 2013 二进制 DXF 文件
AutoCAD 2010/LT2010 DXF(＊.dxf)	AutoCAD 2010 二进制 DXF 文件
AutoCAD 2007/LT2007 DXF(＊.dxf)	AutoCAD 2007/LT2007 二进制 DXF 文件
AutoCAD 2004/LT2004 DXF(＊.dxf)	AutoCAD 2004/LT2004 二进制 DXF 文件
AutoCAD 2000/LT2000 DXF(＊.dxf)	AutoCAD 2000/LT2000 二进制 DXF 文件
AutoCAD R12/LT2 DXF(＊.dxf)	AutoCAD R12/LT2 二进制 DXF 文件

　　.dws 文件是包含标准图层、标注样式、线型和文字样式的样板文件;.dxf 文件是用文本形式存储的图形文件,能够被其他程序读取,许多第三方应用软件都支持.dxf 格式;.dws 文件是二维矢量文件,使用这种格式可以在网络上发布 AutoCAD 图形;.dwt 文件是 AutoCAD 样板文件,新建文件时,可以基于样板文件创建图形文件。

👉 专家点拨　　　　　　　　　　**如何修复误保存的图形**

　　由于某种原因,要回到保存之前的状态,方法是将后缀为 bak 的文件改为后缀为 dwg,在 CAD 中打开即可。

1.4.4　图形文件的另存为(Saveas)

　　在第一次保存创建的图形或修改图形文件名时,可以通过打开【图形另存为】对话框来进行。

　　（1）命令调用方法

01 菜单：【文件】→【另存为】；**02** 菜单浏览器：【另存为】；**03** 快捷键 Ctrl＋Shift＋S。

（2）命令应用

执行上述操作后，出现【图形另存为】对话框。可以将当前文件以其他文件名或其他格式保存，如图 1-16 所示。

专家点拨 **"另存为"命令的用途**

如果当前文件为只读文件，如果要保存的话必须使用"另存为"命令。

高版本的文件必须另存为低版本的方式，才能由低版本的 AutoCAD 打开。强烈建议保存为低版本的格式，以减少不必要的麻烦。

1.4.5 图形文件的关闭（Close）

编辑完当前图形文件后，应将其关闭。

（1）命令调用方法

01 菜单栏：**✖**；**02** 命令行：close。

（2）命令应用

执行上述操作后，若对图形所做的修改尚未保存，则会打开是否保存提示对话框，单击"是"按钮，系统将保存文件，然后退出；单击"否"按钮，系统将不保存文件。若对图形所做的修改已经保存，那么直接退出。

专家点拨 **Close 与 Quit 有区别？**

Close 与 Quit 命令有区别，Close 命令只关闭当前编辑的图形文件，Quit 命令则是退出 AutoCAD 程序。关闭图形时，应先把该图形文件置为当前文件，再执行关闭命令；若需要关闭的文件已打开但没有显示在当前，可在【窗口】菜单中查找，将其置于当前。

1.5　AutoCAD 的命令与基本操作

1.5.1　调用 AutoCAD 命令

AutoCAD 命令执行方式有很多，主要有单击面板上相应的按钮、输入命令、选择菜单命令等方法来执行，不管采用哪种方法执行命令，命令提示行中都将显示相应的提示信息。每一个命令的执行，通常有以下几种方式：

01 单击【工具栏】中相应的按钮；**02** 选择【菜单栏】中或者菜单浏览器中下拉菜单相应命令；**03** 在命令行输入执行命令或命令缩写；**04** 单击功能区面板中相应的按钮；**05** 执行快捷菜单中的相应命令；**06** 使用其他快捷键。

当然，不是每个执行命令都存在这些方式，对于初学者来说，建议使用工具栏、菜单栏和命令行 3 种方式。文本内容、坐标、数值以及各种参数的输入大部分是通过键盘来进行的。下面以直线命令为例说明这些 AutoCAD 命令的调用方法。

01 菜单：【绘图】→【直线】；**02** 工具栏：单击 ✏ 按钮；**03** 命令行：line 或 l。

初学者往往喜欢采用单击工具栏按钮或通过单击菜单的方式调用 AutoCAD 命令,而熟练的使用者往往采取在命令行输入命令(或命令缩写)的方式来调用命令,这能大大提高操作效率。实际上,较快捷的方式是左手输入命令,右手控制鼠标。

> **⊙✳ 注意**   **何谓"命令行为空"?**
>
> 如果命令行显示为"键入命令",即没有执行任何命令,称之为命令行为空,否则当前仍处在某一命令的执行过程中。退出命令的方法是按 Esc 键。一个命令尚未完成时一般无法调用另一个。初学者可能因尚未退出前一命令就开始后续操作而出错。

1.5.2 快捷命令设置

为了提高绘图效率,要尽可能地利用快捷命令来进行绘图,AutoCAD 的所有快捷命令都保存在一个名为 acad.pgp 的文件中,它是一个纯文本文件,可以使用记事本打开并编辑,可以在里面添加自定义的快捷命令,或者修改系统预设的快捷命令。

对于 AutoCAD 来说,选择【工具】→【自定义】→【编辑程序参数】命令,会以记事本的形式打开 acad.pgp 文件,效果如图 1-14 所示。

图 1-14　acad.pgp 文件

如果对快捷命令进行了修改,或者说创建了新的快捷命令,可以在命令行中输入 REINIT 命令进行初始化,这样就可以在不关闭 AutoCAD 的情况下使修改或创建的快捷命令生效。

在 acad.pgp 文件中,快捷命令的定义格式是"快捷命令名称,＊命令全名",比如"l,＊line"就表示用 l 作为 line(绘制直线)命令的快捷方式。

1.5.3 透明命令及图形显示命令

透明命令是指在执行当前命令中,执行其他命令且不中断当前命令的命令。也就是说透明命令可以在执行其他命令的过程中直接使用。该类命令多为图形显示、设置及辅助的命令。

常用的透明命令包括实时平移、实时缩放、窗口缩放、缩放上一个命令等,这几个命令在【标准】工具栏上的图标分别为 👋、🔍、🔍、🔍 。

① 实时平移(pan):用于在绘图区平移当前图纸。单击【实时平移】命令后,光标在绘

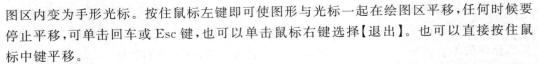

图区内变为手形光标。按住鼠标左键即可使图形与光标一起在绘图区平移,任何时候要停止平移,可单击回车或 Esc 键,也可以单击鼠标右键选择【退出】。也可以直接按住鼠标中键平移。

② 实时缩放(zoom):用于在绘图区缩放图纸,以便绘制或编辑对象,单击【实时缩放】命令后,光标在绘图区内变为放大镜光标,按鼠标左键垂直向上拖动光标,放大显示图形;按鼠标左键垂直向下拖动光标,缩小显示图形。与实时平移的退出方式一样,任何时候要停止平移,单击回车或 Esc 键,也可以单击鼠标右键选择【退出】。

③ 窗口缩放:缩放显示由两个角点定义的矩形窗口框定的区域,该区域内的对象将最大化显示在当前屏幕中。

④ 缩放上一个:缩放显示上一视图。最多可恢复此前 10 个视图。

此外,捕捉(snap)、栅格(grid)、正交(ortho)、对象捕捉、对象追踪也都是透明命令。

1.5.4　常用键盘操作

① 在执行命令的过程中击 Esc、Space 可中断当前命令,命令行为空时击 Space 或 Enter 可重复上次命令,按向上的光标键可获取以前输入的数据或命令。

② 常用功能键如表 1-2 所示(F1～F12)。

表 1-2　　　　　　　　　　　　　　　AutoCAD 功能键设置

键名	功能	键名	功能	键名	功能
F1	帮助	F5	等轴测面	F9	捕捉模式
F2	文本窗口	F6	动态坐标	F10	极轴追踪
F3	对象捕捉	F7	栅格显示	F11	对象追踪
F4	三维对象捕捉	F8	正交模式	F12	动态输入

ⓘ 知识补充站　　　　　　　　　　图形显示控制方式

① 常用平移操作:按住鼠标中键拖动,可以平移视图,不会更改图形中的对象位置或比例,而只是更改视图;② 常用缩放操作:滚动鼠标中键,向上放大,向下缩小,放大与缩小的基点在光标处;③ 范围缩放或全图最大化显示:双击鼠标中键;④ 开窗缩放: Z+空格,再用鼠标在绘图区画矩形,矩形框内的图形将最大化显示;⑤ 按指定比例缩放视图:Z+比例值+回车。

1.5.5　重生成(Regen)

重生成是指 AutoCAD 系统重新计算图形组成部分的屏幕坐标,并重新在屏幕上显示图形的过程。如对点画线,当重新设置了新线型比例因子后,通过"重生成"才会显现出来。重生成命令用来重新生成当前视窗内全部图形并在屏幕上显示出来,而全部重生成命令将用来重新生成所有图形。

(1)命令调用方法

01 菜单:【视图】→【重生成】;**02** 命令行:regen 或 re。

（2）命令应用

重新生成整个图形,重新计算所有对象的屏幕坐标。如果显示不正常,打印图形前应使用 REGEN 命令重生成。

（3）自动重新生成（regenauto）

在对图形编辑时,该命令可以自动地再生成整个图形以确保屏幕上的显示反映图形的实际状态,从而保持视觉的真实。

执行该命令后,系统将提示:输入模式【开（ON）/关（OFF）】（关）:

其中,选项"开（ON）"表示在某些命令后要自动重新生成图形;选项"关（OFF）"则是关闭自动重新生成图形功能。一般情况下,重新生成操作不会影响 AutoCAD 的性能,因而也没必要关闭该命令。

1.5.6 使用命名视图（View）

在图形的绘制与修改过程中,有时候经常需要工作在有限的几个视图上,中间有可能不时使用平移、缩放以便更清楚地观察整体效果等。但经过多次缩放后,希望显示的图形视图往往无法快速恢复或难以恢复,这时,可以通过命名视图的方式将任意的图形显示永久保留,随时可以调出重现。同时,通过命名视图,可以让 AutoCAD 进行基于视图的局部打开。

（1）命令调用方法

01 菜单:【视图】→【命名视图】;**02** 命令行:view 或 v。

（2）【视图】对话框

执行【命名视图】命令后,可弹出【视图管理器】对话框,如图 1-15 所示。该对话框包含了可用视图列表及其特性,可以新建、设置当前视图、更新图层、编辑边界、删除视图并可以预设视图。

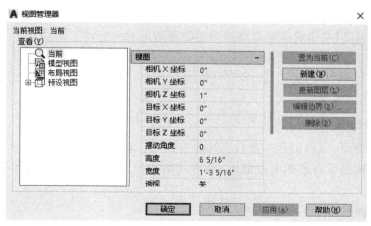

图 1-15 【视图管理器】对话框

（3）视图创建方式

01 在【视图管理器】对话框的【命名视图】选项卡中单击【新建】按钮,弹出【新建视图/

快照特性】对话框，如图 1-16 所示。

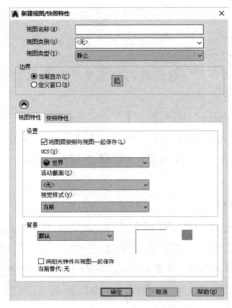

图 1-16　【新建视图/快照特性】对话框

02 在【新建视图/快照特性】对话框中为该视图输入名称，如"全图"。

03 单击【确定】按钮保存新视图并退出所有对话框。

04 已保存视图使用方式。

a. 执行【视图】→【命名视图】菜单项。

b. 选中需要显示的视图。

c. 单击【置为当前】按钮将该视图置为当前。

d. 单击【确定】按钮后屏幕即显示为选中视图显示的视口。

1.6　常用绘图与编辑命令的使用(一)

1.6.1　直线(Line)

使用 line 命令，可以创建一系列连续的直线段。每条线段都是可以单独进行编辑的直线对象。直线是所有绘图中最简单、最常用的图形对象，按 Esc 键即可退出直线绘制状态。

（1）命令调用方法

01 菜单：【绘图】→【直线】；**02** 工具栏：单击 ╱ 按钮；**03** 命令行：line 或 l。

（2）操作步骤

在执行上述任一种操作后，命令行提示及操作如下：

指定第一点：↙	//在绘图区中选择绘制直线的起点
指定下一点或【放弃(U)】：	//在绘图区中选择绘制直线的终点或输入线段长度，按 Enter 键完成绘制

（3）命令应用

命令：LINE ↵	//执行直线命令
指定第一点：0,0 ↵	//输入 A 点坐标
指定下一点或【放弃(U)】：60,0 ↵	//输入 B 点坐标
指定下一点或【放弃(U)】：@30<120 ↵	//输入 C 点坐标
指定下一点或【闭合(C)/放弃(U)】：C ↵	//闭合三角形

最后图形如图 1-17 所示。

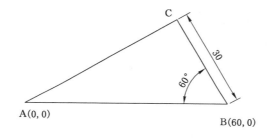

图 1-17　直线的绘制

🖐 专家点拨　　　　　　直线命令绘制技巧

　　如果绘制的直线在绘图区看不到或显示过小，可双击鼠标中键使其最大化地显示在当前视口内。直线命令应根据实际需要灵活绘制，其绘制技巧总结如下：如果知道坐标直接输；如果知道方向和距离，可以给定方向输距离；如果绘制横平竖直的线可以用正交或极轴。

🖐 专家点拨　　　　为什么删除的线条又冒出来了？

　　最大的可能是有几条线重合在一起了。对于新手，这是很常见的问题。另外，当一条中心线或虚线无论如何改变线型比例也还是像连续线(Regen 后)时，多半也是这个原因。

1.6.2　圆(Circle)

　　圆的绘制在 AutoCAD 中非常频繁，所以掌握圆的绘制方法是非常必要的。

（1）命令调用方法

01 菜单：【绘图】→【圆】；**02** 工具栏：单击 🔾 按钮；**03** 命令行：circle 或 c。

（2）操作步骤

在执行上述任一种操作后，命令行提示及操作如下：

指定圆的圆心或【三点(3P)/两点(2P)/切点、切点、半径(T)】:指定下一点或【放弃(U)】:
　　　　　　　　　　　　　　　　　　　　//指定圆心
指定圆的半径或【直径(D)】:　　　　　　 //直接输入半径值或在绘图区单击指定半径长度

(3) 命令应用

① 用圆心、半径方式绘圆

命令:circle ↵　　　　　　　　　　　　//执行圆命令
指定圆的圆心或【三点(3P)/两点(2P)/切点、切点、半径(T)】:↙ //指定 O_1 点
指定圆的半径或【直径(D)】:10 ↵ 　　//输入半径,绘制结果如图 1-18 所示的圆 O_1

② 用两点(2P)方式绘圆

命令:circle ↵　　　　　　　　　　　　//执行圆命令
指定圆的圆心或【三点(3P)/两点(2P)/切点、切点、半径(T)】:2P ↵ 　//输入 2P
指定圆的第一个端点:↙　　　　　　　　//输入 A 点
指定圆的第二个端点:↙　　　　　　　　//输入 B 点,绘制结果如图 1-18 所示的圆 O_2

③ 用三点(3P)方式绘圆

命令:circle ↵　　　　　　　　　　　　//执行圆命令
指定圆的圆心或【三点(3P)/两点(2P)/切点、切点、半径(T)】:3P ↵ 　//输入 3P
指定圆的第一个端点:↙　　　　　　　　//输入 C 点
指定圆的第二个端点:↙　　　　　　　　//输入 D 点
指定圆的第三个端点:↙　　　　　　　　//输入 E 点,绘制结果如图 1-18 所示的圆 O_3

④ 用切点、切点、半径(T)方式绘圆

命令:circle ↵　　　　　　　　　　　　//执行圆命令
指定圆的圆心或【三点(3P)/两点(2P)/切点、切点、半径(T)】:T ↵ 　//制定相切
指定圆的第一个切点:↙　　　　　　　　//输入 B 点
指定圆的第二个切点:↙　　　　　　　　//输入 E 点
指定圆的半径或【直径(D)】:15 ↵ 　　//输入半径,绘制结果如图 1-18 所示的圆 O_4

　　使用"切点、切点、半径"方式绘制圆时,如
果指定的半径无法满足前面的相切条件(例如
半径过小),则系统会提示"圆不存在"。

　　⑤ 用相切、相切、相切方式绘圆

　　该方式指需绘制的圆与已存在的三个对
象相切,如直线或圆均相切。请读者自己练习
绘制三角形的内切圆,如图 1-18 所示的圆 O_5。

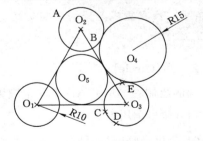

图 1-18　绘制圆

📖知识精讲   **绘制的圆对象看起来不是圆形怎么办?**

如果把圆放大或者放大相切处的切点,可能看起来不圆滑或者没有相切,其实是图形显示问题,只需在命令行输入 Regen(RE)再回车,对象即可变为光滑。也可以将 Viewres 的数值调大,这样绘制出的圆就显得光滑了。

1.6.3 删除(Erase)

(1)命令调用方法

01 菜单:【修改】→【删除】;**02** 工具栏:单击 按钮;**03** 命令行:erase 或 e。

(2)操作步骤

可以选择对象后再调用删除命令,也可以先调用删除命令再选择对象。当选择多个对象时,多个对象都被删除,若选择的对象属于某个组,则该对象组中的所有的对象都被删除。

(3)命令应用

命令:Erase ↵	//执行删除命令
选择对象:找到 1 个 ↵	//拾取对象,回车

执行完上述操作后,选中的对象被删除。

⬛注意

在命令行为空时选择需要删除的对象后,再执行删除命令或单击 Delete 键也可以将对象删除。如果想恢复最近一次删除的对象,可使用"Oops"命令。

1.6.4 放弃(Undo)

使用 AutoCAD 进行图像的绘制及编辑时,难免会出现错误,在出现错误时,不必重新对错误进行绘制和编辑,只需要取消错误的操作即可。

(1)命令调用方法

01 菜单:【编辑】→【放弃】;**02** 工具栏:单击 按钮;**03** 命令行:undo 或 u;**04** Ctrl+Z。

(2)命令应用

①"放弃"按钮 :位于标题栏中,如图 1-19 所示。单击该按钮,可放弃前一次执行的操作,单击该按钮后的下拉按钮,在弹出的下拉列表中选择需要撤销的最后一步操作,则该操作后的所有操作将同时被取消。

②u 或者 undo 命令:在命令提示符中执行该命令可撤销前一次命令,多次执行可撤销前几次命令,也可输入"Undo+数字 n"将最近执行的 n 次命令全部放弃,例如

图 1-19 放弃命令

命令:Undo ↵ 　　　　//执行放弃命令

输入要放弃的操作数目或[自动(A)/控制(C)/开始(BE)/结束(E)/标记(M)/后退(B)]

　　　　　　//输入 5,按[enter]键完成操作,相当于连续执行 5 次放弃命令

③ oops 命令:执行该命令,可以恢复最近一次删除的对象,但是不会影响前面所进行的其他操作。

④ Ctrl+Z 命令:执行该命令可以逐步放弃之前一段时期的操作。

1.6.5　重做(Redo)

当撤销了已执行的命令之后,若又想恢复上一个已撤销的操作,可以执行该命令。

(1)命令调用方法

01 菜单:【编辑】→【重做】;**02** 工具:单击➡按钮;**03** 命令行:redo 或 re;**04** Ctrl+Y。

(2)命令应用

位于标题栏中,单击该按钮,可执行前一次被放弃的操作,单击该按钮后的下拉按钮,如图 1-20 所示,在弹出的下拉列表中选择需要重做的最后一步操作,则该操作后的所有被放弃的操作将同时被执行。redo 命令只能恢复刚刚执行 undo 命令的操作。

图 1-20　重做命令

1.7　点的精确快速输入方式

无论用户在 AutoCAD 中制作多么复杂的图形,这些图形都是由几种基本的线条和文本元素组成的,确定这些对象需要用户输入其位置、大小和方向。完成这些操作都需要用户指定点。绘制图形时,如何精确地输入点的坐标是绘图的关键,点的输入方法主要有两种,即坐标输入法和屏幕拾取法。

1.7.1　坐标输入法

在 AutoCAD 中,点的坐标可以用直角坐标、极坐标、球面坐标和柱面坐标表示。这里主要介绍直角坐标和极坐标,每一种坐标又分别具有两种坐标输入方式:绝对坐标和相对坐标,因此可以分为绝对直角坐标输入、相对直角坐标输入、绝对极坐标输入和相对极坐标输入 4 种方法,这 4 种方法可以精确输入点。其中相对极坐标,如果可以结合其他工具,移动鼠标过程中确定方向,然后直接输入距离再回车,可以快速输入点,称之为给定方向输距离法,这种方法比较快捷。在运用相对坐标法的时候,如果第一点不是在同一命令中,而是用捕捉自(from)命令获得的,该方法称之为相对坐标原点法,这种方法比较巧妙。综上,点的坐标输入方法在实际应用过程中可以分为 6 种方法。

① 绝对直角坐标。从原点开始测量的,用户可以从键盘输入由逗号隔开的 X、Y 和 Z 值来指定一个绝对坐标,即在二维空间要输入 X 坐标和 Y 坐标,在三维空间要输入 X 坐标、Y 坐标和 Z 坐标。具体输入方法为,绝对直角坐标(X,Y)或绝对直角坐标 (X,Y,Z)。如图 1-21 所示 A 点的输入,可以直接输入绝对直角坐标(0,0)。

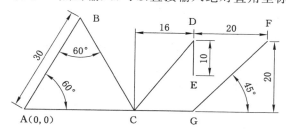

图 1-21　点的输入方法

② 绝对极坐标。极坐标由极半径与极角构成,点的绝对极坐标的极半径是该点与原点间的距离,极角是该点与原点连线和 X 轴正方向的夹角,默认情况下逆时针为正方向。具体输入方法为,绝对极坐标(长度 ρ <角度 α),如图 1-21 中 B 点的输入,输入绝对极坐标(30<60)。

⬦ 注意　　　　为何有时输入坐标出现问题

坐标值之间的分隔符,均为半角,全角符号不认。

---

③ 相对极坐标。以相对于极点的距离和极轴的夹角作为极坐标值,以便确定点。相对极坐标以特定点作为极点,以该点为极点输入长度和角度。相对极坐标的输入格式是"@长度 ρ <角度 α ",如图 1-21 中 C 点的输入,相对于 B 点输入相对极坐标(@30<-60)。

④ 相对直角坐标。是相对于某一点的坐标差。按绘图顺序,将上一点看作是特定点,绘制下一点实际上就是确定当前输入点相对于上一点的坐标差。相对直角坐标的输入格式是"@ Δ X, Δ Y",如图 1-21 所示在绘制矩形过程中 D 点的输入,相对 C 点输入相对坐标(@16,20)。

⑤ 给定方向输距离法。给定方向输距离法属于极坐标输入法的一种,确定第一点后,给出第二点相对于第一点的方向,然后输入两点间的距离回车即可。又称为直接距离法。给定方向输距离也应结合辅助工具使用,该方法是 AutoCAD 中最为常用的方式之一。如图 1-21 所示,绘制直线 CD。然后结合极轴或正交,给定竖直向下的方向后,直接输入距离 10 后回车,即可绘制出直线 DE。

🖈 考考你

图 1-21 中直线 FG 及 GC 该如何绘制?

---

⑥ 相对坐标原点法。在需要输入点的提示下,输入 from 回车(或按住 Shift 键右击选择【自】);拾取作为相对坐标原点的点;输入相对坐标回车即可。例如,图 1-22 需要在圆心 O_1 右边 50 个单位处再作一同样大小的圆 O_2 ,即可采用相对坐标原点的输入法。

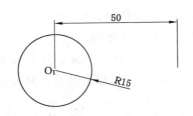

图 1-22　需要捕捉相对坐标原点的情形

专家点拨　　　　**图 1-21 中直线 FG 及 GC 的绘制方法**

　　发出绘制直线命令后,点 F 可以采用相对坐标原点的输入法输入,结合极轴追踪（225°和 0°）和对象捕捉追踪,确定 G 点,然后采用对象捕捉连接 C 点。

　　运用 AutoCAD 进行绘图的过程中,使用多种坐标输入方式,可以使绘图操作更随意、更灵活,再配合目标捕捉、夹点编辑等方式,可以在很大程度上提高绘图的效率。

1.7.2　屏幕拾取法

　　提示输入点时,在绘图区内移动光标到适当位置,单击鼠标左键来拾取点。一般要与辅助功能结合使用,如对象捕捉、栅格、正交等,该方法是 AutoCAD 中最为快捷的方式之一。

1.7.3　显示点的坐标（Id）

　　（1）命令调用方式

　　01 菜单:【工具】→【查询】→【点坐标】;**02** 在命令行输入 id。

　　（2）命令应用

　　执行命令后,结合其他辅助工具,在绘图区拾取点,【文本窗口】显示内容如下所示。

命令:id ↵
指定点:　X = 67.9082　　　Y = 1748.4816　　　Z = 0.0000

1.8　如何精通 AutoCAD

　　许多初学者可能会认为,仅仅通过自己的学习,要做到精通 AutoCAD 是遥不可及的事。其实并非如此,只要通过自己的努力,切实做到以下 4 点,必定可以快速精通AutoCAD。

1.8.1　多观察

　　观察是学习的良好习惯,通过观察,可以学习到更多的东西。例如,当鼠标指针移动到工具按钮上时,将显示该工具的名称和作用,以供进行操作参考,如图 1-23 所示;又如,在命令提示行中执行命令后,命令提示行将出现相应的提示,可以根据提示选择需要的选项,或进行下一步的操作,如图 1-24 所示。

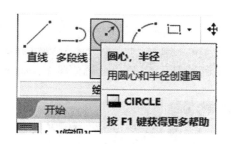

图 1-23 显示工具功能

图 1-24 命令提示

1.8.2 多思

思考是学习的重要手段，AutoCAD 的学习中，读者应该带着思考去学习。例如：在绘制不同的图形时，应该设置怎样的对象捕捉模式；在什么情况下应该使用"多线"命令而不是使用"直线"命令；在什么情况下可以快速绘制正交线段；在命令提示行中输入命令时，为什么不能正确执行该命令；等等。这些问题都可以引起读者去思考。

1.8.3 多练

多练习 AutoCAD 中常用命令及其简化命令，是成为 AutoCAD 高手的必经之路。AutoCAD 大部分操作都可以使用命令来完成，使用输入命令的方法比使用工具按钮或菜单命令快几倍。在本书中列出了各种操作的命令语句，以及与它们对应的简化命令，读者应熟记熟练这些简化命令，以便在操作中进行熟练运用。

练习是精通 AutoCAD 的关键。在本书中，将以融会贯通的形式安排大量适用的案例进行练习，以帮助读者理解和掌握所学的知识。在每章的结尾，安排了供读者练习的例子。读者可以先根据效果进行练习，如果不能独立完成练习，再根据其中的提示进行操作。讲解完技能操作后，本书在后面安排了各个知识点的典型案例进行讲解，以带领读者进入真实的工作环境中。

1.8.4 多看帮助【(F1)】

通过使用帮助功能可以了解 AutoCAD 命令的操作及其他功能。

（1）命令调用方法

01 菜单：【帮助】→【帮助】；**02** 工具栏：单击 ❓ 按钮；**03** 命令行：help 或 "?"；**04** F1。

（2）命令应用

执行帮助命令后，打开【帮助】对话框，如图 1-25 所示，搜索是获取"帮助"的输入点，在【搜索】对话框中输入要查找的单词后回车或单击搜索按钮，可以获得相应的帮助连接。

（3）在线帮助

图 1-25 【帮助】对话框

① 将鼠标放在活动的工具栏上悬停,会看到命令提示。

② 时刻注意命令行的提示。

专家点拨   如何快速获取命令相关帮助?

发出命令后,按下 F1 键,可以快速调出与当前命令相关的帮助主题。

以上 4 点的中心为"多思多练",只要能够做到多思多练,就能很快掌握 AutoCAD。

1.9   应用实例

综合运用直线、圆和点的各种输入方式等相关技巧来绘制主要通风机。主要通风机担负整个矿井或矿井的一翼或一个较大区域通风。读者自己思考绘图顺序及相关绘图技巧。

1.9.1   轴流式主要通风机

轴流式主要通风机由 1 个圆和 5 条线段组成,其中 3 条线段为水平的,2 条与圆相切,具体参数(单位为 mm)如图 1-26 所示。

绘制步骤:① 先绘制圆;② 采用相切和输入绝对坐标的方法绘制与圆相切的 2 条线段;③ 采用给定方向输距离的方法,绘制长度为 3 和 4 的线段;④ 连接两端点绘制最后一条线段。

1.9.2   离心式主要通风机

离心式主要通风机由 1 个圆和 3 条线段组成,其中 1 条线段为水平的,1 条与圆相切,另外 1 条线段长度为 3,一端与圆上象限点相连,具体参数(单位为 mm)如图 1-27 所示。

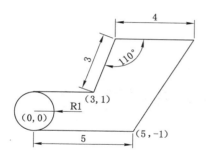

图 1-26 轴流式主要通风机

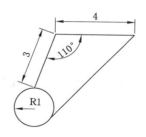

图 1-27 离心式主要通风机

绘制步骤:**01** 先绘制圆。**02** 采用给定方向输距离的方法,绘制长度为 3 和 4 的线段;采用相切的方法绘制与圆相切的线段。

⬥ **注意**

在绘制圆切线时,捕捉对象设置应选切点,不选象限点,避免干扰。

1.10 本章小结

本章主要介绍了计算机辅助设计的概念,目前常用的计算机辅助设计软件以及 AutoCAD 的基础知识与基础操作。通过本章的学习,可以快速、全面了解计算机辅助设计的相关知识,了解 AutoCAD 的基本操作,为后续学习 AutoCAD 奠定坚实的基础。

1.11 思考与练习

① 熟悉 AutoCAD 界面。
② 练习背景色的更改。
③ 练习活动工具条的打开与关闭。
④ 加密图形文件的步骤是怎样的?
⑤ 绘制图 1-21、图 1-26、图 1-27 中的图形。
⑥ 绘制附录 1 中的图例 1。

第 2 章　绘图环境设置与图案填充

上一章详细介绍了 AutoCAD 的基础知识,本章将主要学习绘图环境的配置、草图设置、绘图与修改命令(正多边形、倒角、圆角、偏移、修剪、延伸)的使用和图案填充等内容,初步培养绘图的基本习惯和绘图规范。

本章要点

- 了解 AutoCAD 的绘图环境的配置及草图的设置;
- 熟悉 AutoCAD 的简单绘图及编辑的操作,并熟练使用;
- 掌握 AutoCAD 的图案填充方法。

2.1　AutoCAD 绘图环境的配置

2.1.1　命令功能

在菜单浏览器中的【选项】对话框中可以修改影响 AutoCAD 界面和图形环境的配置。例如,可以指定 AutoCAD 自动保存文件的时间间隔,指定常用文件的搜索路径。根据使用 AutoCAD 的经验,本着用尽可能少的步骤完成尽可能多内容的原则,对【选项】对话框中相关设置进行配置。

2.1.2　命令调用方法

01 菜单:【工具】→【选项】;**02** 命令行:options 或 op;**03** 在命令行右击选择【选项】;**04**【菜单浏览器】→【选项】。

2.1.3　配置绘图环境

打开【选项】对话框,如图 2-1 所示。

(1) 各选项卡的作用

【文件】:用于指定 AutoCAD 搜索支持文件、驱动程序、菜单文件和其他文件的文件夹。

【显示】:用于设置窗口元素,布局元素,十字光标大小等。

【打开和保存】:用于设置文件打开、保存及另存为文件的有关设置。

【打印和发布】:用于设置控制与打印的相关选项。

【系统】:用于控制 AutoCAD 系统的设置。

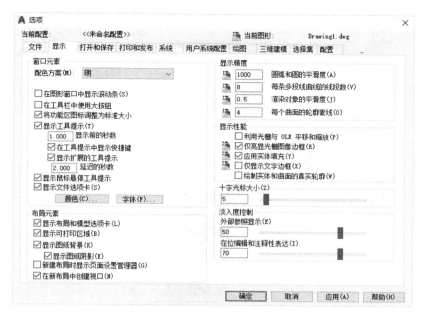

图 2-1 【选项】对话框

【用户系统配置】:用于优化 AutoCAD 中的工作方式。

【绘图】:用于设置自动捕捉、自动追踪等功能。

【三维建模】:用于设置三维十字光标、三维图标等。

【选择集】:用于设置选择集模式、夹点功能等。

【配置】:用于新建系统配置、重命名系统配置及删除系统配置等操作。

(2)【显示】选项卡的配置

①【窗口元素】区:用于控制 AutoCAD 绘图环境特有的显示设置。其中【在图形窗口中显示滚动条】开关功能为在绘图区域的底部和右侧是否显示滚动条。【颜色】按钮显示【图形窗口颜色】对话框,可以使用此对话框指定 AutoCAD 窗口中元素的颜色。步骤如下:首先,单击【颜色】按钮,弹出【图形窗口颜色】对话框,见图 2-2;其次,在该对话框中选择要更改的上下文(X),然后选择要更改的界面元素(E);最后,在【颜色】下拉列表中选择合适颜色后,单击【应用并关闭】按钮,绘图区背景颜色则发生相应变化。

②【布局元素】区:用于控制现有布局和新布局。

③【十字光标大小】区:用于控制十字光标的尺寸,默认尺寸为 5%。

(3)【打开和保存】选项卡的配置

打开【打开和保存】选项卡,见图 2-3。

①【文件保存】区内的【另存为】项可预设执行【另存为】命令时的文件类型。

②【文件安全措施】区内的【自动保存】可以设置自动保存间隔分钟数,在实际应用时可以将时间间隔设置为 10 分钟。

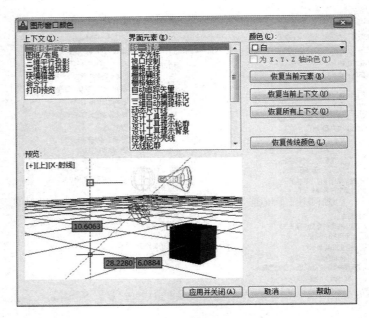

图 2-2　【图形窗口颜色】对话框

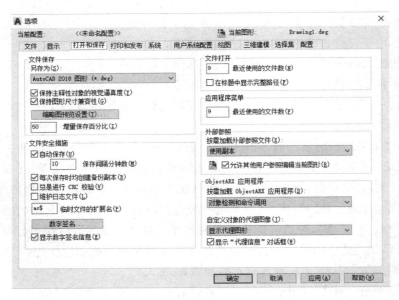

图 2-3　【打开和保存】选项卡

> **🔔 提示**　　　　　　**自动保存图形时间间隔多少为宜？**
>
> 　　在绘制图形时要养成随时保存图形的好习惯。自动保存的间隔时间不宜设置过短,这样会影响软件的正常使用;也不宜过长,这样不易于实时保存,一般在 8～10 分钟为宜。

③【文件打开】区功能为控制与最近使用的文件及打开的文件相关的设置。控制【文件】菜单中所列出的最近使用过的文件数目以便快速访问,有效值范围为0～9。

（4）【用户系统配置】选项卡的配置

打开【用户系统配置】选项卡,见图2-4。如果需要自定义操作标准,可单击【自定义右键单击】按钮打开【自定义右键单击】选项卡,见图2-5。设置【绘图区域中使用快捷菜单】处于非选中状态,鼠标的左键为执行键,右键为回车确认键;【命令】为空时,单击右键重复上次命令;如需终止当前命令,按【Esc】或【空格】键即可。

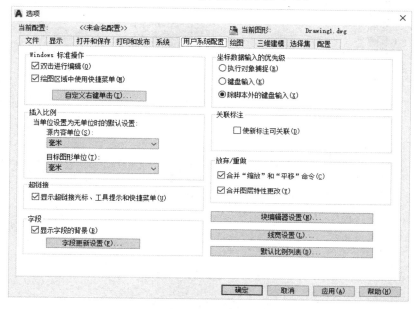

图 2-4　【用户系统配置】选项卡

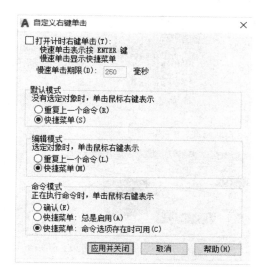

图 2-5　【自定义右键单击】选项卡

（5）【绘图】选项卡的配置

打开【绘图】选项卡如图 2-6 所示，单击【自动捕捉设置】区中的【颜色】按钮，在【图形窗口颜色】对话框中进行相关设置，如：将自动捕捉标记选择易于与绘图区域区分的绿色等，见图 2-7。也可在命令行输入 options，或右键单击快捷菜单【选项】→【绘图】来调用命令。

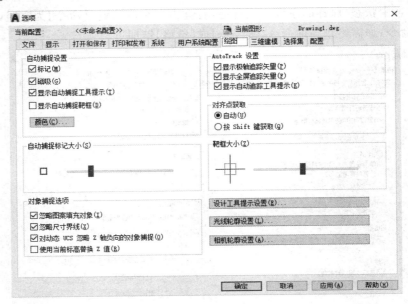

图 2-6　【绘图】选项卡

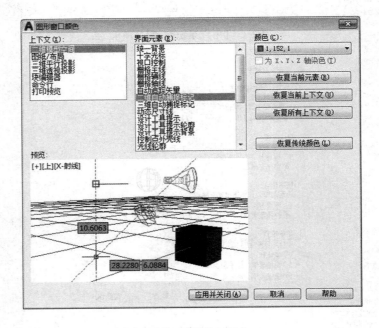

图 2-7　图形窗口颜色

注意　　**实际绘图结果与本书图例不一致,怎么办?**

　　本书中以后涉及的命令及实例,均以以上配置为标准,如果读者所使用的 AutoCAD 的配置与上述不一致,请参照本节配置,以便以后章节的学习。

2.1.4　测量系统的初始设置(Startup)

　　(1)命令含义

　　通过缩放可以在测量系统之间转换图形。创建的所有对象都是根据图形单位进行测量的,开始绘图前,必须基于要绘制的图形确定一个图形单位代表的实际大小,然后据此约定创建实际大小的图形。例如,一个图形单位的距离通常表示实际单位的 1 mm、1 cm、1 in 或 1 ft。AutoCAD 提供两种测量系统——英制和公制。在新建文件时,一般选择公制作为初始测量系统。公制为十进制,常用单位有千米、米、分米、厘米和毫米等。英制为十二进制,常用的单位有英里、英尺、英寸等。1 in 等于 25.4 mm。

　　(2)命令步骤

　　使用【创建新图形】对话框创建图形文件的操作步骤如下:

　　01 在【命令行】提示窗口中将系统变量 startup 的值设置为 1,系统变量 Filedia 的值也设置为 1(具体含义可以参照"2.2.1")。

　　02 单击左上角 的按钮,再点击"新建"按钮,则弹出【创建新图形】对话框,如图 2-8 所示。

　　03 在对话框中设置【默认设置】选项组,并选择绘图单位的制式(英制或公制)。

　　英制:基于英制测量系统创建新图形。图形使用内部默认值,默认图形边界(称为图形界限)为 12 in×9 in。

　　公制:基于公制测量系统创建新图形。图形使用内部默认值,默认图形边界为 429 mm×297 mm。

图 2-8 【创建新图形】对话框

　　04 单击确定按钮,则系统将采用默认设置新建一个空白的图形文件。

　　启动 AutoCAD 后,系统将自动创建一个新图形文件,默认名称为 drawing1.dwg。以后再创建新图形文件时,其默认名称会依次命名为 drawing2.dwg、drawing3.dwg 等。

专家点拨　　**acad.lin 与 acadiso.lin 有区别吗?**

　　对于英制系统,请使用 acad.lin 文件。对于公制系统,请使用 acadiso.lin 文件。

2.1.5　单位设置(Units)

　　新建图形文件的绘图单位都是默认设置的,为了使绘制的图形更加标准,需要对绘图环境的单位进行设置。

　　(1)命令调用方法

01 菜单:【格式】→【单位】;**02** 命令行:ddunits 或 units,或快捷命令 un。

(2)【图形单位】对话框

执行上述任一命令后系统都将打开【图形单位】对话框,如图 2-9 所示。

图 2-9 【图形单位】对话框

该对话框由【长度】、【角度】、【插入时的缩放单位】、【输出样例】、【光源】5 个选项和 1 个【方向】按钮组成,其各项的含义如下:

【长度】选项卡:用于设置绘图的长度类型和精度。在"类型"下拉列表框中可选择长度单位的类型,如分数、工程、建筑、科学、小数等;在"精度"下拉列表框中选择相应长度单位的精度。

【角度】:用于设置绘图的角度单位和精度。在"类型"下拉列表框中选择角度单位的类型,如:百分度、度/分/秒、弧度、勘探单位和十进制度数等;在"精度"下拉列表框中选择相应的角度单位精度。

【插入时的缩放单位】:控制插入到当前图形中的块和图形的测量单位。如果块或图形创建时使用的单位与该选项指定的单位不同,则在插入这些块或图形时,将对其按比例进行缩放。插入比例是源块或图形使用的单位与目标图形使用的单位之比。

【输出样例】:显示当前单位和绘图单位设置的例子。

【方向】:单击【方向】按钮,弹出【方向控制】对话框,见图 2-10。该对话框的功能是确定角度中零度的方向。AutoCAD 提示输入角度时,可以在需要方向定位 1 个

图 2-10 【方向控制】对话框

角度或输入 1 个角度。

（3）命令应用

① 设置常用于安全工程绘图时的单位格式与精度的步骤。

01 执行【格式】→【单位】菜单项，系统打开【图形单位】对话框。

02 【长度】一般选取默认设置，即小数型，精度设置为小数点 8 位精度。

03 【角度】取弧度或默认的十进制，精度设置为小数点 8 位精度。

04 【插入时的缩放单位】设置为毫米。

05 方向取默认值，设置完成后，单击【确定】按钮。

② 图形单位从英寸转换为 cm 的步骤。

01 执行【修改】→【缩放】菜单项。

02 在选择对象提示下，输入 all，选定图形中要缩放的所有对象。

03 指定基点。

04 输入一个比例因子，如：输入 2.54（1 in 等于 2.54 cm）。

> ◆ 注意　　　　**绘图单位和方向的常规设置**
>
> 　　一般情况下，AutoCAD 的常规默认单位为毫米，方向为地图方向，即上北下南左西右东。

2.1.6　图形界限（Limits）

CAD 的绘图区域是无限大的，可以在绘图区域的任意位置绘制图形。但现实中的图纸都有一定的规格尺寸（如 A1、A4 等），为了将绘制的图纸方便地打印输出，在绘图前可以设置好图形界限。

（1）命令调用方法

01 菜单：【格式】→【图形界限】；**02** 命令行：limits。

（2）操作步骤

```
命令：limits ↵                              //执行图形界限命令
重新设置模型空间界限：
指定左下角点或【开(ON)/关(OFF)】<0.0000,0.0000>：↙
                                            //输入图形界限左下角的坐标
指定右上角点<420.0000,297.0000>：↙          //输入图形界限右上角的坐标
```

（3）命令参数意义

① 开（ON）：使图形界限有效。系统在图形界限以外拾取的点将视为无效。

② 关（OFF）：使图形界限无效。可以在图形界限以外拾取点或实体。

③ 动态输入角点坐标：可以直接在绘图区的动态文本框中输入角点坐标，也可以在光标位置直接单击，确定角点位置。

④ 【指定右上角点】：指定图形界限的右上角点，一般根据实际的图纸大小输入具体的数值。常用的图纸大小及尺寸见表 2-1。

表 2-1 　　　　　　　　　　　　常用图纸大小及尺寸

图号	尺寸/mm	图号	尺寸/mm
A0	1 189×841	B3	364×515
A1	841×594	B4	364×257
A2	594×420	B5	257×182
A3	420×297	8 开	368×260
A4	297×210	16 开	260×184
A5	210×148	32 开	184×130

AutoCAD 默认图形界限为一横向 A3 纸,即 X 方向为 420 mm,Y 方向为 297 mm。打开图形界限检查时,无法在图形界限之外指定点,因为界限检查只是检查输入点,所以对象(如圆)某些部分可能会延伸出图形界限。在指定图形界限左下角时,如果选择 OFF,则系统会自动关闭边界检验功能,此时可以在绘图区内任何位置绘制图形。一般取默认的 OFF 值。

安全工程图纸图号一般为 A0～A4。必要时可以将表 2-1 中幅面长边加长(0 号及 1 号幅面允许加长两边),加长量应按 5 号幅面相应长边或短边尺寸成整数倍增加,见图 2-11。

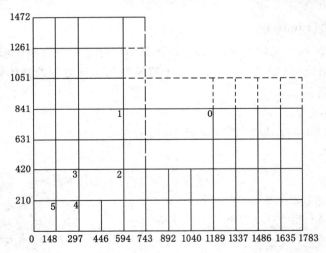

图 2-11　常用图幅尺寸及加长

🔔 提示

　　设置图形界限后,只有开启图形界限,AutoCAD 才会拒绝输入图形界限外部的点。

　　一般来说,打印复印店图纸最宽为 881 mm,长度一般不限。

2.2 向导

用户可根据设置向导提示逐步地建立基本图形。向导的种类有两种,快速设置向导和高级设置向导。新建文件时显示向导的步骤如下:

01 在【命令行】提示窗口中将系统变量 Startup 的值设置为 1;

02 系统变量 Filedia 的值也设置为 1。

系统变量 Startup 用于控制在开始一个新图时是否显示【创建新图形】对话框,当该变量值为 1 时表示显示【创建新图形】对话框(图 2-12),否则将不显示。系统变量 Filedia 用于控制是否禁止显示文件导航对话框,该系统变量的默认值为 1,即显示对话框。

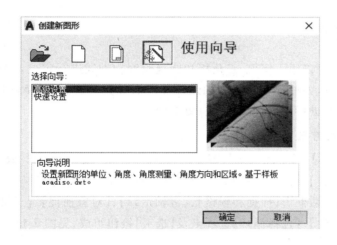

图 2-12 【创建新图形】对话框

2.2.1 快速设置向导

快速设置向导可以对测量单位、显示单位的精度和栅格界限等进行设置。设置步骤如下:

01 点击【新建文件】;**02** 选择【使用向导】;**03** 选择【快速设置】并确定;**04** 选择测量单位;**05** 设置合适的图形界限后点击【完成】。

2.2.2 高级设置向导

高级设置向导不仅可以对测量单位、显示单位的精度和栅格界限等进行设置,亦可对角度单位、精度、方向和方位设置(图 2-13)。设置方式与快速设置向导方式相同。

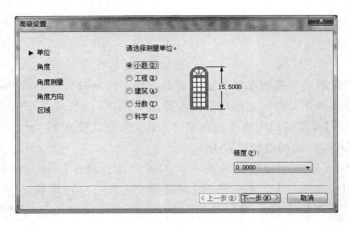

图 2-13　【高级设置】向导

2.3　草图设置

手工绘图时，可以用丁字尺、三角板和圆规绘制辅助线进行定位。AutoCAD 提供了多种辅助绘图工具，如捕捉、栅格、极轴追踪和对象捕捉等。通过【草图设置】对话框，可以对这些辅助功能进行设置，以便更快、更准确地绘图。

2.3.1　命令设定方法

01 菜单：【工具】→【草图设置】；**02** 命令行：dsettings 或 ds；**03** 状态栏：在【栅格】、【捕捉模式】、【对象捕捉】、【极轴追踪】等按钮上点击右键并选择"设置"。

【草图设置】对话框由【捕捉和栅格】、【极轴追踪】、【对象捕捉】、【三维对象捕捉】、【动态输入】、【快捷特性】、【选择循环】选项卡及【选项】按钮组成，见图 2-14。

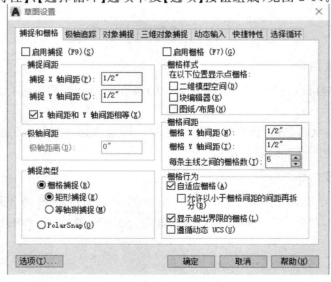

图 2-14　【草图设置】对话框

2.3.2　捕捉与栅格(Snap and Grid)

【捕捉】用于设定鼠标光标移动的间距。【栅格】是一些标定位置的小点,起坐标纸的作用,可以提供直观的距离和位置参照。

（1）命令调用方法

01 状态栏:栅格,单击 ▦ 按钮;捕捉,单击 ▦ 按钮。**02** 快捷键:栅格,F7;捕捉,F9。

（2）命令参数及用法

①【启用捕捉】:打开【启用捕捉】开关或按 F9 键,也可以通过单击状态栏上的【捕捉】按钮打开【捕捉】模式。

②【启用栅格】:打开【启用栅格】开关或按 F7 键,也可以通过单击状态栏上的【栅格】按钮打开【栅格】模式。

③【栅格间距】:【栅格 X 轴间距】和【栅格 Y 轴间距】文本框用于设置栅格在水平和垂直方向的间距。如果【栅格 X 轴间距】和【栅格 Y 轴间距】设置为 0,则 AutoCAD 系统会自动将捕捉间距应用于栅格,且其原点和角度总是与捕捉的原点和角度相同。另外,还可以通过 GRID 命令在命令行设置栅格间距。栅格和捕捉间距默认值均为 10,可以根据需要重新设置(如 X 为 8.5,Y 为 8)。捕捉间距可以与栅格间距不同。

④【捕捉类型】:用于控制捕捉模式设置。【栅格捕捉】设置栅格捕捉类型。【矩形捕捉】将捕捉样式设置为标准矩形捕捉模式。当捕捉类型设置为【栅格】并且打开【捕捉】模式时,光标将捕捉矩形、捕捉栅格。【等轴测捕捉】将捕捉样式设置为等轴测捕捉模式。当捕捉类型设置为【栅格】并且打开【捕捉】模式时,光标将捕捉等轴测、捕捉栅格。

⑤【极轴间距】:用于控制极轴捕捉增量距离。如果该值为 0,则极轴捕捉距离采用【捕捉 X 轴间距】的值。

（3）命令应用

① 栅格的 X 间距和 Y 间距可以设置为不相等的间距。

② 捕捉的 X 间距和 Y 间距应与栅格的 X 间距和 Y 间距相同,或是其整数倍。例如,可按照 X 间距为 17、Y 间距为 16 对栅格和捕捉进行设置,并启用之,结果见图 2-15。

③ 栅格只显示在设定的图形界限范围内。如果间距过小,AutoCAD 会提示【栅格太密,无法显示】的信息,屏幕上不显示栅格点。

④ 不启用栅格显示的情况下,也可以启用捕捉功能。

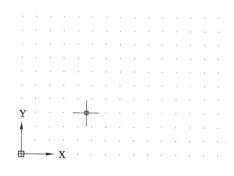

图 2-15　捕捉和栅格的应用

捕捉模式一般不用

如果打开捕捉模式,鼠标就像被施了魔法、被控制一样,只能捕捉栅格上的点。除非需要,一般不要打开捕捉模式,但是要注意捕捉与对象捕捉有明显的区别。如果发现鼠标不听使唤,请检查是不是误打开了捕捉模式。

2.3.3 极轴追踪的设置

极轴追踪是按事先给定的角度增量来追踪特征点,而对象捕捉则按与对象的某种特定关系来追踪,这种特定的关系确定了一个未知角度,也就是说如果事先知道要追踪的方向(角度),则使用极轴追踪;如果事先不知道具体的追踪方向(角度),但知道与其他对象的某种关系(如相交),则用对象捕捉追踪。极轴追踪和对象捕捉追踪可以同时使用。

极轴追踪功能可以在系统要求指定一个点时,按预先设置的角度增量显示一条无限延伸的辅助线(这是一条虚线),这时就可以沿辅助线追踪得到光标点。

(1)命令调用方法

01 菜单:【工具】→【草图设置】→【极轴追踪】;**02** 状态栏:单击 ⌖ 按钮;**03** 快捷键:F10。

(2)命令参数意义

执行上述操作或在【极轴追踪】按钮 ⌖ 上右击,选择快捷菜单中的【设置】命令,系统打开如图 2-16 所示的【草图设置】对话框的【极轴追踪】选项卡,其中各选项功能如下:

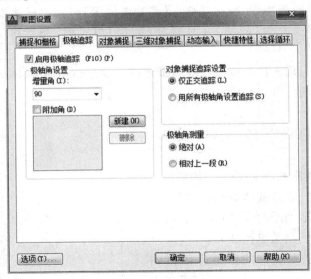

图 2-16 【极轴追踪】选项卡

①【启用极轴追踪】复选框:勾选该复选框,即启用极轴追踪功能。

②【极轴角设置】选项组:设置极轴角的值,可以在【增量角】下拉列表框中选择一种角度值,也可以勾选【附加角】复选框,单击【新建】按钮设置附加角,系统在进行极轴追踪

时,同时追踪增量角和附加角,可以设置多个附加角。

③【对象捕捉追踪设置】:用于设置对象捕捉追踪选项。【仅正交追踪】选项表示当对象捕捉追踪打开时,仅显示已获得的对象捕捉点的正交(水平/垂直)对象捕捉追踪路径。【用所有极轴角设置追踪】选项表示如果对象捕捉追踪打开,则当指定点时,允许光标沿已获得的对象捕捉点的任何极轴角追踪路径进行追踪。

【极轴追踪】相当于扩展了的【正交】,打开该功能后,鼠标在设置好的增量角方向中固定;【极轴追踪】与【正交】模式不能同时打开。另外,附加角度是绝对数值,而非增量。

👆专家点拨　　　　　　　　　　**怎样快速输入距离**

定位点的提示下输入数字值,再将下一个点沿光标所指方向定位到指定的距离即可。此功能通常在正交模式或捕捉模式打开的状态下使用。

(3) 命令应用

例如,绘制图 2-17(a)中的直线 AB。

命令:line ↵	//执行直线命令
指定第一点:↙↵	//在屏幕拾取 A 点
指定下一点或【放弃(U)】:<极轴 开>40 ↙	//捕捉 30°后,输入长度 40 回车
指定下一点或【放弃(U)】:↙	//回车结束命令

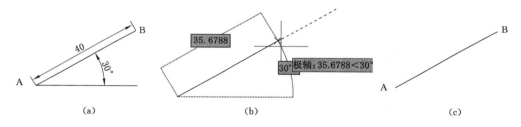

图 2-17　极轴的应用

(a) 原图;(b) 信息提示框;(c) 绘制结果

极轴追踪默认值为 90°,即正交时的度数,优先考虑使用极轴追踪而不是正交,可以根据需要重新设置(如 15°、30°……)。并非越小越好,建议设定为 15°。对象追踪必须与对象捕捉同时打开,即在追踪对象捕捉到点以前,必须打开对象捕捉功能。

(4) 正交模式

正交模式可以用来控制是否以正交方式绘图,在正交模式下,可以方便绘出与当前 X 轴、Y 轴平行的线段。

命令调用方法:**01** 状态栏单击【正交模式】按钮;**02** 命令行:ortho;**03** 快捷键:F8 或 Ctrl+L。

命令行提示与操作如下:

| 命令:ortho ↵ | //执行正交命令 |
| 输入模式【开(ON)/关(OFF)】<开>:↵ | //设置正交开或关 |

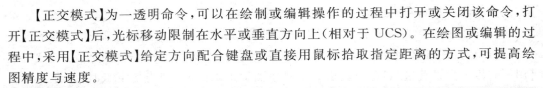

【正交模式】为一透明命令,可以在绘制或编辑操作的过程中打开或关闭该命令,打开【正交模式】后,光标移动限制在水平或垂直方向上(相对于 UCS)。在绘图或编辑的过程中,采用【正交模式】给定方向配合键盘或直接用鼠标拾取指定距离的方式,可提高绘图精度与速度。

👍 **专家点拨**　　　　正交模式和极轴追踪可以同时打开吗?

正交模式和极轴追踪不能同时打开。打开极轴追踪,将关闭正交模式。强烈建议优先考虑使用极轴追踪而不是正交模式。

2.3.4　对象捕捉的设置(Osnap)

在利用 AutoCAD 画图时经常要用到一些特殊点,例如圆心、切点、端点、中点等,如果只利用光标在图形上选择,要准确地找到这些点是十分困难的。因此,AutoCAD 提供了一些识别这些点的工具,通过这些工具即可容易构造新几何体,精确地绘制图形,其结果比传统手工绘图更精确且更容易维护。在 AutoCAD 中,这种功能称之为对象捕捉功能。

(1)命令调用方法

01 菜单:【工具】→【草图设置】→【对象捕捉】;**02** 命令行:osnap 或 os;**03** 状态栏:单击 ▢ 按钮设置;**04** 快捷键:F3,如图 2-18 所示;**05** 快捷键:Ctrl/Shift＋鼠标右键,如图 2-19所示。

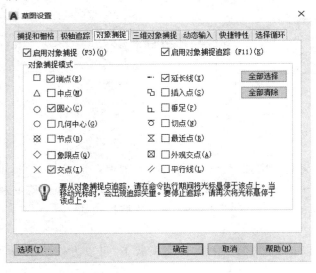

图 2-18　【对象捕捉】对话框图

图 2-19　【对象捕捉】快捷菜单

(2)命令参数意义

①【启用对象捕捉】:勾选该复选框,在【对象捕捉模式】选项组中勾选的捕捉模式处于激活状态。

②【启用对象捕捉追踪】:用于打开或关闭自动追踪功能。

③【对象捕捉模式】：此选项组中列出各种捕捉模式的复选框，被勾选的复选框处于激活状态。单击【全部清除】按钮，则所有模式均被清除。单击【全部选择】按钮，则所有模式均被选中。

④ 默认值为端点、交点、圆心等，根据需要重新设置（如中点、切点等）。

📖 知识精讲　　　　　　　　　　　　　对象捕捉

　　【对象捕捉】的设置为透明命令，在绘图过程中，可以实时关闭或开启。捕捉项并非设定得越多越好，建议仅设定端点、交点、圆心、中点，其他功能可根据需要实时设定。另外，在对话框的左下角有一个【选项】按钮，单击该按钮可以打开【选项】对话框的【草图】选项卡，利用该对话框可决定捕捉模式的各项设置。

（3）对象捕捉的使用方式

如前所述，【对象捕捉】可捕捉的特征点有临时追踪点、端点、中点、交点、外观交点、延长线、圆心、象限点、切点、垂足、平行线、节点、插入点、最近点和无捕捉等。

①【临时追踪点】（TT）：用于跟踪每一个跟踪点的 X 坐标，再跟踪另一个跟踪点的 Y 坐标，两跟踪线的交点就是目的点的坐标。使用【临时追踪点】之前应打开【对象捕捉】功能，并将常用的端点、中点、圆心等设置为自动捕捉方式，当出现这些特征点的标记后，不用拾取而是离开特征点去捕捉另一点的 X 坐标或 Y 坐标。

例如，在图 2-20 所示的正四边形中心位置绘制一圆。

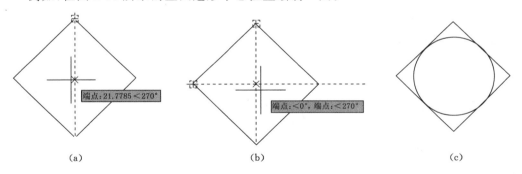

图 2-20　临时追踪点的应用

(a) 捕捉上边中点；(b) 捕捉左侧端点；(c) 绘制结果

```
命令：circle ↵                                              //执行圆命令
指定圆的圆心或【三点(3P)/两点(2P)/相切，相切，半径(T)】：↙
指定圆的圆心或【三点(3P)/两点(2P)/切点、切点、半径(T)】：<对象捕捉 开>↙
                                                           //分别捕捉中点和端点
指定圆的圆心或【三点(3P)/两点(2P)/切点、切点、半径(T)】：<极轴 开>↙
指定圆的半径或【直径(D)】(5.0000)：5 ↵                       //输入半径值
```

按照上述步骤绘制结果如图 2-20(c)所示。在图 2-20(b)中光标大致移动到正四边形的中心处才会出现虚线，方便用户准确找出所画圆心。

②【端点】(END):用于捕捉对象的最近端点。选择端点时将靶区靠近对象需要捕捉的一侧,待出现方框标记或【端点】提示后按鼠标左键拾取即可,见图 2-21(a)。

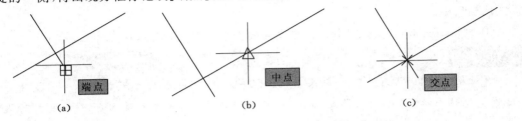

图 2-21 捕捉端点、中点和交点

(a) 捕捉端点;(b) 捕捉中点;(c) 捕捉交点

③【中点】(MID):可捕捉到对象的中点。选择中点时将靶区靠近对象大致中点处,待出现三角标记或【中点】提示后按鼠标左键拾取即可,见图 2-21(b)。

④【交点】(INT):可捕捉到对象的交点。选择交点时将靶区靠近相交对象的交点处,待出现叉标记或【交点】提示后按鼠标左键拾取即可,见图 2-21(c)。

⑤【外观交点】(APP):可捕捉不在同一个平面上的两个对象的外观交叉点。外观交叉点捕捉两个对象的外观交点,这两个对象在三维空间不相交,在当前视图中看起来相交。

⑥【延长线】(EXT):可在光标经过对象的端点时,显示临时延长线或圆弧,以便在延长线或圆弧上捕捉点。选择延长线时将靶区靠近被选对象,待出现十字标后,移动光标至对象的大致延长线趋势方向即可,见图 2-22。

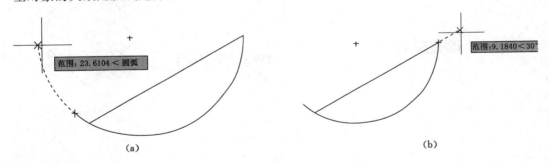

图 2-22 捕捉延长线

(a) 捕捉圆弧延长线;(b) 捕捉直线延长线

⑦【圆心】(CEN):可捕捉到圆弧、圆、椭圆或椭圆弧的圆心。选择圆心时将靶区靠近被选对象,待出现红色圆圈或【圆心】提示后按鼠标左键拾取即可,见图 2-23。一般地,捕捉圆心时应将靶区移近到被选对象上进行捕捉,而不需要到对象的圆心处去捕捉,见图 2-23(c)。另外,只要出现【圆心】提示就表明已经捕捉到圆心。

⑧【象限点】(QUA):指圆或椭圆的与当前 UCS 平行的极左点、极右点、最上点和最下点,见图 2-24(a)、(b)。圆弧或椭圆弧的象限点是指包含它自身的圆或椭圆的象限点,见图 2-24(c)。【象限点】可捕捉到圆弧、圆、椭圆或椭圆弧的象限点。

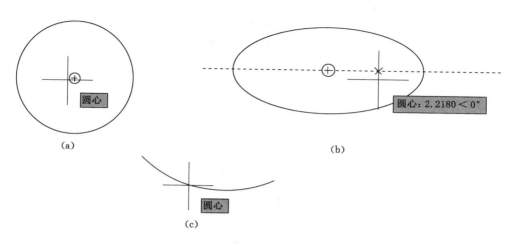

图 2-23 捕捉圆心

（a）捕捉圆的圆心；（b）捕捉椭圆的圆心；（c）未显示圆心的标记

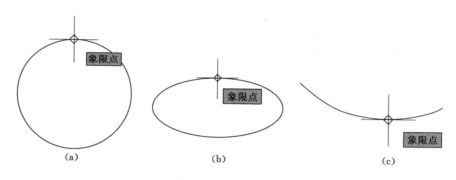

图 2-24 捕捉象限点

（a）捕捉圆的象限点；（b）捕捉椭圆的象限点；（c）捕捉椭圆弧的象限点

⑨【切点】（TAN）：可捕捉到圆弧、圆、椭圆、椭圆弧或样条曲线的切点，见图 2-25。在绘制过程中需要捕捉一个以上的切点时，AutoCAD 自动打开【递延切点】捕捉模式。当靶框经过【递延切点】捕捉点时，会显示标记和工具栏提示。

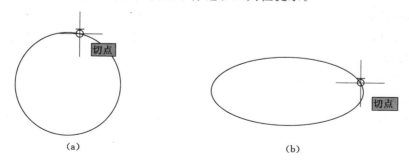

图 2-25 捕捉切点

（a）捕捉圆的切点；（b）捕捉椭圆的切点

⑩【垂足】(PER)：可捕捉圆弧、圆、椭圆、椭圆弧、直线、多线、多段线、射线、面域、实体、样条曲线或参照线的垂足，也可以捕捉圆弧、圆、椭圆、椭圆弧、直线、多线、多段线、射线延长线上的垂足，见图2-26。

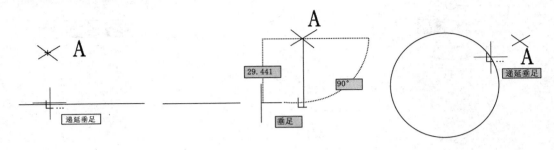

图2-26　捕捉垂足

⑪【平行线】(PAR)：可捕捉与指定线相平行线上的点。选择平行线捕捉时，将靶区移近到被选对象上等出现平行线标记后（不需要拾取），见图2-27(a)，移动光标至与该直线大致平行的位置会出现【平行】提示，见图2-27(b)，此时单击鼠标左键拾取点或直接输入距离，即可完成平行线的捕捉，见图2-27(c)。

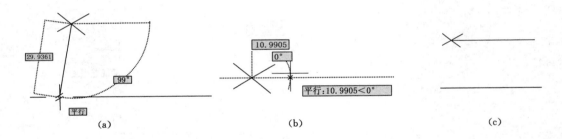

图2-27　捕捉平行线
(a) 显示平行标记；(b) 移动光标出现平行提示；(c) 绘制结果

⑫【节点】(NOD)：可捕捉到点对象、标注定义点或标注文字起点，见图2-28(a)。

⑬【插入点】(INS)：可捕捉到属性、块、形或文字的插入点，见图2-28(b)。

⑭【最近点】(NEA)：可捕捉到圆弧、圆、椭圆、椭圆弧、直线、多线、点、多段线、射线、样条曲线或参照线的最近点。

⑮【无捕捉】(NON)：可取消所有模式的已拾取捕捉。

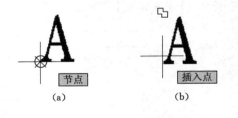

图2-28　捕捉节点和插入点
(a) 捕捉节点；(b) 捕捉插入点

⑯【对象捕捉设置】(DSETTINGS)：可点击【草图设置】对话框内的【对象捕捉】选项卡。

专家点拨　　　　　　　　　　**标识追踪点**

当开启对象捕捉与对象捕捉追踪后,移动光标至关键点位置,即可添加"+"号标识的追踪点。再次移动光标到该点位置可以取消追踪点。

专家点拨　　　　**Tab 键在 AutoCAD 捕捉功能中的妙用**

当需要捕捉物体上点时,只要将鼠标靠近某个或某物体,不断地按 Tab 键,这个或这些物体的某些特殊点(如直线的端点、中间点、垂直点、与物体的交点、圆的四分圆点、中心点、切点、垂直点、交点)就会轮换显示出来,选择需要的点后左键单击即可以捕中这些点。

2.3.5　对象约束

约束能够精确地控制草图中的对象。草图约束有两种类型:几何约束和尺寸约束。几何约束用来定义图形元素和确定图形元素之间的关系,包括水平、竖直、垂直、平行、相切、平滑、重合、同心、共线、对称、相等、固定类型,利用对应的按钮或菜单命令可以直接启动对应的约束。几何约束建立草图对象的几何特性(如要求某一直线具有固定长度),或是两个或更多草图对象的关系类型(如要求两条直线垂直或平行,或是几个圆弧具有相同的半径)。在绘图区可以使用【参数化】选项卡内的【全部显示】、【全部隐藏】或【显示】来显示有关信息,并显示代表这些约束的直观标记。

（1）命令调用方法

01 菜单:【参数】→【约束设置】;**02** 工具栏:点击 按钮;**03** 命令行:constraintsettings 或 csettings;**04** 功能区: 。

执行上述操作后,系统打开【约束设置】对话框,单击【几何】选项卡,如图 2-29 所示,利用此对话框可以控制约束栏上约束类型的显示。

（2）各种几何约束的含义

① 水平:将指定的直线对象约束成与当前坐标系的 X 轴平行(二维绘图一般就是水平)。

② 竖直:将指定的直线对象约束成与当前坐标系的 Y 轴平行(二维绘图一般就是竖直)。

③ 垂直:将指定的一条直线约束成与另一条直线保持垂直关系。

④ 平行:将指定的一条直线约束成与另一条直线保持平行关系。

⑤ 相切:将指定的一个对象与另一个对象约束成相切关系。

⑥ 平滑:在共享同一端点的两条样条曲线之间建立平滑约束。

⑦ 重合:使两个点或一个对象与一个点之间保持重合。

⑧ 同心:使一个圆、圆弧或椭圆与另一个圆、圆弧或椭圆保持同心。

⑨ 共线:使一条或多条直线段与另一条直线段保持共线,即位于同一直线上。

⑩ 对称:约束直线段或圆弧上的两个点,使其以选定的直线为对称轴彼此对称。

⑪ 相等:使选择的圆弧或圆有相同的半径,或使选择的直线段有相同的长度。

⑫ 固定:约束一个点或曲线,使其相当于坐标系固定在特定的位置和方向。

在用 AutoCAD 绘图时,可以控制约束栏的显示,利用【约束设置】对话框(如图 2-29

图 2-29 【约束设置】对话框

所示)可控制约束栏上显示或隐藏的几何约束类型。单独或全局显示或隐藏几何约束和约束栏,可执行以下操作。

- 显示(或隐藏)所有的几何约束。
- 显示(或隐藏)指定类型的几何约束。
- 显示(或隐藏)所有与选定对象相关的几何约束。

（3）命令应用

① 在界面上方的工具栏区右击,选择快捷菜单中的【几何约束】命令,打开【几何约束】工具栏。

② 单击【几何约束】工具栏中的【同心】按钮◎,或选择菜单栏中的【参数】→【几何约束】→【同心】命令,使其中两圆同心。

③ 单击【几何约束】工具栏中的【相切】按钮♂,或选择菜单栏中的【参数】→【几何约束】→【相切】命令,使其相切。

在进行几何约束时,先选择基准约束对象,再选择需要被约束的对象。可以取消几何约束,方法为:在约束图标上右击,在弹出的快捷菜单中选择【删除】命令。当在对象之间建立约束关系后,调整一对象的位置,有约束关系的其他对象也会调整位置,以保持它们之间的约束关系。

🕸 智慧锦囊   几何约束的功能

通过几何约束命令对图像进行约束后,通过夹点仍然可以更改圆弧的半径、圆的直径、水平线的长度以及垂直线的长度。

2.3.6　系统变量(Setvar)

在 AutoCAD 中,系统变量用于控制某些功能和设计环境、命令的工作方式,它可以打开或关闭捕捉、栅格或正交等绘图模式,设置默认的填充图案,或存储当前图形和 CAD 配置的有关信息。可以通过直接在命令提示下输入系统变量名来检查任意系统变量和修改任意可写的系统变量,也可以通过使用 setvar 命令来实现,许多系统变量还可以通过对话框选项访问。

系统变量通常是 6～10 个字符长的缩写名称。许多系统变量有简单的开关设置。例如 Gridmode 系统变量用来显示或关闭栅格,当在命令行的【输入 Gridmode 的新值<1>:】提示下输入 0 时,可以关闭栅格显示,输入 1 时,可以打开栅格显示。有些变量则用来存储数值或文字,例如 date 系统变量用来存储当前日期。

可以在对话框中修改系统变量,也可以在命令行中修改系统变量,如上所述。

(1) 命令调用方法

01 菜单:【工具】→【查询】→【设置变量】;**02** 命令行:setvar 或命令 set。

(2) 命令应用

输入变量名或〔?〕<当前>:输入变量名,输入 ?,然后按 Enter 键。

① 变量名。指定要设置的系统变量的名称。

输入 veriable_name 的新值<当前>:输入新值或按 Enter 键。

② 也可以在命令提示下输入变量的名称及其新值来更改系统变量的值。列出变量,列出图形中的所有系统变量及其当前设置。输入要列出的变量 <*>:以通配符模式输入或按 Enter 键。

③ 执行上述命令后,【文本窗口】显示内容见图 2-30。

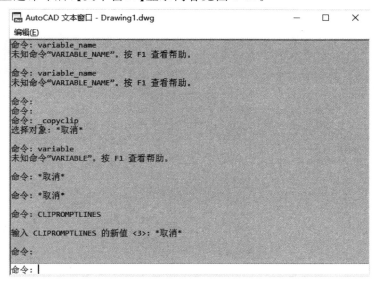

图 2-30　变量显示窗口

2.4 常用绘图与编辑命令的使用(二)

2.4.1 正多边形(Polygon)

该命令专门用于绘制 3～1 024 条边正多边形,在机械和安全工程绘图中应用十分广泛。

(1) 命令调用方法

01 菜单:【绘图】→【正多边形】;**02** 工具栏:单击 🔘 按钮;**03** 命令行:polygon 或 pol。

(2) 操作步骤

命令行提示与操作如下。

命令:polygon ↵	
输入边的数目<4>:↵	//指定多边形的边数,默认值为 4
指定正多边形的中心点或【边(E)】:✓	//指定正多边形的中心点
输入选项【内接于圆(I)/外切于圆(C)】<I>:✓	//指定是内接于圆或外切于圆
指定圆的半径:✓	//指定外接圆或内切圆的半径

(3) 命令应用

绘制正多边形方法有 3 种:边长法(Edge)、内接法(Inside)、外切法(Outside)。

① 通过给定正多边形边长绘制正多边形:

命令:polygon ↵	//执行正多边形命令
输入边的数目<1>:5 ↵	//输入正多边形边数目
指定正多边形的中心点或【边(E)】:E ↵	//选边(E)项
指定边的第一个端点:✓	//在绘图区拾取 A 点
指定边的第二个端点:20 ↵	//结合极轴追踪,捕捉水平往右方向后,输入边长 20 并回车确定 B 点

绘制结果见图 2-31(a)。

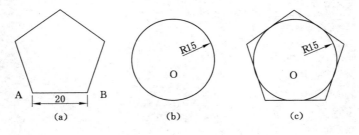

图 2-31 正多边形的绘制

(a) 绘制结果;(b) 内接圆;(c) 多边形外切于圆

② 通过正多边形的中心点和外切于圆半径绘制正多边形:

命令:polygon ↵	//执行正多边形命令
输入边的数目＜4＞:5 ↵	//输入正多边形边数目
指定正多边形的中心点或【边(E)】:↙	//捕捉圆心 O 点
输入选项【内接于圆(I)/外切于圆(C)】:C ↵	//选外切于圆(C)项
指定圆的半径:15 ↵	//结合极轴追踪,捕捉竖直往下方向后,输入半径 15 并回车确定圆下象限点

绘制结果见图 2-31(c)。

③ 通过内接于圆方法绘制正多边形与外切于圆方法类似,请读者自行练习。

2.4.2　倒角(Chamfer)

倒角命令即斜角命令,是用斜线连接两个不平行的线型对象。可以用斜线连接直线段、双向无限长线、射线和多义线(即多段线)。系统采用两种方法确定连接两个对象的斜线:指定两个斜线距离,指定斜线角度和一个斜线距离。下面分别介绍这两种方法的使用。

① 指定两个斜线距离:斜线距离是指从被连接对象与斜线的夹点到被连接的两对象交点之间的距离,如图 2-32(a)所示。

② 指定斜线角度和一个斜线距离连接选择的对象:采用这种方法连接对象时,需要输入两个参数:斜线与一个对象的斜线距离和斜线与该对象的夹角,如图 2-32(b)所示。

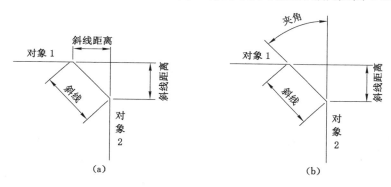

图 2-32　倒角连接方式
(a) 两条斜线;(b) 斜线与夹角

(1) 命令调用方法

01 菜单:【修改】→【倒角】;**02** 工具栏:单击按钮;**03** 命令行:chamfer 或 cha。

(2) 操作步骤

命令:chamfer ↵	//执行倒角命令
("修剪"模式)当前倒角距离 1＝0.0000,距离 2＝0.0000	
选择第一条直线或【放弃(U)/多段线(P)/距离(D)/角度(A)/修剪(T)/方式(E)/多个(M)】:	
选择第二条直线,或按住 Shift 键选择要应用角点或【距离(D)/角度(A)/方式(E)】:	

(3) 命令参数意义

在执行【倒角】命令后,命令行会出现"选择第一条直线或【多段线(P)/距离(D)/角度

（A）/修剪（T）/方式（E）/多个（M）】："提示，提示中的各参数含义如下：

① 选择第一条直线时可直接使用光标进行拾取对象，第一条直线选中后会提示选择第二条直线，按提示进行选择后即可完成倒角命令的操作。

② 多段线（P）项可对整个二维多段线倒角，如果多段线包含的线段过短以至于无法容纳倒角距离，则不对这些线段倒角。

③ 距离（D）项用于设置倒角至选定边端点的距离。如果将两个距离都设置为零，AutoCAD 将延伸或修剪相应的两条线以使两者终止于同一点。

④ 角度（A）项可用第一条线的倒角距离和第二条线的角度设置倒角距离。

⑤ 修剪（T）项用于控制 AutoCAD 是否将选定边修剪到倒角线端点。

⑥ 方式（E）项控制 AutoCAD 是使用距离还是角度来创建倒角。

⑦ 多个（M）项可给对象集加倒角。

（4）命令应用

对图 2-33（a）中的两条直线 a、d 进行倒角，倒角距离为 5。

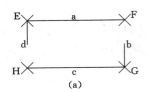 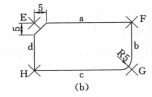

图 2-33　倒角及圆角的应用

(a) 原图；(b) 修剪模式

```
命令:chamfer ↵                                        //执行倒角命令
("修剪"模式)当前倒角距离 1=10.0000,距离 2=10.0000    //当前设置
选择第一条直线或【多段线(P)/距离(D)/角度(A)
/修剪(T)/方式(E)/多个(M)】:D ↵                          //选定距离 D 项
指定第一个倒角距离(10.0000):5 ↵                        //输入第一个倒角距离
指定第二个倒角距离(5.0000):↵                           //回车
选择第一条直线或【多段线(P)/距离(D)/角度(A)
/修剪(T)/方式(E)/多个(M)】:✓                           //拾取直线 a
选择第二条直线:✓                                       //拾取直线 d
```

操作结果见图 2-33（b）中的 E 点，F 点倒角距离为 0。

> ● 注意
>
> ① 在指定直线之前可以在命令行输入"T"先设置是否修剪原线段，如果选择不修剪则保留原线段，反之则不保留。
>
> ② 若第一个倒角距离和第二个倒角距离设置的数值不同，在给对象倒角时，直线的选择顺序应与倒角距离的设置相同。倒角距离过大时不能完成。

2.4.3 圆角(Fillet)

圆角命令用于用一条指定半径的圆弧平滑连接两个对象。可以平滑连接一对直线段、非圆弧的多义线段、样条曲线、双向无限长线、射线、圆、圆弧和椭圆,并且可以在任何时候平滑连接多条线的每个节点。圆角命令与倒角命令操作方法相似。

(1)命令调用方法

01 菜单:【修改】→【圆角】;**02** 工具栏:单击 按钮;**03** 命令行:fillet 或 f。

(2)命令操作步骤

```
命令:fillet ↵                                              //执行圆角命令
当前设置:模式=修剪,半径=0.0000
选择第一个对象或【放弃(U)/多段线(P)/
半径(R)/修剪(T)/多个(M)】:                                  //选择第一个对象
选择第二个对象,或按住 Shift 键选择要应用角点的对象:        //选择第二个对象
```

(3)命令参数意义

在执行圆角命令后,命令行提示中的各参数含义如下:

① 选择第一个对象可直接使用光标进行拾取对象,第一个对象选中后会提示选择第二个对象,按提示进行选择后即可完成圆角命令的操作。

② 多段线(P)项可对整个二维多段线圆角。如果多段线包含的线段过短以至于无法容纳圆角距离,则不对这些线段圆角。

③ 半径(R)项用于设置用多大半径的圆弧为对象圆角。

④ 修剪(T)项用于控制 AutoCAD 是否将选定边修剪到圆角线端点。

⑤ 多个(M)项可给对象集加圆角。

(4)命令应用

回顾倒角示例,对图 2-33(a)中的两条直线 b、c 进行圆角,圆角半径为 5。

```
命令:fillet ↵                                              //执行圆角命令
当前设置:模式=修剪,半径=0.0000                             //当前设置
选择第一个对象或【多段线(P)/半径(R)/修剪(T)/多个(M)】:R↵    //选择半径(R)选项
fillet 指定圆角半径:5↵                                      //输入半径值
选择第一个对象或【多段线(P)/半径(R)/修剪(T)/多个(M)】:↙     //拾取直线 b
选择第二个对象:↙                                           //拾取直线 c
```

操作结果见图 2-33(b)中的 G 点,H 点为圆角半径为 0 时。

💥 注意

① 在指定直线之前可以在命令行输入"T"先设置是否修剪原线段,如果选择不修剪则保留原线段,反之则不保留。

② 若圆角距离设置为零,该命令相当于【延伸】命令;倒角半径过大时不能完成。

2.4.4 偏移(Offset)

使用偏移命令可以根据指定的距离或通过点,建立一个与所选对象平行或相似的形体。被偏移的对象可以是直线、圆、圆弧和样条曲线等。

(1) 命令调用方法

01 菜单:【修改】→【偏移】;**02** 工具栏:单击 ⊏ 按钮;**03** 命令行:offset 或 o。

(2) 操作步骤

命令:offset ↵	//执行偏移命令
当前设置:删除源=否　图层=源　offsetgaptype=0	
指定偏移距离或【通过(T)/删除(E)/图层(L)】<通过>:↵	//指定偏移距离值
选择要偏移的对象,或【退出(E)/放弃(U)】<退出>:	//选择要偏移的对象
指定要偏移的那一侧上的点,或【退出(E)/多个(M)/放弃(U)】<退出>:	
	//指定偏移方向
选择要偏移的对象,或【退出(E)/放弃(U)】<退出>:	//完成偏移

(3) 命令应用

偏移(offset)命令有指定距离和指定点两种方法偏移对象。

① 以指定的距离偏移对象

命令:offset ↵	//执行偏移命令
当前设置:删除源=否　图层=源　offsetgaptype=0	
指定偏移距离或【通过(T)/删除(E)/图层(L)】<通过>:1 ↵	//输入偏移距离
选择要偏移的对象或(退出):↙	//拾取偏移对象
指定点以确定偏移所在一侧:↙	//在偏移对象外指定一点
选择要偏移的对象或(退出):↵	//回车结束命令

图 2-34(a)、(c)中对象 a 的偏移结果分别见图 2-34(b)、(d)。

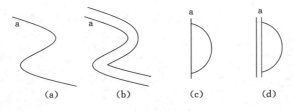

图 2-34　偏移对象示例一

(a) 原图 1;(b) 指定距离偏移结果;(c) 原图 2;(d) 指定点偏移结果

② 通过指定点偏移对象

命令:offset ↵	//执行偏移命令
当前设置:删除源=否　图层=源　offsetgaptype=0	
指定偏移距离或【通过(T)/删除(E)/图层(L)】<通过>:T	//选通过(T)项
选择要偏移的对象,或【退出(E)/放弃(U)】<退出>:	//选择对象
指定通过点或【退出(E)/多个(M)/放弃(U)】<退出>:↙	//结合对象捕捉工具
	指定合适的点

专家点拨　偏移命令使用技巧及注意事项

在【指定点以确定偏移所在一侧】的提示下指定点时,应注意【对象捕捉】的影响,此时应尽量选择远离原对象和其他对象的空白处进行点击。

用偏移命令创建平行线时,需要的参数是两根平行线之间的垂距。例如图 2-35(a)中 a 线段可执行偏移命令,但图 2-35(b)中的 a 线段就难以执行偏移命令。

创建由多条直线连接成多线段的平行线时,快捷方式是将原对象通过编辑,使其成为一条多段线,一次偏移出其平行线。

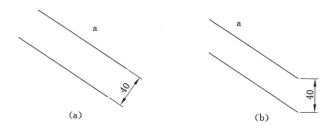

(a)　　　　　　　　　　　　(b)

图 2-35　偏移对象示例二

① 知识补充站　偏移复制后的图形长度或大小和源对象一样吗?

偏移复制后的圆弧和圆与原对象同心,但其半径会发生改变。而偏移复制后的直线段长度不会发生改变,即平行复制原对象。

2.4.5　修剪(Trim)

使用修剪命令可以将多余的线段进行修剪,这与用户日常生活中用的橡皮擦的功能类似。修剪操作可以修改直线、圆、弧、多段线、样条曲线和射线等。修剪命令需要选择修剪边界和被修剪的线段并且两者必须处于相交状态。

(1)命令调用方法

01 菜单:【修改】→【修剪】;**02** 工具栏:单击 ⚊⚊ 按钮;**03** 命令行:trim 或 tr。

(2)操作步骤

命令:trim ↵	//执行修剪命令
当前设置:投影=UCS,边=无	
选择剪切边…	
选择对象或<全部选择>:	//选择修剪边界的对象
选择要修剪的对象,或按住 Shift 键选择要延伸的对象,或【栏选(F)/窗交(C)/投影(P)/边(E)/删除(R)/放弃(U)】:	//完成修剪命令

(3)命令应用

发出修剪命令后,第一次出现的【选择对象】的提示实际上是指选择修剪边界。天然边界指的是可以直接利用的边界。如有天然边界则不需进行选择,回车即可。如果没有天然边界,必须先选边界、后操作。另外,被选择作为边界的对象也可以被修剪。

在实际应用过程中,一般有以下三种情况:

① 有天然边界的修剪:

命令:trim ↵   //执行修剪命令

当前设置:投影＝UCS,边＝无

选择剪切边…

TRIM 选择对象或＜全部选择＞:↵   //不选择,直接回车

选择对象:选择要修剪的对象,或按住 Shift 键选择要延伸的对象,或【投影(P)/边(E)/放弃

(U)】:↙   //拾取对象 AB 部分

修剪结果(调节风墙)见图 2-36(b)。

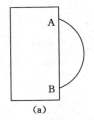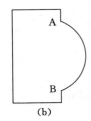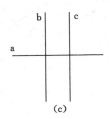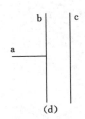

图 2-36   修剪对象示例一

(a) 原图 1;(b) 修剪结果 1;(c) 原图 2;(d) 修剪结果 2

② 无天然边界的修剪:

命令:trim ↵   //执行修剪命令

当前设置:投影＝UCS,边＝无

选择剪切边…

trim 选择对象或＜全部选择＞:↙   //选择边界直线 b

选择对象:选择要修剪的对象,或按住 Shift 键选择要延伸的对象,或【投影(P)/边(E)/放弃

(U)】:↙   //拾取直线 a 超出直线 b 的部分

修剪结果见图 2-36(d)。

③ 栏选:一次对多个对象的修剪,见图 2-37。

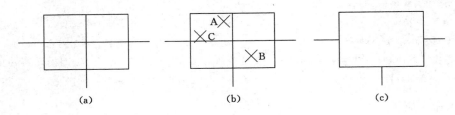

图 2-37   修剪对象示例二

(a) 原图;(b) 修剪过程;(c) 修剪结果

命令：trim ↵　　　　　　　　　　　　　　　　　//执行修剪命令

当前设置：投影＝UCS,边＝无

选择剪切边…

trim 选择对象或＜全部选择＞：↵　　　　　　　//不选择直接回车

选择要修剪的对象,或按住 Shift 键选择要延伸的对象,或【投影(P)/边(E)/放弃(U)】:F ↵

　　　　　　　　　　　　　　　　　　　　　//输入 F 用栏选选择方式

trim 第一栏选点：✓　　　　　　　　　　　　//在图 2-37(b)中拾取 A 点

trim 指定下一栏选点或【放弃(U)】：✓　　　　//在图 2-37(b)中拾取 B 点

trim 指定下一栏选点或【放弃(U)】：✓　　　　//在图 2-37(b)中拾取 C 点

trim 指定下一栏选点或【放弃(U)】：↵　　　　//回车结束命令

修剪结果(监测监控系统——监测接线盒)见图 2-37(c)。

（4）命令参数意义

【投影】:指定修剪对象时 AutoCAD 使用的投影模式。

【无】:指定无投影,AutoCAD 只修剪在三维空间中与剪切边相交的对象。

【UCS】:指定在当前用户坐标系 XY 平面上的投影。

【视图】:指定沿当前视图方向的投影。

【边】:确定是在另一对象的隐含边处修剪对象,还是仅在与该对象在三维空间中相交的对象处进行修剪。

【延伸】:沿自身自然路径延伸剪切边使它与三维空间中的对象相交。

【不延伸】:指定对象只在三维空间中与其相交的修剪边处修剪。

【放弃(U)】:撤销由修剪命令所作的最近一次修改。

【栏选(F)】:系统以栏选的方式选择被修剪的对象。

【窗交(C)】:系统以窗交的方式选择被修剪的对象。

在使用修剪命令选择修剪对象时,用户通常是逐个点击选择的,有时显得效率低,要较快的实现修剪过程,可以先输入修剪命令【tr】或【trim】,然后按＜Space＞或＜Enter＞键,命令行中就会提示选择修剪的对象,这时可以不选择对象,继续按＜Space＞或＜Enter＞键,系统默认选择全部。这样做就可以很快地完成修剪过程。

专家点拨　　　　　　**怎样修剪顽固线段?**

在修剪过程中,有时会留下一些无法修剪的线段,这时可选择该线段,直接按 Delete 键将其删除。

2.4.6　延伸(Extend)

延伸命令用于把直线、圆弧或多段线等的端点延伸到指定的边界,这些边界可以是直线、圆弧或多段线。

（1）命令调用方法

01 菜单:【修改】→【延伸】;**02** 工具栏:单击 ┅┅▎ 按钮;**03** 命令行:extend 或 ex。

（2）命令步骤

命令行提示与操作如下。

> 命令:extend ↵　　　　　　　　　　　　　　//执行延伸命令
> 当前设置:投影＝UCS,边＝无
> 选择边界的边…
> 选择对象或＜全部选择＞:　　　　　　　　//选择边界对象
> 选择要延伸的对象,或按住 Shift 键选择要修剪的对象,或
> 【栏选(F)/窗交(C)/投影(P)/边(E)/放弃(U)】:　　//选择延伸的对象

（3）命令应用

延伸与修剪的操作方法相似。可以延伸对象,使它们精确地延伸至由其他对象定义的边界边。调用延伸命令后,第一次出现的【选择对象】的提示实际上指的是选择延伸边界。如有天然边界则不需进行选择,回车即可。如没有天然边界,必须先选边界、后操作。圆弧不能被延伸成圆周。

> 命令:extend ↵　　　　　　　　　　　　　　//执行延伸命令
> 当前设置:投影＝UCS,边＝无
> 选择边界的边…
> 选择对象或＜全部选择＞:↵　　　　　　　　//不选择,直接回车
> 选择要延伸的对象,或按住 Shift 键选择要修剪的对象,或
> 【栏选(F)/窗交(C)/投影(P)/边(E)/放弃(U)】:↵　　//选择图 2-38(a)中对象 a 与 b

在此例中,将直线 a 与 b 精确地延伸到由另一条直线定义的边界,如图 2-38(b)所示。

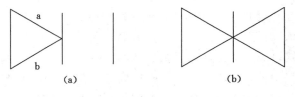

图 2-38　延伸对象示例一

（a）原图;（b）延伸结果

在【选择要延伸对象】的提示下,选择对象时应在对象的被延伸侧拾取,见图 2-39(b),图 2-39(c)为延伸结果。

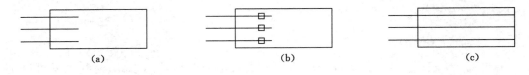

图 2-39　延伸对象示例二

（a）原图;（b）选择对象;（c）延伸结果

2.5　图案填充(Hatch)

2.5.1　概述

在实际绘图和设计中,经常需要在一定的区域用规定的图案加以填充。AutoCAD提供了具有丰富图案填充文件和使用方便的填充命令。所用的图案可以很简单,如表示煤层的纯黑或灰黑色的颜色填充,或是其他的剖面线填充等。此外还提供了编辑和修改图案的方法。图案填充包括一般的图案填充和渐变色填充。用户可以使用预定义填充图案区域,使用当前线性定义简单的线图案,也可以创建更复杂的填充图案。渐变填充在一种颜色的不同灰度之间或两种颜色之间使用过渡,以增强演示效果。

(1)命令调用方法

01 菜单:【绘图】→【图案填充】;**02** 工具栏:单击 ▨ 按钮;**03** 命令行:hatch 或 h。

(2)命令应用

01 执行【图案填充】命令后弹出【图案填充和渐变色】对话框,见图 2-40。

图 2-40　【图案填充和渐变色】对话框

02 在【图案填充】选项卡中单击【图案】下拉列表框右侧的按钮,弹出【填充图案选项板】对话框,见图 2-41。在【其他预定义】选项卡中选择【SOLID】图案,然后单击【确定】按钮。SOLID 项表示填充颜色为纯颜色填充。

图 2-41 【填充图案选项板】对话框

03 在【边界图案填充】对话框中单击【拾取点】按钮,回到绘图区后在封闭图形内部单击。图形被选中呈虚线显示,然后回车,回到【图案填充和渐变色】对话框,单击【确定】按钮,填充完成。

当然如果要填充的部分为矩形、圆形或其他封闭图形,可以在【边界图案填充】对话框中单击【选择对象】按钮,图形被选中呈虚线显示,然后回车,回到【图案填充和渐变色】对话框,单击【确定】按钮,填充完成。这种方法效率更高。

专家点拨　　　　　　　　　　　**如果填充区域未闭合怎么办?**

要填充边界未完全闭合的区域,可以将 Hpgaptol 系统变量设置为桥接间隔,并将边界视为闭合。

2.5.2　填充图案的选择

填充图案的选择应注意:

① 在图案的边界处选取图案,尤其是实体填充时。

② 尽量用交叉窗口选取图案。

③ 可以使用【快速选择】一次选择多个对象,然后在对象特性中将多余的对象滤掉。

④ 可在选择对象的提示下,按住 Ctrl 键执行循环选择对象。

2.5.3　编辑图案(Hatchedit)

创建图案填充后,如果需要修改填充图案或修改图案区域的边界,可以在绘图窗口中单击需要编辑的图案填充进行编辑。

(1)命令调用方法

01 菜单：【修改】→【对象】→【图案填充编辑】；**02** 工具栏：单击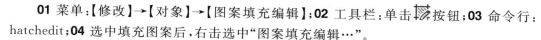按钮；**03** 命令行：hatchedit；**04** 选中填充图案后，右击选中"图案填充编辑…"。

（2）【图案填充编辑】对话框

调用上述命令后，系统提示"选择图案填充对象"。选择填充对象后，系统打开如图 2-42 所示的【图案填充编辑】对话框。

图 2-42　【图案填充编辑】对话框

在图 2-42 中，只有亮显的选项才可以对其进行操作。利用该对话框，可以对已填充的图案进行一系列的编辑修改。

一般涉及的编辑项有：

① 角度（一种图案多种应用）。

除纯颜色填充外，其他图案类型均具有角度项。同一类型的图案若角度的设置不同则结果也不同，见图 2-43。

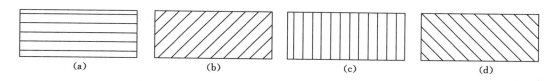

图 2-43　不同角度的图案填充

（a）角度＝0°；（b）角度＝45°；（c）角度＝90°；（d）角度＝135°

② 比例（比例越大图案越稀，越小越密）。

除纯颜色填充外,其他图案类型均具有比例项。同一类型的图案若比例的设置不同则结果也不同,见图 2-44。

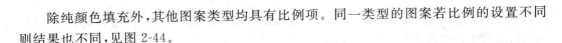

图 2-44　不同比例的图案填充

(a) 比例＝1;(b) 比例＝2;(c) 比例＝0.5;(d) 比例＝0.25

③ 孤岛检测样式。

在进行图案填充时,用户把位于总填充区域内的封闭区称为孤岛,如图 2-45 所示。在使用【bhatch】命令填充时,AutoCAD 系统允许用户以拾取点的方式确定填充边界,即在希望填充的区域内任意拾取一点,系统会自动确定出填充边界,同时也确定该边界内的岛。如果用户以选择对象的方式确定填充边界,则必须确切地选取这些岛。

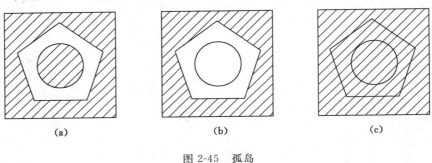

图 2-45　孤岛

(a) 普通;(b) 外部;(c) 忽略

在进行图案填充时,需要控制填充的范围,AutoCAD 为用户设置了以下 3 种填充方式以实现对填充范围的控制。单击图 2-42 对话框中⊘按钮,对话框进行了扩展,如图 2-46 所示。

普通方式:该方式从边界开始,从每条填充线或每个填充符号的两端向里填充;遇到内部对象与之相交时,填充线或符号断开,直到遇到下一次相交时再继续填充。采用这种填充方式时,要避免剖面线或符号与内部对象的相交次数为奇数。该方式为系统内部的缺省方式。

外部方式:该方式从边界向里填充,只要在边界内部与对象相交,剖面符号就会断开,而不再继续填充。

忽略方式:该方式忽略边界内的对象,所有内部结构都被剖面符号覆盖。

④ 关联与非关联组合。

若图案的组合属性为关联,则修改填充边界时图案或填充随之更新,见图 2-47。若图案的组合属性为非关联,则修改填充边界时图案或填充不随之更新,见图 2-48。

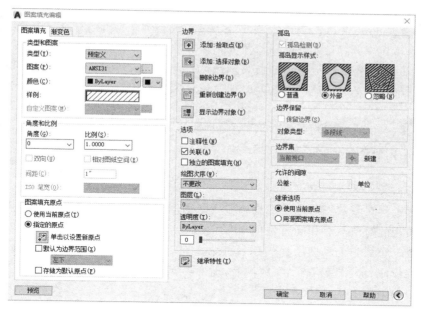

图 2-46　不同孤岛的图案填充

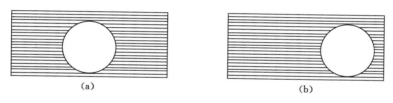

图 2-47　关联的图案填充

（a）原图；（b）移动结果

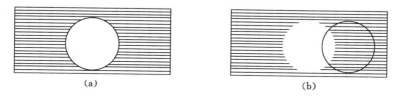

图 2-48　非关联的图案填充

（a）原图；（b）移动结果

（3）命令操作方式

图案的编辑方式有：

① 选中要修改的图案，打开对象特性管理器进行属性的修改。

② 将鼠标的十字框放在图案上双击，在打开的【边界图案填充】对话框中进行修改。

用 layiso 命令让欲填充的范围线所在的层孤立，再用 hatch 填充就可以迅速找到填充范围。hatch 填充主要线要封闭，先用 layiso 命令让欲填充的范围线所在的层孤立是个好办法。其实很多人都没怎么注意填充图案的边界确定有一个边界集设置的问题。

可能是比例设置过大导致的，调小图案比例即可。

2.5.4　工具选项板（Toolpalettes）

可以通过将对象从图形拖至工具选项板来创建工具，然后可以使用新工具创建与拖至工具选项板的对象具有相同特性的对象。工具选项板是【工具选项板】窗口中选项卡形式的区域。添加到工具选项板的项目称为工具。可以通过将几何对象（例如直线、圆和多段线）、标注、块、图案填充、实体填充、渐变填充、光栅图像外部参照拖至工具选项板（一次一项）来创建工具。

（1）命令调用方法

01 菜单：【工具】→【选项板】→【工具选项板】；**02** 工具栏：单击 按钮；**03** 命令行：toolpalettes。

（2）【工具选项板】窗口

打开【工具选项板】窗口后，如图 2-49（a）所示，单击【图案填充】选项，可以看到图 2-49

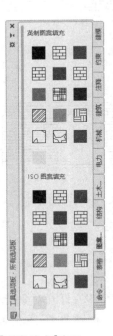

图 2-49　【工具选项板】及【图案填充】窗口

（a）【工具选项板】窗口；（b）【图案填充】窗口

（b）所示的【图案填充】窗口，它由【英制图案填充】、【ISO 图案填充】和【渐变色样例】选项卡组成，其中最常用的是【ISO 图案填充】选项卡。

（3）命令操作步骤

① 创建需要填充的图形。

② 在【工具选项板】上，单击【图案填充】工具并将其拖至图形中的对象。

③ 松开鼠标按钮，将图案填充应用到对象。创建的图案填充所包含的图案填充样式和特性与从【工具选项板】中选择的相同。

☜ 专家点拨　　　　　　　关于图案填充

建议填充图案时将被填充的区域最大化显示，关闭或删除不需要的对象，并重生成图形，这样有利于提高填充的成功率。如填充区域不封闭，则检查夹点；如填充区域封闭仍不能完成操作，则添加辅助线化整为零。对图案慎用分解命令。

◉ 注意　　　　　　　图案填充没有显示？

有时候发现填充的图案没有显示，可以按如下命令操作：

命令：fill ↙

输入模式【开（ON）/关（OFF）】＜开＞：ON ↙　　　　　//输入模式改为"ON"

2.6　应用实例

2.6.1　立体五角星

如图 2-50 所示的五角星，两角点间距离为 30，具体绘制思路如图 2-51 所示。

绘制步骤：**01** 绘制边长为 30 的正五边形；**02** 间隔五边形顶点连线，初步绘制五角星；**03** 删去正五边形；**04** 对五角星进行修剪；**05** 连接对角点；**06** 间隔填充。

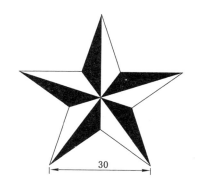

图 2-50　五角星

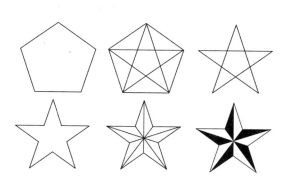

图 2-51　五角星绘制思路

2.6.2 双三角环

图 2-52 所示的双三角环,具体绘制思路如图2-53所示。

绘制步骤:**01** 绘制边长为 30 的正三角形;**02** 圆角;**03** 偏移;**04** 镜像;**05** 修剪。

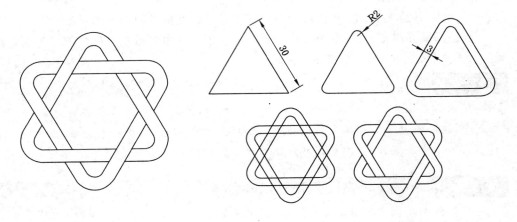

图 2-52　双三角环　　　　　　　　　　图 2-53　双三角环绘制思路

2.7　本章小结

　　本章主要介绍了绘图环境的配置;简单的绘图命令和编辑命令(正多边形、倒角、圆角、偏移、修剪、延伸)操作。其中常用绘图与修改命令、图案填充是本章的重点。下一章将介绍 AutoCAD 对象特性及图层的管理。

2.8　思考与练习

　　① 熟悉 AutoCAD 绘图环境的配置。
　　② 练习实例 2.6.1 和实例 2.6.2。

第 3 章　对象特性与图层管理

　　　　应用 AutoCAD 进行图形的绘制,应熟悉对象特性与图层管理的相关知识。通过设置对象特性,可以修改图形的显示效果,运用图层功能可以对图形进行分层管理,使图形变得有条理,从而可以更快、更方便地绘制和修改复杂图形。

　　本章要点
- AutoCAD 对象特性的修改方法(颜色、线型、线宽);
- AutoCAD 图层的建立、修改及使用方法;
- AutoCAD 常用绘图及编辑的基本命令(面域、构造线、射线、云状线、复制、移动等)。

3.1　对象特性

　　每个对象都具有一定的特性,如颜色、线型和线宽等。用户可以在绘制图形之前设置好对象特性,也可以在绘制好图形后对其特性进行修改。

　　(1)命令功能

　　AutoCAD 中每个对象都具有不同的特性,但对象的颜色、线型、线型比例、线宽及图层等是所有对象的共性。

　　通过【特性】工具栏、【特性】选项板或【特性匹配】可以控制对象特性,如图 3-1 和图 3-2 所示。

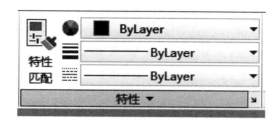

图 3-1　【特性】工具栏

　　(2)命令调用方法

　　01 菜单:【修改】→【特性】;**02** 命令行:properties 或 pr。

（3）【特性】选项板

执行对象特性命令，打开【特性】选项板，见图3-2。【特性】选项板用于列出选定对象或对象集特性的当前设置。选择多个对象时，【特性】选项板只显示选择集中所有对象的公共特性，可以方便地修改对象大部分特性。

（4）命令操作

不同的对象属性种类和值不同，修改属性值，对象改变为新的属性。可以指定新值以修改任何可以更改的特性。单击该值并使用以下方法之一：

① 输入新值。

② 单击右侧的向下箭头键并从列表中选择一个值。

③ 单击"拾取点"按钮，使用定点设备修改几何图形坐标值。

④ 单击"快速计算器"按钮可计算新值。

（5）【特性匹配】

① 命令功能

执行对象特性命令，将选定对象的特性应用于其他对象。

② 命令调用方法

01 菜单：【修改】→【特性匹配】；**02** 工具栏：单击特性匹配按钮 ；**03** 命令行：matchprop 或 ma。

图 3-2 【特性】选项板

| 注意 | **Bylayer 与 Byblock 的区别** |

Bylayer 表示当前图形的属性是随层显示（颜色，线型，线宽）；Byblock 表示当前图形的属性是随块显示（颜色，线型，线宽）。

| 考考你 | **何谓当前特性？** |

所谓当前特性，是指 AutoCAD 默认的特性，默认一般表现为随层。如颜色的随层颜色为黑色，线型的随层线型为连续型实线，线型比例为1，图层为0层。

3.1.1 颜色（Color）

3.1.1.1 颜色概述

AutoCAD 绘制的图形对象都具有一定的颜色，为使绘制的图形清晰表达，可把同一类的图形对象用相同的颜色绘制，而使不同类的对象具有不同的颜色，以示区分，这样就需要适当地对颜色进行设置。AutoCAD 允许用户设置图层颜色，为新建的图形对象设置当前颜色，还可以改变已有图形对象的颜色。AutoCAD 中的颜色共有 255 种，其中 7 种颜色既有颜色名称也有色号，分别是红、黄、绿、青、蓝、洋红和白/黑色。从第 8 至第

255 色只有色号,没有颜色名称。背景色为白色时默认"随层"颜色为黑色。

(1)命令调用方法

01 菜单:【格式】→【颜色】;**02** 命令行:color 或 col。

(2)【选择颜色】对话框

【索引颜色】选项卡见图 3-3。选项卡内各参数含义如下:

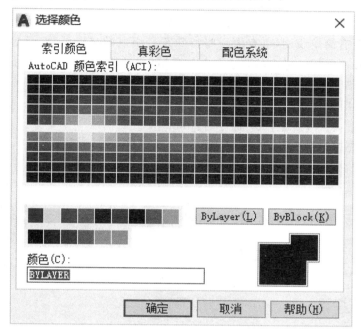

图 3-3 【选择颜色】对话框

【索引颜色】包含 255 种颜色。第一调色板组包含了第 10 至 249 号色,当选择某一颜色时,在颜色列表的下面将显示该颜色序号以及该颜色对应的 RGB 值;第二个调色板组中包含了红、黄、绿、青、蓝等第 1 至 9 号的标准颜色;第三调色板组中包含了第 250 至 255 号的灰度级颜色。【颜色】文本框显示所选颜色的名称或色号,也可以直接在该文本框中输入色号来选择颜色。单击【随层】(ByLayer)按钮,可以确定颜色为随层方式,即所绘制图形对象的颜色总是与所在图层颜色一致;单击【随块】(ByBlock)按钮,可以确定颜色为随块方式。这两个按钮只有在设定了图层颜色和图块颜色后才可以使用。

🔵 智慧锦囊	图形颜色

255 号颜色只可显示不可打印,一般用作辅助线;在安全工程制图中大面积煤层的填充一般用 8 号色,如果直接用黑色填充,颜色太重。

3.1.1.2 更改对象的颜色

(1)可通过颜色列表框更改对象颜色。

01 命令行为空时,选取需要修改的对象;**02** 点击颜色下拉框选择合适的颜色。

(2)也可通过【特性】窗口更改对象颜色。

01 命令行为空时,选取需要修改的对象;**02** 点击【修改】→【特性】菜单项;**03** 在特性对话框中的基本区内选择合适的颜色。

(3) 更改对象颜色还可以采取【特性匹配】选项板。

3.1.2 线型(Linetype)

3.1.2.1 线型概述

线型是指作为图形基本元素的线条组成和显示方式,如虚线、实线、煤柱线等。AutoCAD 中,既有简单线型,也有由一些特殊符号组成的复杂线型,还可通过编辑线型满足不同国家和不同行业标准的要求。AutoCAD 中的线型一般加载的是 acad.lin 文件中的标准线型、ISO128 线型和复杂线型。默认线型为随层连续型(Continuous)。

(1) 命令调用方法

01 菜单:【格式】→【线型】;**02** 命令行:linetype 或 lt。

(2)【线型管理器】对话框

执行【线型】命令,打开【线型管理器】对话框,见图 3-4。

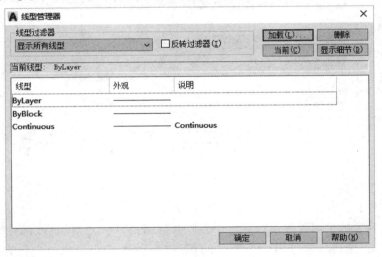

图 3-4 【线型管理器】对话框

对话框各项含义如下:

【线型过滤器】列表框显示在线型列表中已加载的线型。如果选择【反转过滤器】复选框,仅显示为符合反转过滤器条件的线型。默认选项是【显示所有线型】。

【加载】按钮用于显示【加载或重载线型】对话框(图 3-5),在对话框中选择其他所需要的线型。【删除】按钮可从线型列表中删除选定的不依赖外部参照的线型;要迅速选定或清除所有线型,可在线型列表中单击右键以显示快捷菜单。【当前】按钮可将选定线型设置为当前线型。【显示细节】或【隐藏细节】按钮可控制显示或隐藏【线型管理器】的【详细信息】部分。

【详细信息】列表可对已加载线型的名称和说明进行编辑。【缩放时使用图纸空间单位】复选框用于按相同的比例在图纸空间和模型空间缩放线型。【全局比例因子】用于修

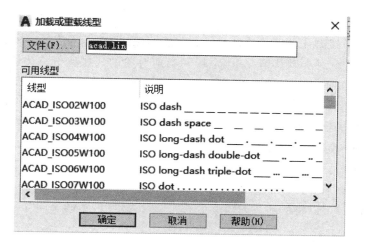

图 3-5　【加载或重载线型】对话框

改对象的全局线型比例。【当前对象缩放比例】用于设置新建对象的当前线型比例。

3.1.2.2　加载线型

（1）命令调用方法

① 菜单：【格式】→【线型】；② 命令行：linetype。

（2）加载线型的步骤

01 利用上述调用命令打开【线型管理器】；

02 点击【加载】按钮，弹出【加载或重载线型】对话框，见图 3-5；

03 选择合适的线型后点击【确定】；

04 将上步所加载的线型置为当前后即可使用该线型。

3.1.2.3　可更改对象的线型

（1）可通过线型列表框更改对象线型。

01 选取对象；**02** 点击线型下拉框选择合适的线型。示例见图 3-6。

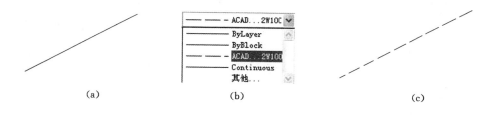

(a)　　　　　　　　　　　(b)　　　　　　　　　　　(c)

图 3-6　更改对象线型的示例

(a) 原图；(b) 选择线型；(c) 更改结果

（2）也可通过【特性】窗口更改对象线型。

01 选取对象；**02** 点击【修改】→【特性】菜单项；**03** 在特性对话框中选择合适的线型。

（3）更改对象线型还可以采取【特性匹配】选项板。

3.1.2.4　控制线型比例

　　AutoCAD 中线型比例因子是针对所有非连续性线段的,包括"全局比例因子"和"当前对象缩放比例"两种。默认情况下,全局和当前对象的线型比例均为 1。值越小,每个图形单位中画出的重复图案越多。对于太短,甚至不能显示一个虚线段的线段,可以使用更小的线型比例。但是若线型比例过大,对象有可能显示为连续型线型。对象最终的线型比例等于全局比例因子和当前对象缩放比例因子的乘积。

　　(1)可通过【线型管理器】控制线型比例。

　　01 执行【格式】→【线型】菜单项;

　　02 单击【显示细节】按钮;

　　03 根据需要,可以将所加载的线型全局比例设为定值,示例见图 3-7。

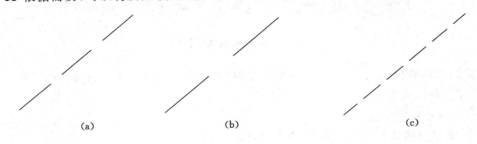

　　　　(a)　　　　　　　　　　(b)　　　　　　　　　　(c)

图 3-7　控制线型比例

(a)线型比例＝1;(b)线型比例＝2;(c)线型比例＝0.5

　　(2)也可通过【特性】窗口控制对象线型比例。

　　① 选取对象;

　　② 点击【修改】→【特性】菜单项;

　　③ 在特性对话框中选择合适的线型比例。

　　(3)控制线型比例还可以采取【特性匹配】选项板。

◆**注意**　　　　　【全局比例因子】与【当前对象缩放比例】的影响范围

　　【全局比例因子】将影响到所有已绘制对象以及新绘制对象;【当前对象缩放比例】仅影响修改比例因子后新绘制对象。

3.1.3　线宽(Lineweights)

3.1.3.1　线宽概述

　　线宽设置是对当前线宽、线宽显示选项及线宽单位进行设置。在 AutoCAD 中不设置对象线宽情况下,其默认线宽为【随层】(ByLayer)线宽。对于绘制的对象,可以在绘制时赋予宽度或在打印时设定宽度。

　　(1)命令调用方法

　　01 菜单:【格式】→【线宽】;**02** 状态栏:右击 ☰ 按钮并选择【设置】;**03** 命令行:lineweight 或 lw。

（2）【线宽设置】对话框

执行【线宽】命令，打开【线宽设置】对话框，见图 3-8。对话框内各项含义如下：

【线宽】列表框用于设置对象线宽值。线宽值由包括随层（ByLayer）、随块（ByBlock）和默认在内的标准设置组成。值为 0 的线宽在打印设备上用可打印的最细线进行打印；【列出单位】区用于设置线宽的单位，可以是"英寸""毫米"，一般选择"毫米"；【显示线宽】复选框设置是否按照实际线宽显示；【默认】列表可设置图层的默认线宽，即关闭显示线宽后 AutoCAD 所显示的线宽；【调整显示比例】区用于控制线宽的显示比例；【当前线宽】区提示当前设置的线宽。

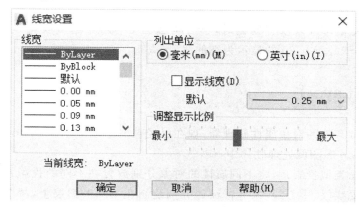

图 3-8　【线宽设置】对话框

3.1.3.2　显示线宽

点击状态栏上的【线宽】按钮，可将对象的线宽进行显示或不显示，示例见图 3-9。

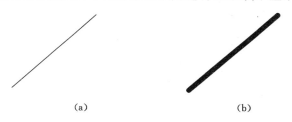

(a)　　　　　　　　　　　　　　(b)

图 3-9　对象线宽的显示

(a) 不显示线宽；(d) 显示线宽

如线宽不大于 0.25 mm，则屏幕上不显示线宽。另外，屏幕上显示的线宽并非打印出的实际宽度，显示的宽度是相对于当前屏幕的宽度。

3.1.3.3　更改对象的线宽

（1）可通过线宽列表框更改对象的线宽。

01 选取对象；**02** 点击线宽下拉框选择合适的线宽。

（2）也可通过【特性】窗口更改对象的线宽。

01 选取对象；**02** 点击【修改】→【特性】菜单项；**03** 在【特性】对话框中选择合适的线宽

重新设定线宽。

（3）更改对象线宽还可以采取【特性匹配】选项板。

◈ 注意	设置线宽

为什么设置线宽后却发现没有变化？单击状态栏中的"显示/隐藏线宽"按钮将其显示即可，另外线宽小于等于 0.25 mm 的显示为细的线。

在未选择任何对象时，设置的对象特性将应用于后面绘制的图形上；如果在选择对象的情况下进行图形特性设置，只会修改选择对象的特性，而不会影响后面绘制的图形。

当设置线宽后却发现没有变化时，单击状态栏中"显示/隐藏线宽"按钮将其显示即可，另外线宽小于等于 0.25 的显示为细的线。

3.2　图层（Layer）

图层是非常有效的对象属性管理器，现在已经被广泛地应用在 AutoCAD、3ds Max、Flash、PhotoShop 等图像处理软件中。

图层的概念类似投影片，将不同属性的对象分别放置在不同的投影片（图层）上。例如将图形的主要线段、中心线、尺寸标注等分别绘制在不同的图层上，每个图层可设定不同的线型、线条颜色，然后把不同的图层堆叠在一起成为一张完整的视图，这样可使视图层次分明，方便图形对象的编辑与管理。一个完整的图形就是由它所包含的所有图层上的对象叠加在一起构成的，如图 3-10 所示。

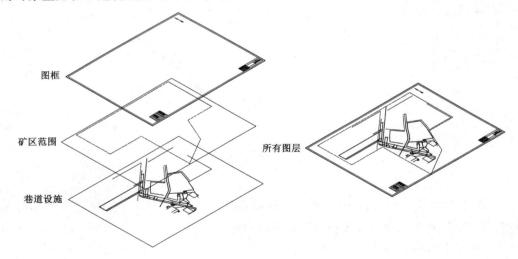

图 3-10　图层含义示意图

使用图层可以将信息按功能编组以及执行线型、颜色及其他标准的统一设置与管理。如通风系统立体图中，可将通风构筑物和井下巷道中其他设备等分别布置在相应的图层中,如果仅需要了解井下通风设备情况,只需要将其他设备所在的图层关闭后进行打印即可。

3.2.1 图层特性管理器

(1)命令调用方法

01 菜单:【格式】→【图层】;**02** 工具栏:单击 按钮;**03** 命令行:layer 或 la。

(2)【图层特性管理器】对话框

执行上述调用命令后,系统打开如图 3-11 所示的【图层特性管理器】对话框。

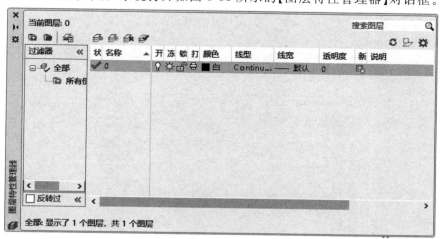

图 3-11 【图层特性管理器】对话框

【图层特性管理器】对话框中各按钮的含义如下:

【新建特性过滤器】 :单击该按钮,可以打开【图层过滤器特性】对话框,如图 3-12(a)所示。从中可以基于一个或多个图层特性创建图层过滤器。

【新建组过滤器】 :单击该按钮可以创建一个图层过滤器,其中包含用户选定并添加到该过滤器的图层。

【图层状态管理器】 :单击该按钮,可打开【图层状态管理器】对话框,如图 3-12(b)所示。从中可以将图层的当前特性设置保存到命名图层状态中,方便以后再恢复这些设置。

【新建图层】 :单击该按钮,图层列表中出现一个名称为"图层 1"的新图层,用户可以根据需要更改图层名称,AutoCAD 支持长达 255 个字符的图层名称。也可通过选中图层,在更改图层名称状态下输入逗号来新建图层。新图层继承所选中图层的所有特性(颜色、线型、开/关状态等)。如果新建图层时没有图层被选中则新图层继承当前图形的所有特性。

【在所有视口中都被冻结的新图层视口】 :单击该按钮,将创建新图层,然后在所有现有布局视口中将其冻结。可以在"模型"空间或"布局"空间上访问此按钮。

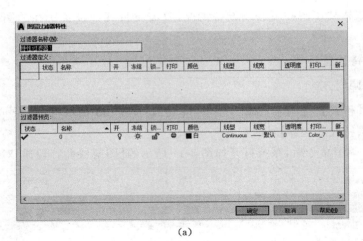

(a)

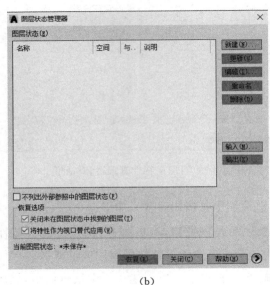

(b)

图 3-12　图层状态管理器对话框

(a)【图层过滤器特性】对话框;(b)【图层状态管理器】对话框

【删除图层】：在图层列表中选中某一图层,然后单击该按钮,则删除该图层。

【置为当前】：在图层列表中选中某一图层,然后单击该按钮,则把该图层设置为当前图层,并在"当前图层"列中显示其名称,当前层的名称存储在系统变量 CLAYER 中。另外,双击图层名也可把其设置为当前图层。

【搜索图层】：输入字符时,按名称快速过滤图层列表。关闭图层特性管理器时并不保存此过滤器。

【状态行】：对话框底部,显示当前过滤器的名称、列表视图中显示的图层数和图形中的图层数。

【反转过滤器】：勾选该复选框,显示所有不满足选定图层特性过滤器中条件的图层。

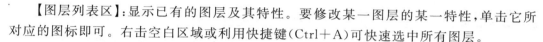

【图层列表区】：显示已有的图层及其特性。要修改某一图层的某一特性，单击它所对应的图标即可。右击空白区域或利用快捷键(Ctrl＋A)可快速选中所有图层。

（3）【图层过滤器特性】对话框

单击【新建特性过滤器】按钮，打开【图层过滤器特性】对话框，见图 3-12(a)。该对话框内各项含义如下：

【过滤器名称】：提供用于输入图层特性过滤器名称的空间。

【过滤器定义】：显示图层特性。

【过滤器预览】：预览显示根据定义进行过滤的结果。

（4）【图层状态管理器】对话框

单击【图层状态管理器】按钮，打开【图层状态管理器】对话框，见图 3-12(b)。该对话框内各项含义如下：

【图层状态】：列表框列出保存在图形中的命名图层状态、保存它们的空间及可选说明。

【新建】：显示【要保存的新图层状态】对话框，可以输入新命名图层状态的名称和说明。

【删除】：可删除选定的命名图层状态。

【输入】：可将上一次输出的图层状态文件加载到当前图形。

【关闭未在图层状态中找到的图层】复选框：恢复命名图层状态时，关闭未保存设置的新图层，以便图形的外观与保存命名图层状态时一样。

【输出】：显示【标准文件选择】对话框，可将选定的命名图层状态保存到图层状态文件。

【恢复】：选定所要恢复的图层状态设置，单击【恢复】；或在【图层特性管理器】选项板的图层列表中右击要恢复的图层，从快捷菜单中选择【恢复图层状态】，可将图层恢复到以前保存的图层设置和图层特性。

【关闭】：关闭图层状态管理器并且保存所做的更改。

3.2.2　图层的分类与命名

为了便于将对象进行分门别类的管理，图层的命名应像文件的命名一样，具有较强的可识别性。图层名最多可以包含 255 个字符(双字节字符或由字母和数字组成的字符)：字母、数字、空格和几种特殊字符。

图层特性管理器按名称的字母顺序排列图层。如果组织自己的图层方案，请仔细选择图层名。使用共同的前缀命名有相关图形部件的图层，可以在需要快速查找此类图层时在图层名过滤器中使用通配符。如果长期使用某一特定的图层方案，可以使用已指定的图层、线型和颜色建立图形样板。

图层的分类与命名必须体现以下原则：

① 体现分类，例如细实线、轮廓线等；

② 体现成组，内容相同图层的首字符相同。

图层设置的几个原则是什么？

（1）图层设置的第一原则是在够用的基础上越少越好。图层太多的话，会给绘制过程造成不便。（2）一般不在 0 层上绘制图线。（3）不同的图层一般采用不同的颜色，这样可利用颜色对图层进行区分。

3.2.3　图层颜色、线型及线宽的加载

（1）图层颜色的加载

01 打开【图层特性管理器】；**02** 新建图层并命名；**03** 点击图层所在行的颜色块；**04** 选择合适的颜色后确定；**05** 单击鼠标右键选择置为当前。

（2）图层线型的加载

01 打开【图层特性管理器】；**02** 新建图层并命名；**03** 点击图层所在行的线型（Continuous）；**04** 点击加载并选择合适的线型后确定；**05** 选中加载上的线型后再点击确定；**06** 单击鼠标右键选择置为当前。

（3）创建新的线型

在绘图过程中经常会遇到许多新的线型，这些线型代表着实际问题中的某些含义，如断层、井田边界、高压线、铁路、水沟等。虽然 AutoCAD 为用户提供了 40 余种常用线型，但这些线型不能满足安全工程制图的需要，用户就要自定义安全工程制图专用线型，即创建新的线型。AutoCAD 中的线型是以线型文件（也称为线型库）的形式保存的，其类型是以".lin"为扩展名的文本文件。可以在 AutoCAD 中加载已有的线型文件，并从中选择所需的线型；也可以修改线型文件或创建一个新的线型文件。

AutoCAD 提供了两个线型文件，即 AutoCAD 主文件夹的"SUPPORT"子文件夹中的"acad.lin"和"acadiso.lin"，分别在使用样板文件"acad.dwt"和"acadiso.dwt"创建文件时被调用。这两个文件中定义的线型种类相同，区别仅在于线型的尺寸不同，"acad.lin"是英制的，"acadiso.lin"是公制的。以"acadiso.lin"文件为例来介绍线型的定义和定制。

① 创建简单线型

用记事本打开"acadiso.lin"线型定义文件，该文件中用两行文字定义一种线型。第一行包括线型名称和可选说明；第二行是定义实际线型图案的代码。

第二行必须以字母 A（对齐）开头，其后是一列图案描述符，用于定义提笔长度（空移）、落笔长度（划线）和点。通过将分号";"置于行首，可以在 LIN 文件中加入注释。其中：

标题行的格式为：

　　　　*线型名[,说明]　　　（说明部分可有可无）

定义行的格式为：

　　　　A,dash1,dash2,…,dashn

现以断层上盘线的自定义为例说明采矿简单线型的自定义方法，编辑线型文件内容如下：

＊断层上盘线(0.3),－－－－.－－－－

A,20,－2,0,－2

② 创建复杂线型

复杂线型的定义格式与简单线型的定义格式基本相同,不同之处是当通过 dashn 描述线型的形式时,加入了嵌套文本串或嵌套形的内容。

标题行的格式为:

＊线型名[,说明]　　　(说明部分可有可无)

定义行的格式为:

A,dash1,dash2,…,dashn

嵌套文本串的格式为:

["欲嵌套的文本串",文本式样名,R=n1,A=n2,S=n3,X=n4,Y=n5]

嵌套形的格式为:

[欲嵌套的形,形文件,R=n1,A=n2,S=n3,X=n4,Y=n5]

其中:

R＝n1 为所嵌套文本串或形相对于当前划线方向的倾斜角度;

A＝n2 为所嵌套文本串或形相对于世界坐标系(WCS)X 轴的倾斜角度;

S＝n3 为确定所嵌套文本串或形的比例系数;

X＝n4,Y＝n5 为确定所嵌套文本串或形相对于线型定义所确定的当前点的偏移量。

例如:

a.　＊user1,—TE—TE—

A,2,－2,["TE",STANDARD,R=0,A=0,S=1,X=－0.66,Y=－0.5],－2

—TE—TE—

b.　＊user2,—STAR—STAR—

A,2,－2,[STAR,SH.SHX R=0,A=0,S=0,X=0,Y=0],－2

—☆—☆—

c.　＊user3,—TE—STAR—TE—STAR—

A,2,－2,["TE",STANDARD,R=0,A=0,S=1,X=－0.66,Y=－0.5],－2,

2,－2,[STAR,SH.SHX,R=0,A=0,S=0,X=0,Y=0],－2

—TE—☆—TE—☆—

注意:欲嵌套的形必须位于 AutoCAD 的形文件(.shx)中。

(4) 图层线宽的加载

01 打开【图层特性管理器】;**02** 新建图层并命名;**03** 点击图层所在行的线宽(默认);**04** 选择合适的线宽后确定;**05** 单击鼠标右键选择置为当前。

示例的创建结果见图 3-13。

以上加载步骤中最后一步"单击鼠标右键选择置为当前"是为了在新建图层中直接进行新对象的创建,也可以通过单击【图层】下拉框的方式将新建的图层置为当前。

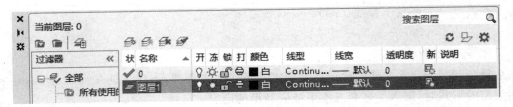

图 3-13　图层颜色、线型及线宽的加载

📖 **知识精讲**　　　　　　　　　**设置图层时应注意什么？**

在绘图时，所有图元的各种属性都尽量跟层走。尽量保持图元的属性和图层的一致，也就是说尽可能设置图元属性都是 Bylayer。这样，有助于图面的清晰、准确和效率的提高。

3.2.4　图层的开关、冻结与锁定

（1）图层的开关

图层列表框中的灯泡可控制图层对象的显示与否；被关闭的图层仍然可以进行绘制及修改操作。在开启状态下，灯泡的颜色为黄色，该图层上的图形可见，也可以在输出设备上打印，图层内所有对象均可见。在关闭状态下，灯泡的颜色为灰色，该图层上的图形不可见，也不能打印输出。

（2）图层的冻结

通过单击【冻结】列对应的太阳或雪花图标可以冻结或解冻图层。AutoCAD 不能在冻结图层上显示、打印、隐藏、渲染或重生成对象，且在屏幕内不可见。冻结图层可以加快缩放、平移和许多其他操作的运行速度，增强对象选择的性能并减少复杂图形的重生成时间。

（3）图层的锁定

单击小锁图标可以锁定图层，被锁定的图层不影响对象的显示，可以执行复制、阵列等操作，但不能进行删除、移动等操作。

👍 **专家点拨**　　　　　　　　　**如何快速设置当前图层**

在"面板"选项板的"图层"工具栏中，单击"将对象的图层置为当前"按钮可将选中对象的所在图层置为当前图层，单击"上一个图层"按钮可快速将前一个图层置为当前图层。

3.2.5　更改对象的图层

（1）可通过图层列表框更改对象图层。

① 选取对象；

② 点击图层列表框选择合适的图层。

（2）也可通过【特性】选项板或选项板更改对象图层。

① 执行【修改】→【特性】菜单项；

② 点击图层下拉框选择合适的图层。

（3）更改对象图层还可采取对象【特性匹配】选项板来完成。

3.2.6　删除图层

（1）通过【图层特性管理器】来删除图层。

① 打开【图层特性管理器】；

② 选中要删除的图层，点击【删除】按钮即可。

（2）使用"purge"命令。

① 命令调用方法

01 应用程序菜单：【应用程序菜单】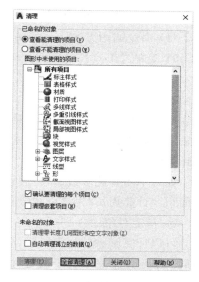→【图形实用工具】→【清理】；**02** 命令行：purge 或 pu。

② 命令应用

打开【清理】对话框后，如图 3-14 所示，选择相应图层，单击【清理】即可删除选中的或根据提示依次出现的图层。

该命令也可清理块、线型和各种样式等。单击【全部清理】可将当前图形文件中所有未使用的图层、线型、块或形等全部清除，对文件实行该命令后可减少文件大小。

图 3-14　【清理】对话框

⬛ **注意**　　　　　　　　　**如何正确删除图层？**

① 被删除的图层必须为空层；② 被删除的图层不能为当前层；③ 0 层不能删除；④ Defpoints（定义点）图层不可删除；⑤ 依赖外部参照的图层，可将外部参照对象删除或拆离后再删除。

3.2.7　打印图层

有下列操作时，相应图层内的对象不可打印：

① 关闭的图层。

② 彩色打印时，色号为 255 的对象。

③ 图层的【打印特性】被关闭的图层。

④ 定义点【Defpoint】层，该层在发出标注命令后自动生成。该层内的对象只可显示不可打印。

⑤ 渲染后自动生成的【Ashade】层内的对象。

🔔 **提示**

合理利用图层，可以事半功倍。在开始绘制图形时，就预先设置一些基本图层。每个图层有自己的专门用途，这样做只需绘制一份图形文件，就可以组合出许多需要的图纸，需要修改时也可针对各个图层进行。

3.3 查询

3.3.1 面积、周长测量（Area）

（1）命令调用方法

01 菜单：【工具】→【查询】→【面积】；**02** 命令行：area。

（2）测量面积和周长的方式

① 指定点

当指定第一个点后将显示第一个指定的点与光标之间的橡皮线。指定第二个点后，将显示具有绿色填充的区域。继续指定点以定义多边形，然后按 Enter 键完成周长定义。要计算的面积以绿色亮显。

如果不闭合此多边形，将假设从起点到端点绘制了一条直线，然后计算所围区域中的面积。计算周长时，该直线的长度也会计算在内。

② 指定对象

可以计算圆、椭圆、多段线、多边形、面域和 AutoCAD 三维实体的闭合面积、周长或圆周。显示的信息取决于选定对象的类型。

- 圆：显示面积和圆周。

- 椭圆、闭合的多段线、多边形、平面闭合的样条曲线和面域：显示面积和周长。对于宽多段线，此面积由线的宽度中心决定。

- 非闭合对象（例如非闭合的样条曲线和非闭合的多段线）：显示面积和长度。计算面积时，会假设对象的起点和端点由一条直线连接，形成闭合区域。

- AutoCAD 三维实体：显示对象的三维面积的和。

执行上述命令后，命令提示下和工具提示中将显示指定对象的面积和周长。

（3）命令应用

计算组合面积，可通过指定点或选择对象来计算多个区域的总面积。例如，可以在巷道断面图中测量断面总面积。

从组合面积中减去面积，计算时，可从组合面积中减去多个面积。例如，计算巷道断面通风面积，用整个巷道断面的面积，减去上下胶带的面积。

在下例中计算巷道断面通风面积。首先计算多段线（整个巷道）的面积，然后减去上下矩形（胶带）的面积（图 3-15）。将显示每个对象的面积和周长/圆周，并在每个步骤结束后显示总面积。具体的命令操作序列为：

```
命令：area ↵                                    //执行测量命令
指定第一个角点或【对象(O)/增加面积(A)/减少面积(S)】：A ↵    //指定加模式
指定第一个角点或【对象(O)/减少面积(S)】：O ↵              //指定对象
（"加"模式）选择对象：↙                          //选择巷道边上一点
区域 = 1718.7086，周长 = 157.3716
总面积 = 1718.7086
```

```
（"加"模式）选择对象:↵
指定第一个角点或【对象(O)/减少面积(S)】:S↵          //指定减模式
指定第一个角点或【对象(O)/增加面积(A)】:O↵          //指定上胶带边上一点
区域 = 111.4443,周长 = 47.8461
总面积 = 1607.2643
（"减"模式）选择对象:↙                              //选择下胶带边上一点
区域 = 61.9900,周长 = 42.2221
总面积 = 1545.2743
（"减"模式）选择圆或多段线:↵                         //按回车键完成测量任务
指定第一个角点或【对象(O)/增加面积(A)】:
总面积 = 1545.2743
```

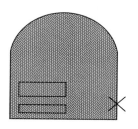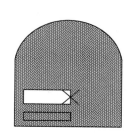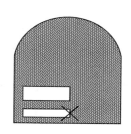

图 3-15　组合面积的计算

必备技巧

　　计算根据指定的点所定义的任意形状闭合面域时,这些点所在的平面必须与当前用户坐标系的 XY 平面平行;该命令应结合面域命令进行应用。

3.3.2　距离测量(Dist)

　　测量两点之间的距离及角度。

（1）命令调用方法

01 执行【工具】→【查询】→【距离】菜单项;**02** 输入 dist 或 di。

（2）命令应用

　　查询图 3-16 中 AC 的距离,命令操作序列为:

```
命令:dist ↵                                      //执行距离查询命令
指定第一点:↙                                      //指定点A
指定第二个点或【多个点(M)】:↙                       //指定点C
距离 = 28.2843,XY 平面中的倾角 = 45,与 XY 平面的夹角 = 0
X 增量 = 20.0000,Y 增量 = 20.0000,Z 增量 = 0.0000
```

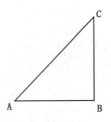

图 3-16　距离测量

　　　　　　　　　　测量技巧

① 测量矩形的长宽,选取对角点即可一次得出矩形的长和宽。

② 测量直线的角度,注意选择点的顺序,第一个拾取点被认为相对原点坐标。

3.3.3　列表显示(List)

AutoCAD 列表显示对象类型、对象图层、相对于当前用户坐标系的 X、Y、Z 坐标位置以及对象是位于模型空间还是图纸空间。

（1）命令调用方法

01 菜单:【工具】→【查询】→【列表显示】;**02** 命令行:list 或 li。

（2）命令应用

命令:list ↵　　　　　　　　　　　　　　　//执行列表查询命令

选择对象:指定对角点:找到 1 个　　　　　//指定对象

选择对象:↵　　　　　　　　　　　　　　//按回车键

列表显示窗口见图 3-17。

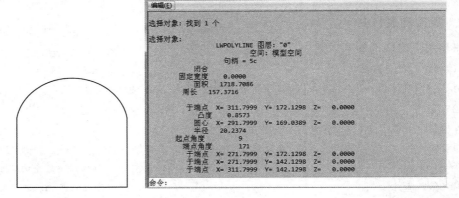

图 3-17　列表显示窗口

3.4　常用绘图与编辑命令的使用(三)

3.4.1　面域(Region)

面域是平面实体区域,具有物理性质(如面积、质心、惯性矩等),可以利用这些信息计算工程属性。在 AutoCAD 中可以将由某些对象围成的封闭区域转换为面域。在创建面域时,如果系统变量 DELOBJ 值为 1,定义面域后将删除原始图像;如果系统变量 DELOBJ 值为 0,则不删除原始图像。

(1)命令调用方法

01 菜单:【绘图】→【面域】;**02** 工具栏:单击 ⬚ 按钮;**03** 命令行:region 或 reg。

(2)命令应用

```
命令:region ↵                              //执行面域命令
选择对象:找到 1 个                          //指定对象
选择对象:↵                                 //按回车键
已提取 1 个环                               //按回车键
已创建 1 个面域                             //命令结束
```

☯ 智慧锦囊

① region 命令只能创建面域,并且要求构成面域边界的线条必须首尾相连,不能相交。

② 圆、多边形等封闭图形属于线框造型,而面域属于实体模型,因此它们在选中时表现的形式不相同。

③ 面域命令与图层的关系:位于锁定图层中的对象执行【面域】命令无效,新生成的面域对象的特性为当前的特性。

3.4.2　构造线(Xline)

构造线为两端可以无限延伸的直线,没有起点和终点,主要用于绘制辅助线。

(1)命令调用方法

01 菜单:【绘图】→【构造线】;**02** 工具栏:单击 ↗ 按钮;**03** 命令行:xline 或 xl。

(2)命令操作步骤

命令行提示与操作如下。

```
命令:xline ↵                                            //执行构造线命令
指定点或【水平(H)/垂直(V)/角度(A)/二等分(B)/移动(O)】:↵
                                                        //指定起点
指定通过点:↵                                            //指定通过点
指定通过点:↵                                            //按回车结束或继续
```

(3)命令应用

① 过两点绘制构造线

```
命令：xline ↵                                          //执行构造线命令
指定点或【水平(H)/垂直(V)/角度(A)/二等分(B)/偏移(O)】：↙

                                                      //指定 A 点
指定通过点：↙                                          //指定 B 点
指定通过点：↵                                          //回车结束或继续
```

绘制结果见图 3-18 中直线 AB。

② 绘制水平构造线

```
命令：xline ↵                                          //执行构造线命令
指定点或【水平(H)/垂直(V)/角度(A)/二等分(B)/偏移(O)】：H↵

                                                      //选定水平项
指定通过点：↙                                          //指定 A 点
指定通过点：↵                                          //回车结束或继续
```

绘制结果见图 3-18 中直线 AC。同样，也可以绘制垂直构造线，见图 3-18 中直线 BC。

③ 绘制偏移构造线

```
命令：xline ↵                                          //执行构造线命令
指定点或【水平(H)/垂直(V)/角度(A)/二等分(B)/偏移(O)】：O↵

                                                      //选定偏移项
指定偏移距离或【通过(T)】<通过(T)>：17↵                //输入偏移距离
选择直线对象：↙                                        //拾取构造线 A
指定向哪侧偏移：↙                                      //构造线 A 上侧拾点
选择直线对象：↵                                        //回车结束或继续
```

绘制结果见图 3-19。

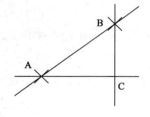

图 3-18　构造线的绘制示例一

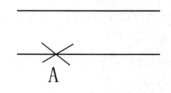

图 3-19　构造线的绘制示例二

构造线既可以方便地绘制角平分线，又可以用作模拟手工作图的辅助作图线。在图形输出时可不作输出。应用构造线作为辅助线绘制机械图中的三视图是构造线的最主要用途，构造线的应用保证了三视图之间【主、俯视图长对正，主、左视图高平齐，俯、左视图宽相等】的对应关系。图 3-20 所示为应用构造线作为辅助线绘制机械图中三视图的示例。图中细线为构造线，粗线为三视图轮廓线。

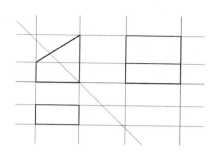

图 3-20　构造线辅助绘制三视图

注意

使用构造线绘制作图辅助线时,在指定构造线的起点后,一般应结合"正交"功能,在水平及垂直方向上各拾取一点,以快速完成水平及垂直作图辅助线的绘制。

3.4.3　射线(Ray)

射线是只有起点和方向而没有终点的直线,即射线为一端固定而另一端无限延伸的直线。射线一般作为辅助线。射线的夹点有两个,选中端点并拖动可执行移动射线,选中另一夹点可旋转射线,见图 3-21(b)。

(1)命令调用方法

01 菜单:【绘图】→【射线】;**02** 命令行:ray。

(2)命令应用

命令:ray ↵	//执行射线命令
指定起点:✓	//指定 A 点,图 3-21(a)
指定通过点:✓	//指定 B 点,图 3-21(a)
指定通过点:✓	//指定 C 点,图 3-21(a)
指定通过点:✓	//指定 D 点,图 3-21(a)
指定通过点:↵	//回车结束或继续

绘制结果见图 3-21。

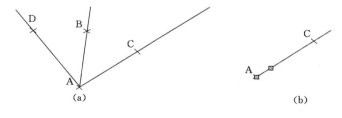

图 3-21　射线的绘制

(a)绘制射线;(b)射线的夹点

使用射线代替构造线,有助于降低视觉混乱。与构造线一样,显示图形范围的命令将忽略射线。

3.4.4　修订云线(Revcloud)

修订云线的形状类似花朵,它主要用于突出显示图纸中已修改的部分,包括多个控制点和最大弧长、最小弧长等。

(1) 命令调用方法

01 菜单:【绘图】→【修订云线】;**02** 工具栏:单击  按钮;③ 命令行:revcloud。

(2) 命令参数意义

在执行【修订云线】命令后,命令行会出现"指定起点或【弧长(A)/对象(O)/样式(S)】"提示,提示中的各参数意义如下:

① 弧长(A)项:该项可指定云线的最小弧长和最大弧长的值,默认情况下弧长的最小值为 0.5 个单位,且最大弧长不能大于最小弧长的 3 倍。

② 对象(O)项:该项可将指定对象转换为云状对象。转换时会有"是否反转"的提示,如果选择"是",则会选中并反转云状线中的弧线方向,否则保留弧线的原样。

③ 样式(S)项:该项可指定修订云状线的样式,包括"普通"和"手绘"两种。

(3) 命令应用

① 绘制云状线

命令:revcloud ↵	//执行修订云线命令
最小弧长:4　最大弧长:4　样式:普通	//说明当前弧长及样式
指定起点或【弧长(A)/对象(O)/样式(S)】<对象>:↙	//指定起点
沿云状线路径引导十字光标…	//在绘图区内移动光标
反转方向【是(Y)/否(N)】<否>:↵	//回车不反转

绘制结果见图 3-22。

图 3-22　云状线的绘制结果

② 将对象转换为修订云状线的步骤

命令:revcloud ↵	//执行修订云线命令
最小弧长:4　最大弧长:4　样式:普通	//说明当前弧长及样式
指定起点或【弧长(A)/对象(O)/样式(S)】<对象>:↵	//回车表示选择对象项
选择对象:↙	//拾取图 3-23(a)所示正五边形
反转方向【是(Y)/否(N)】<否>:↵	//回车表示选择不反转

绘制结果见图 3-23(b)。

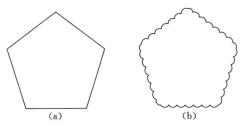

(a)　　　　　　　　(b)

图 3-23　将对象转换为云状线

> **注意**
>
> 如不希望修订云线自动闭合,可在绘制过程中将鼠标移动到合适的位置后,单击鼠标右键结束修订云线的绘制。圆弧半径可重新设定,但最大弧长不能大于最小弧长的 3 倍。

3.4.5　矩形(Rectangle)

在 AutoCAD 中,矩形及多边形各边不可单独进行编辑,它们是一个整体闭合的多段线。

(1)命令调用方法

01 菜单:【绘图】→【矩形】;**02** 工具栏:单击 ⬚ 按钮;**03** 命令行:rectangle 或 rec。

(2)操作步骤

在执行上述任一种操作后,命令行提示及操作如下:

> 命令:rectang ↵
>
> 指定第一个角点或【倒角(C)/标高(E)/圆角(F)/厚度(T)/宽度(W)】:↙
>
> 指定另一个角点或【面积(A)/尺寸(D)/旋转(R)】:↙

(3)命令应用

矩形的绘制需分别给出对角点的坐标,绘制成的矩形用多段线表示。也可以绘制带倒角、带圆角、有宽度、有厚度或标高的矩形,如图 3-24 所示。

① 以缺省设置绘制矩形

> 命令:rectang ↵
>
> 指定第一个角点或【倒角(C)/标高(E)/圆角(F)/厚度(T)/宽度(W)】:↙
>
> 　　　　　　　　　　　　　　　　　　　　　//指定 A 点
>
> 指定另一个角点或【面积(A)/尺寸(D)/旋转(R)】:↙
>
> 　　　　　　　　　　　　　　　　　　　　　//指定 B 点

绘制结果如图 3-24(a)所示。

② 绘制倒角矩形

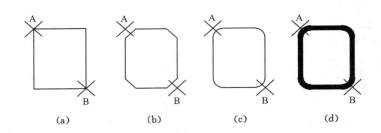

图 3-24　绘制矩形

(a) 原图；(b) 倒角矩形；(c) 圆角矩形；(d) 有宽度矩形

```
命令：rectang ↵
指定第一个角点或【倒角(C)/标高(E)/圆角(F)/厚度(T)/宽度(W)】：C ↵
                                                    //输入 C
指定矩形的第一个倒角距离(0.0000)：4 ↵              //输入第一个倒角距离
指定矩形的第二个倒角距离(0.0000)：4 ↵              //输入第二个倒角距离
指定另一个角点或【倒角(C)/标高(E)/圆角(F)/厚度(T)/宽度(W)】：↙
                                                    //指定 A 点
指定另一个角点或【尺寸(D)】：↙                     //指定 B 点
```

绘制结果如图 3-24(b)所示。

若在上面的第二步输入 F 选圆角项后，再输入圆角半径，可绘制圆角矩形，绘制结果如图 3-24(c)所示。

③ 绘制有线宽的矩形

```
命令：rectang ↵
当前矩形模式：圆角＝3.0000 ↵
指定第一个角点或【倒角(C)/标高(E)/圆角(F)/厚度(T)/宽度(W)】：W ↵   //输入 W
指定矩形的线宽(0.0000)：100 ↵                                      //输入线宽
指定另一个角点或【倒角(C)/标高(E)/圆角(F)/厚度(T)/宽度(W)】：      //指定 A 点
指定另一个角点或【尺寸(D)】：↙                                    //指定 B 点
```

绘制结果如图 3-24(d)所示。

④ 绘制给定面积的矩形

```
命令：rectang ↵
指定第一个角点或【倒角(C)/标高(E)/圆角(F)/厚度(T)/宽度(W)】：↵
                                                    //指定 A 点
指定另一个角点或【面积(A)/尺寸(D)/旋转(R)】：A ↵   //输入 A 选择面积项
输入以当前单位计算的矩形面积<450.0000>：500         //输入面积
计算矩形标注时依据【长度(L)/宽度(W)】<长度>：↵    //选择了长度
输入矩形长度<20.0000>：20 ↵                        //输入长度值
```

指定长度或宽度后,系统会自动计算另一个维度,绘制出矩形,如果矩形被倒角或圆角,则长度或面积计算中也会考虑此设置,如图 3-25 所示。

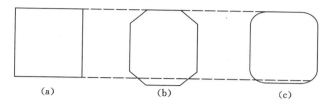

图 3-25 绘制给定面积矩形

(a)面积 500,长度 20;(b)面积 500,长度 20,倒角(5,5);(c)面积 500,长度 20,圆角 5

专家点拨　　　　　　　　　　如何正确画矩形

① AutoCAD 中的矩形实际上是一封闭的多段线。② 绘制有倒角或圆角的矩形时,两倒角距离之和或圆角不能大于或等于矩形短边长,否则,绘制出来的矩形将不进行倒角或圆角。③ 如果绘制圆角的矩形的长宽相等,且半径为长度的一半,则可用矩形命令绘制圆、圆筒等。④ 矩形命令具有继承性,即如果更改了绘制矩形的各项参数,这些参数会始终起作用,直至重新赋值或重新启动 AutoCAD。

3.4.6 复制(Copy)

使用复制命令可以一次复制出一个或多个相同的对象,绘图更加方便、快捷。

（1）命令调用方法

01 菜单:【修改】→【复制】;**02** 工具栏:单击 按钮;**03** 命令行:copy 或 co 或 cp;**04** 快捷菜单:右单击复制对象,选择【复制选择】命令。

（2）操作步骤

命令:copy ↵	//执行复制命令
选择对象:	//选择要复制的对象
当前设置:复制模式 = 多个	
指定基点或【位移(D)/模式(O)】＜位移＞:↵	//指定基点或位移

（3）命令应用

复制(copy)命令提供了指定基点和指定位移复制对象两种方法。以图 3-26(a)为例介绍带式输送机的画法。

① 通过指定基点复制对象,复制结果见图 3-26(b)。

命令:copy ↵	//执行复制命令
选择对象:找到 1 个	//拾取图形(圆)
选择对象:↵	//回车结束拾取对象
指定基点或位移:↵	//指定 A 点
指定位移的第二点:↵	//指定 B 点
指定位移的第二点:↵	//回车结束命令

② 通过指定位移复制对象,复制结果(带式输送机)见图 3-26(c)。

命令:copy ↵	//执行复制命令
选择对象:找到 1 个↵	//拾取图形(上胶带)
选择对象:↵	//回车结束拾取对象
指定基点或位移:↵	//指定上胶带上任意一点
指定位移的第二点或(用第一点作位移):10 ↵	//给定竖直向下方向,输入距离

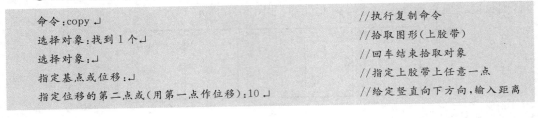

(a)　　　　　　　(b)　　　　　　　(c)

图 3-26　复制对象

(a) 原图;(b) 指定基点复制对象;(c) 指定位移复制对象

专家点拨　　　　复制命令注意事项

- 形状完全相同时,可以使用复制命令生成新的对象。
- 部分形状相同时,也可以使用复制命令对新生成的对象然后再适当编辑。
- 复制时指定基点很关键,应尽量选取圆心、中点等有意义的基点。
- 该命令与标准工具栏和菜单栏中的复制命令有区别,读者可以自己体验。

3.4.7　移动(Move)

在绘制图像时,若遇到绘制的图形位置错误,可以使用改变图形对象位置的方法,将图形移动或者旋转到符合要求的位置。

(1) 命令调用方法

01 菜单:【修改】→【移动】;**02** 工具栏:单击 ✥ 按钮;**03** 命令行:move 或 m。

(2) 操作步骤

命令:move ↵	//执行移动命令
选择对象:找到 1 个↵	//选择对象
选择对象:↵	//回车结束选择
指定基点或【位移(D)】<位移>:↙	//指定基点或位移
指定第二点或 <使用第一点作为位移>:↙	//指定第二点,结束命令

(3) 命令应用

① 使用两点移动对象,移动前的对象见图 3-27(a),结果见图 3-27(b)。

命令:move ↵	//执行移动命令
选择对象:找到 1 个↵	//拾取图形
选择对象:↵	//按回车键结束选择
指定基点【位移(D)】<位移>:↙	//单击对象捕捉 A 点
指定第二点或<使用第一点作为位移>:↙	//指定 B 点

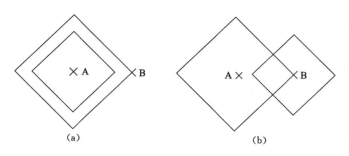

图 3-27　使用两点移动对象

（a）原图；（b）移动结果

② 使用位移移动对象，移动前的对象见图 3-28（a），结果见图 3-28（b）。

命令：move ↵	//执行移动命令
选择对象：找到 1 个	//拾取内圆
选择对象：↵	//按回车键结束选择
指定基点或【位移(D)】＜位移＞：D ↵	//选择位移方式 D
指定第二点或＜使用第一点作为位移＞:40 ↵	//正交状态下光标水平向右方向后输入距离 40 回车
	//输入第二点相对坐标(40,0)或结合极轴给定

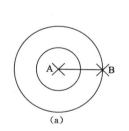 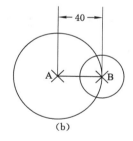

图 3-28　使用位移移动对象

（a）原图；（b）移动结果

专家点拨　　　　　　　**移动命令注意事项**

① 出现"指定基点或位移"时一定要指定圆心、端点、中点或交点等特殊点。

② 如使用两点移动对象，则第二点的拾取也应选择有意义的特殊点；若没有可供选择的特殊点，可用绘制辅助线作出辅助特殊点的位置。

③ 如使用位移移动对象，方向的确定一定要准确，并在确定好方向后直接输入距离然后回车即可。

3.5 应用实例

3.5.1 图层设置

建立如表 3-1 所示图层并加载相应的属性。

表 3-1　　　　　　　　　　　　　　　图层设置

序号	图层名称	颜色	线型	线宽	说明
1	图框	黑色	Continuous	默认	绘制图框及标题栏
2	经纬网格	黑色	Continuous	默认	绘制经纬网格及经纬坐标
3	等高线	黑色	Continuous	默认	绘制等高线及标高值
……	……	……	……	……	……

3.5.2 绘制图框

在 3.5.1 图层设置的基础上绘制图框（打印图纸为 A0 图纸，比例尺为 1∶1 000），最外面矩形长 1 189 m，宽 841 m（绘制矿图时将 AutoCAD 绘图单位默认为 m，一般打印室的图纸最宽为 881 mm，长度一般不限），线宽为 0.8 mm，中间矩形距离最外面矩形 2.5 m，线宽为默认宽度，最里面矩形距离中间矩形偏移 10 m，线宽为 0.3 mm，具体如图 3-29 所示。

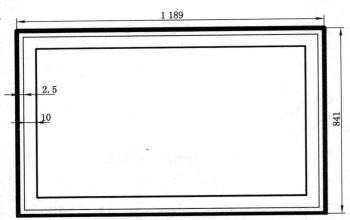

图 3-29　煤矿常用 1∶1 000 图框（A0）示意图

绘制思路：

01 绘制长为 1 189 m、宽为 841 m 的最外面矩形；

02 最外面矩形向内部偏移 2.5 m 得到中间矩形；

03 中间矩形向内部偏移 10 m 得到最里面矩形；

04 设置 3 个矩形的线宽分别为 1.0 mm、默认、0.3 mm。

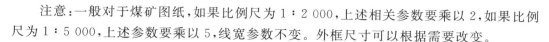

注意:一般对于煤矿图纸,如果比例尺为1∶2 000,上述相关参数要乘以2,如果比例尺为1∶5 000,上述参数要乘以5,线宽参数不变。外框尺寸可以根据需要改变。

3.5.3 绘制经纬网与图名

在3.5.2图层设置的基础上绘制经纬网及图名(打印图纸为A0图纸,比例尺为1∶1 000),内框左上角点和左下角点各有一条经纬线通过,其中,通过左下角点的经纬线角度为60°,具体如图3-30所示。

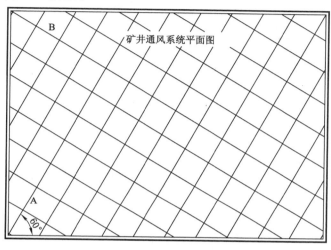

图3-30 经纬网的绘制

绘制思路:

01 结合极轴追踪和构造线绘制通过左下角点的经纬线A;

02 采用构造线和对象捕捉(垂足)绘制通过内框左上角点的经纬线B;

03 采用偏移(偏移距离为100 m,比例尺如果为1∶2 000偏移距离为200 m,如果比例尺为1∶5 000,偏移距离则为500 m)的方法绘制其他平行于经纬线A和B的经纬线;

04 修剪多余的经纬线(修剪边界为内框,用栏选提高修剪效率);

05 在合适的地方书写图名,如"矿井通风系统平面图";

06 在图名外面绘制大小合适的矩形(把图名框住,并稍留一点间隙);

07 将该矩形里面的经纬线进行修剪(可以采用交叉窗口选择,以提高效率);

08 删除该矩形。

3.5.4 利用图案填充快速绘制经纬网

如图3-30所示,内框左上角点和左下角点各有一条经纬线通过,其中,通过左下角点的经纬线角度为60°,用NET方格网填充的方式快速绘制如图3-30所示经纬网。

绘制思路:

在内框区域内进行图案填充,图案填充具体设置如图3-31所示,类型为用户定义,填充图案名称为NET,角度为60°,勾选双向,间距设置为100 m(比例尺为1∶1 000的时候间距为100 m,比例尺如果为1∶2 000间距为200 m,如果比例尺为1∶5 000,间距则为500 m),

图案填充原点设置为默认边界范围的左下。参数设置不能有误,读者可以自行练习体会。

图 3-31　经纬网快速绘制填充图案设置

图案填充完毕后,效果如图 3-30 所示。当然,不同的经纬网,具体参数设置也不一样,读者可以多琢磨,多尝试,一定能够获得正确合理的参数组合。

3.6　本章小结

本章学习了对象的特性,对象的颜色、线宽、线型和图层的概念,图层对象中的颜色、线宽、线型的设置及图层的管理等技能,以及常用绘图及编辑的基本命令(面域、构造线、射线、云状线、矩形、复制、移动、列表显示等)。在下一章中将介绍文字、表格的输入以及常用绘图编辑的基本命令。

3.7　思考与练习

① 掌握对象特性及其使用方法。

② 熟悉图层,并熟练掌握图层的应用。

③ 练习使用面积、周长测量。

④ 完成实例 3.5。

第 4 章　文字与表格

在一张完整的工程图纸中，除了具有表达结构形状的轮廓图形外，还必须有相应的文字说明、技术要求和明细表等注释元素。这些元素可以直接反映产品的结构特征、形状大小，使图形更加容易理解，也为相关施工及技术人员提供相应参考。

本章主要介绍文字、表格样式的设置方法以及相应的设计技巧，并介绍椭圆、椭圆弧、圆弧等绘图命令及阵列、拉长、分解等常用绘图修改命令的使用。

本章要点

- 掌握在 AutoCAD 中插入文字的方法及文字样式的设置方法；
- 熟悉在 AutoCAD 中插入表格的方法及表格样式的设置方法；
- 掌握椭圆、椭圆弧、圆弧等绘图命令；
- 掌握阵列、拉长、分解等常用绘图修改命令。

4.1　文字

在图纸中输入文字是绘制图纸的一个组成部分。要正确、美观地在图纸上书写文字，首先要学会正确设置字型，然后掌握文字输入命令及其各选项的使用，还需掌握编辑和修改文字的命令。图纸的文字一般有两种形式，一种是较短的字或词等在一行出现，称之为单行文字。另一种是大段的多行注释文字，称之为多行文字。

AutoCAD 中的文字操作可单击【文字】工具栏上的按钮完成。【文字】工具栏见图 4-1。

图 4-1　【文字】工具栏

① 知识补充站	如何调出不小心关闭的【文字】工具栏？

单击菜单栏【工具】→【工具栏】→【AutoCAD】→【文字】即可。

4.1.1 文字样式（Style）

文字样式包括字体、字号、倾斜角度、方向等文字特征，图形中所有文字都具有与之相关联的文字样式。输入文字时，可以使用当前文字样式，也可以使用当前文字样式创建或加载新的文字样式。在创建文字样式后，可以修改其相应特征、名称。

（1）命令调用方法

01 菜单：【格式】→【文字样式】；**02** 工具栏：单击 按钮；**03** 命令行：style 或 st。

（2）【文字样式】对话框

执行【文字样式】命令，打开【文字样式】对话框，见图 4-2。

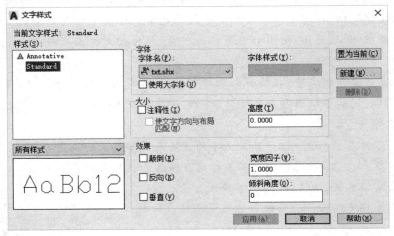

图 4-2 【文字样式】对话框

①【样式】列表框：列出所有已设定的文字样式名或对已有样式名进行相关操作。单击【新建】按钮，系统打开如图 4-3 所示的【新建文字样式】对话框。在该对话框中可以为新建的文字样式输入名称。若需要更改已有文字样式的名称，可从【样式】列表框选中要更改名的文字样式，右击选择快捷菜单中的【重命名】命令，输入新的名称，如图 4-4 所示。建立的文字样式名一定要有可读性，如高度为 8 的黑体可以命名为"HT8"，宽度因子为 0.75、高度为 5 的楷体可以命名为"KT5-0.75"，如表 4-1 所示。所谓宽度因子是指文字的高宽比，使用最多的瘦长体比例为 0.75。

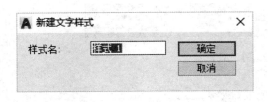

图 4-3 【新建文字样式】对话框

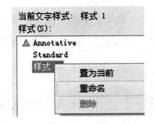

图 4-4 快捷菜单

样式名		意　义		
		字体名	字高	宽度比例
黑体 8	HT8	黑体	8	1
仿体 5	FS5	仿体	5	1
楷体 5-0.75	KT5-0.75	楷体	5	0.75

表 4-1　　　　　　　　　　　　　　文字样式名示例

②【字体】选项组：用于确定字体样式。文字的字体确定字符的形状，在 AutoCAD 中，可以使用 SHX 形状字体文件和 TrueType 字体（如宋体、楷体、italley 等）。一种字体可以在【字体样式】中设置不同的效果。汉字字体一般取 Windows 自带的六种字体，宋体、仿宋、黑体、楷体等，否则图形文件在其他电脑打开时有可能显示为乱码。注意"TT"字体与"TT@"字体的文字角度相差 90°，如图 4-5 所示。如用艺术字体，则必须安装相应字体文件。

安全工程　　　　安全工程
(a)　　　　　　　　　　(b)

图 4-5　字体示例
(a) TT 字体；(b) TT@字体

③【大小】选项组：用于指定文字注释性及设置文字高度。使用【高度】文本框设置创建文字时的高度。在用 TEXT 命令输入文字时，AutoCAD 将不再提示输入字高参数。如果在此文本框中设置字高为 0，系统会在每一次创建文字时提示输入字高。

④【效果】选项组。

【颠倒】：勾选该复选框，表示将文本文字倒置标注，如图 4-6(a)所示。

【反向】：确定是否将文本文字反向标注，如图 4-6(b)所示。

【垂直】：勾选该复选框时为垂直标注，否则为水平标注，垂直标注如图 4-5 所示。

【宽度因子】：设置宽度系数，确定文本字符的宽高比。当比例系数为 1 时，表示将按系统定义的宽高比标注文字。当此系数小于 1 时，字会变窄，反之变宽。如图 4-6(c)所示。

【倾斜角度】：用于确定文字的倾斜角度。角度为 0 时不倾斜，为正数时向右倾斜，为负数时向左倾斜，如图 4-6(d)所示。

(a)　　　　　　(b)　　　　　　(c)　　　　　　(d)

图 4-6　各种文字效果
(a) 颠倒；(b) 反向；(c) 宽度比例＝0.75；(d) 倾斜

> **⬛ 注意**　　　　**同一字体出现不同的效果**
>
> 　　在文字样式设置中的字体选择下拉菜单中,如果上下拖动会发现前后有两组一样的字体格式,第一组@字体选择后字体样式翻转 90°,第二组字体样式不发生变化,如图 4-5 所示。

4.1.2　对齐方式

　　绘制图纸的时候,用户经常需要把文字放在表格或图形的合适位置,利用文字的对正方式可实现这一要求。AutoCAD 中文字的对正方式一共有 14 种(在命令行输入"TEXT",再输入"J"即可),默认的是左上对齐方式。各对正方式含义如下:

　　① 对齐(A)方式:通过指定基线端点来指定文字的高度和方向。字符的大小根据其高度按比例调整。文字字符串越长,字符越矮。

　　② 布满(F)方式:指定基线端点和文字高度布满一个区域,只适用于水平方向的文字。文字宽度随两点间的距离和字符的多少自动调节,文字字符串越长,字符越窄,字符高度保持不变。

　　③ 居中(C)方式:从基线水平中心对齐文字,基线是由绘图时指定的,旋转角度是指基线以中点为圆心旋转的角度,它决定文字基线的方向。可通过指定点来决定该角度。文字基线的绘制方向为从起点到指定点。如果指定的点在中心点的左边,将绘制出倒置的文字。

　　④ 中间(M)方式:在基线的水平中点和指定高度的垂直中点上对齐。中间对齐的文字不保持在基线上。中间方式与正中方式不同,中间方式使用的中点是所有文字包括下行文字在内的中点,而正中方式使用大写字母高度的中点。

　　⑤ 右对齐(R)方式:将确定点作为文字行基线的右端点。

　　⑥ 左上(TL)、中上(TC)、右上(TR)、左中(ML)、正中(MC)、右中(MR)、左下(BL)、中下(BC)、右下(BR)方式:指定文字顶点时,分别以上述方向对正文字。这几种方式只适用于水平方向的文字。

　　在安全工程图纸的绘制过程中,最常用到的方式是带"中"的正中(MC)、中上(TC)、中下(BC)、左中(ML)和右中(MR)等方式。

　　当文本文字水平排列时,AutoCAD 为标注文本定义了如图 4-7 所示的顶线、中线、基线和底线及各种对齐方式,图中大写字母对应上述提示中各命令。下面以"对齐"方式为例进行简要说明。

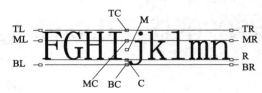

图 4-7　文字对齐方式

```
命令:text ↵
指定文字的起点或【对正(J)/样式(S)】:J ↵                    //输入 J 回车
输入选项【对齐(A)/布满(F)/居中(C)/中间(M)/右对齐(R)/左上(TL)/中上(TC)/右上
(TR)/左中(ML)/正中(MC)/右中(MR)/左下(BL)/中下(BC)/右下(BR)】:F     //输入 F 回车
  指定文字基线的第一个端点: ↙
  指定文字基线的第二个端点: ↙
```

　　执行结果:屏幕上出现一个文字内容输入框,这时可把文字标注输入,然后按 Enter 键两次或移动鼠标至文字内容输入框外任意位置并单击鼠标左键即可结束文字的输入。

📖 知识精讲　　　　**布满(F)方式的应用**

　　输入的文本文字均匀地分布在指定的两点之间,如果两点间的连接不水平,则文本倾斜放置,倾斜角度由两点间的连线与 X 轴夹角确定。

4.1.3　单行文字(Dtext/text)

　　单行文字,即每次向图形中输入一行文字。这是最简单也是最常用的一种文字标注方法。

　　(1)命令调用方法

　　01 菜单:【绘图】→【文字】→【单行文字】;**02** 工具栏:单击 **AI** 按钮;**03** 命令行:dtext 或 dt。

　　(2)命令操作步骤

```
命令:dtext ↵
当前文字样式:Standard    当前文字高度:0.2000
指定文字的起点或【对正(J)/样式(S)】:
```

　　(3)命令应用

　　① 以中下方式标注单行文本,绘制结果如图 4-8(b)所示。

```
命令:text ↵                                        //执行单行文本命令
当前文字样式:TNR2   当前文字高度:2.0000
指定文字的起点或【对正(J)/样式(S)】:J ↵               //输入 J
输入选项【对齐(A)/调整(F)/中心(C)/中间(M)/左上(TL)/中上(TC)/右上(TR)/左中
(ML)/正中(MC)/右中(MR)/左下(BL)/中下(BC)/右下(BR)】:BC ↵
                                                  //输入 BC
  指定文字的中下点:___ from 基点 ↙                  //指定 A 点
  <偏移>:@0,1 ↵                                   //输入文字偏移直线距离
  指定高度 <2.5000>: ↵
  指定文字的旋转角度<0.0000>: ↵
  输入文字:单行文本 ↵↵                             //输入单行文本,回车两次
```

　　② 以正中方式标注单行文本,文字标注结果如图 4-8(d)所示。

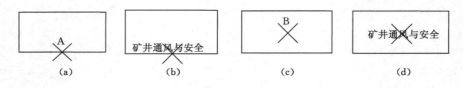

图 4-8　各种文字效果

(a) 捕捉对齐点;(b) 标注结果 1;(c) 捕捉对齐点;(d) 标注结果 2

命令:dtext ↵　　　　　　　　　　　　　　　　　　　//执行单行文本命令

当前文字样式:TNR2　当前文字高度:2.0000

指定文字的起点或【对正(J)/样式(S)】:J ↵　　　　　//输入 J

输入选项【对齐(A)/调整(F)/中心(C)/中间(M)/左上(TL)/中上(TC)/右上(TR)/左中(ML)/正中(MC)/右中(MR)/左下(BL)/中下(BC)/右下(BR)】:MC ↵

　　　　　　　　　　　　　　　　　　　　　　　　　//输入 MC

指定文字的正中点:↵　　　　　　　　　　　　　　　//指定 B 点

指定高度<2.5000>:↵

指定文字的旋转角度<0.0000>:↵

输入文字:单行文本 ↵　　　　　　　　　　　　　　　//输入单行文本,回车两次

⊛ 注意　　　　　　　　　　**如何设置好单行文字**

① 添加文字之前必须先设好文字样式。

② 标注时把需要的文字样式置为当前。

③ 如果用"中"的方式对正文字,可用辅助线定位。

④ 单行文字内容必须输入后回车完毕才能确定文字的位置是否正确。

4.1.4　多行文字(Mtext)

(1) 命令调用方法

01 菜单:【绘图】→【文字】→【多行文字】;**02** 工具栏:单击 **A** 按钮;**03** 命令行:mtext 或 mt。

(2)【多行文字编辑器】窗口

执行【多行文字】命令后,可弹开【多行文字编辑器】窗口,如图 4-9 所示。

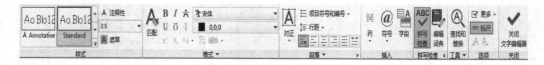

图 4-9　【多行文字编辑器】窗口

如果没有显示【文字格式】工具栏,可在【多行文字编辑器】的文字区域内单击鼠标右

键,然后依次单击【编辑器设置】|【显示工具栏】。

　　【样式】和【格式】选项卡,用于控制多行文字对象的文字样式和选定文字的格式。【文字样式】、【字体】、【文字】、【文字高度】等项与【文字样式】对话框中含义相同;【加粗】、【倾斜】、【下划线】、【颜色】和【堆叠】设置文字的特殊格式。【选项】中【标尺】按钮用于设置段落缩时标记,首行缩时标记和制表位。

　　选中文本,单击右键可弹出【多行文字编辑器】快捷菜单,见图 4-10(a)。快捷菜单中可以执行【全部选择】、【插入字段】、【查找和替换】、【改变大小写】、【自动大写】、【背景遮罩】、插入【符号】和【字符集】等功能。在快捷菜单中单击【符号】可弹出【符号】子菜单,见图 4-10(b)。该子菜单上列出了常用的符号。

图 4-10　多行文字快捷菜单与符号子菜单

(a)【文字编辑器】快捷菜单;(b)【符号】子菜单

(3) 命令操作步骤

命令行提示与操作如下。

```
命令:mtext ↵
当前文字样式:"Standard"　文字高度:4　注释性:否
指定第一角点:                                    //指定矩形框的第一角点
指定对角点或【高度(H)/对正(J)/行距(L)/旋转(R)/样式(S)/宽度(W)】:
```

　　在绘图区域中拾取第一角点和对角点,以这两个点确定一个矩形区域,以后所标注的文本行宽度即为该矩形区域的宽度,且以第一个角点作为文本的起始点。

　　(4) 命令应用

命令：mtext ↵

当前文字样式："Standard"　文字高度：4　注释性：否

指定第一角点：↙ 　　　　　　　　　　　　　　　//指定 A 点，如图 4-11 所示

指定对角点或【高度(H)/对正(J)/行距(L)/旋转(R)/样式(S)/宽度(W)】：↙

　　　　　　　　　　　　　　　　　　　　　　//指定 B 点

在弹出的【多行文字编辑器】中输入需要标注的文本后单击【确定】按钮。

标注结果见图 4-12，为达到好的效果应调整 B 点位置。

根据比
例尺的
大小

图 4-11　多行文字指定标注范围　　　　　　图 4-12　多行文字标注结果

注意　　　　　　　　　　**关于多行文字**

① 一般不采取在多行文字样式管理器中更改文字字体或高度；

② 如果指定的矩形框过小则会自动换行；

③ 多行文字若分解则变为单行文字。

4.1.5　特殊文字

图纸中有时需输入一些特殊符号，如直径符号"ϕ"、角度符号"°"等，这些符号在键盘上找不到，AutoCAD 可以通过以下几种方式实现特殊文字的输入。

① 通过【符号】子菜单插入。在标注【多行文字】时，打开【符号】快捷键，如图 4-10(b)所示，单击菜单中的符号项可插入对应的符号。

② 通过【字符映射表】窗口插入。在【符号】快捷菜单中单击【其他】可弹出【字符映射表】窗口，如图 4-13 所示。在该窗口选中需要的特殊字符，单击【选择】后再单击【复制】，

图 4-13　【字符映射表】窗口

然后在【多行文字编辑器】中执行【粘贴】命令即可。

③ 以上两种方式均是通过多行文字编辑器输入特殊符号。此外，AutoCAD 为输入这些字符提供了相应的控制符，可以达到输入特殊字符的目的。

4.1.6　特殊效果

当文本中某处出现【/】、【ˆ】或【♯】3 种层叠符号之一时，可层叠文本，其方法是选中需层叠的文字，然后单击 ᵇₐ 按钮，则符号左边的文字作为分子，右边的文字作为分母进行层叠。AutoCAD 提供了 3 种分数形式：如选中【abcd/efgh】后单击此按钮，得到如图 4-14（a）所示形式；如果选中【abcdˆefgh】后单击此按钮，则得到如图 4-14（b）所示形式，此形式多用于标注极限偏差；如果选中【abcd♯efgh】后单击此按钮，则创建斜排的分数形式，如图 4-14（c）所示。如果选中已经层叠的文本对象后单击此按钮，则恢复到非层叠形式。

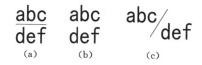

图 4-14　堆叠文字示例

文字的上下标可以使用堆叠完成，也可以在【多行文字编辑器】中选择需要上标或下标的字符后，弹出快捷菜单并单击【上标（或下标）】。

> **专家点拨**
>
> 在标注文字时，标注上下标的技巧，一定要试一试！
> 使用多行文字编辑命令：上标：输入 2ˆ，然后选中 2ˆ，按 b/a 键即可。下标：输入ˆ2，然后选中ˆ2，按 b/a 键即可。

4.1.7　编辑文字

在 AutoCAD 中可对文字进行内容、文字样式或字体等编辑操作。

（1）【文字编辑器编辑】

01 命令行为空时选中需要编辑的文字对象；

02 将光标置于文字上，双击鼠标左键，可弹出【编辑文字】窗口或【多行文字】格式栏；

03 单击【确定】按钮。

（2）【查找与替换】

01 执行【编辑】→【查找】菜单项，弹出【查找和替换】对话框，如图 4-15 所示；

02 在对话框中的【查找】列表框内输入要查找的内容，在【替换为】列表框内输入需要改的内容；

03 单击【替换】按钮，若需要全部替换，则单击【全部替换】按钮。

（3）【对象特性】

01 命令行为空时选中需要编辑的文字对象；

02 执行【修改】→【特性】菜单项，在弹出的【对象特性】窗口中对需要更改文字样式、

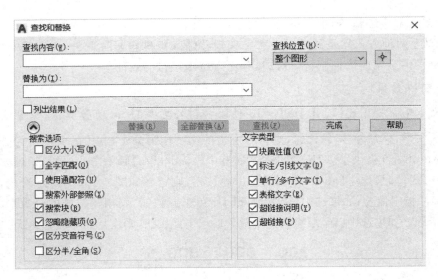

图 4-15 【查找和替换】对话框

字高或内容的文字进行编辑后回车。

（4）【拼写检查】

01 执行【工具】→【拼写检查】菜单项或在命令行输入 spell 命令；

02 选择需要拼写检查的对象；

03 如果有拼写错误的单词，AutoCAD 会提示，并给出【建议表】，可在建议表选择需要更改的单词或忽略；

04 重复上步操作或回车结束拼写检查。

✍ 必备技巧	文字标注技巧口诀

标字须慎行，分清单双行。先从格式立样式，再以正中对中点。

☞ 专家点拨	文字标注的注意事项

① 图纸中有几种字型，就建立几种文字样式。② 标注哪一种字型的文字时，必须把该文字的样式置为当前。修改时亦然。③ 优先考虑使用单行文字。④ 对多行文字一般不采取分解命令。⑤ 拖拽多行文字的夹点可控制多行文字的宽度，以调整行数。⑥ 控制文字是否显示为空心字的系统变量是 Textfill。

4.2 表格

表格是在行和列中包含数据的对象。用户可以从空表格或表格样式创建表格对象，还可以将表格与 Excel 电子表格中的数据进行链接。在 AutoCAD 中，用户可以创建不同类型的表格，以简洁、清晰的形式表达信息。表格创建完成后，用户可以单击该表格上的任意网格线以选中该表格，然后通过"特性"选项板或夹点来修改。

4.2.1　创建表格(Table)

（1）命令调用方法

① 菜单:【绘图】→【表格】;② 工具栏:单击田按钮;③ 命令行:table。

（2）【插入表格】对话框

执行上述操作后,系统打开【插入表格】对话框,如图 4-16 所示。

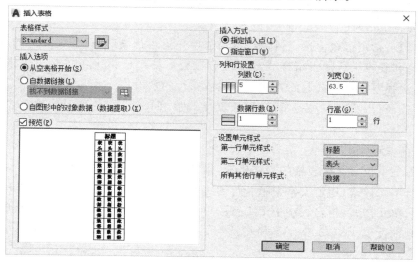

图 4-16　【插入表格】对话框

此对话框中各选项参数意义如下:

① 表格样式

通过单击表格样式下拉列表旁边的按钮,用户可以创建新的表格样式。

② 插入选项

可以通过以下三种方式插入表格:

· 从空表格开始:创建可以手动填充数据的空表格;

· 从数据链接开始:利用外部电子表格中的数据创建表格;

· 从数据提取开始:启动"数据提取"向导。

③ 预览

控制是否显示预览。如果从空表格开始,则预览将显示表格样式的样例。如果创建表格链接,则预览将显示结果表格。处理大型表格时,清除此选项以提高性能。

④ 插入方式

用来指定插入表格位置。分指定插入点和指定窗口两种插入方式。

指定插入点,指定表格左上角的位置。可以使用定点设备,也可以在命令提示下输入坐标值。如果表格样式将表格的方向设置为由下而上读取,则插入点位于表格的左下角。

指定窗口,选定此选项时,行数、列数、列宽和行高取决于窗口大小以及列和行的设置。

⑤ 列和行设置

列：指定列数。选定【指定窗口】选项并指定列宽时，【自动】选项将被选定，且列数由表格的宽度控制。如果已指定包含起始表格的表格样式，则可以选择要添加到此起始表格的其他列的数量。

列宽：指定列的宽度。选定【指定窗口】选项并指定列数时，列宽由表格的宽度控制，最小列宽为一个字符。

数据行数：指定行数。选定【指定窗口】选项并指定行高时，行数由表格的高度控制。带有标题行和表格头行的表格样式最少应有三行。如果已指定包含起始表格的表格样式，则可以选择要添加到此起始表格的其他数据行的数量。

行高：按照行数指定行高。行高基于文字高度和单元边距，这两项均在表格样式中设置。

⑥ 设置单元样式

对于那些不包含起始表格的表格样式，指定新表格中行的单元格式。

第一行单元样式：指定表格中第一行的单元样式。默认情况下，使用标题单元样式。

第二行单元样式：指定表格中第二行的单元样式。默认情况下，使用表头单元样式。

所有其他行单元样式：指定表格中所有其他行的单元样式。默认情况下，使用数据单元样式。

（3）命令应用

在【插入表格】对话框中进行相应设置后，单击【确定】按钮，系统在指定的插入点或窗口自动插入一个空表格，并打开多行文字编辑器，用户可以逐行逐列输入相应的文字或数据，如图 4-17 所示。

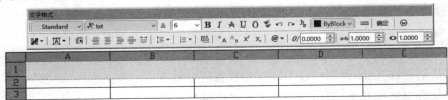

图 4-17　默认状态下插入的表格

🔔 提示

在【插入方式】选项组中点选【指定窗口】单选钮后，列与行设置的两个参数中只能指定一个，另外一个由指定窗口的大小自动等分来确定。

4.2.2　修改表格

（1）修改表格或单元格的宽或高

01 在需要修改的单元格内单击或按住 Shift 键选中多个单元格；

02 单元边框的中央显示夹点，拖动单元上的夹点可以调整单元格大小；

03 弹出右键快捷菜单，根据需要进行选择。

（2）修改单元格的内容

01 选中需要修改的单元格；

02 双击鼠标左键，弹出【多行文字编辑器】；

03 修改完毕，单击【确定】按钮。

4.2.3　使用表格样式（Tablestyle）

和文字样式一样，所有 AutoCAD 图形中的表格都有与其相对应的表格样式。当插入表格对象时，系统使用当前设置的表格样式。表格样式是用来控制表格基本形状和间距的一组设置。模板文件 ACAD.DWT 和 ACADISO.DWT 中定义了名为【Standard】的默认表格样式。

（1）命令调用方法

01 菜单：【格式】→【表格样式】；**02** 工具栏：单击 按钮；**03** 命令行：tablestyle。

（2）命令应用

执行上述操作后，系统打开【表格样式】对话框，如图 4-18 所示。

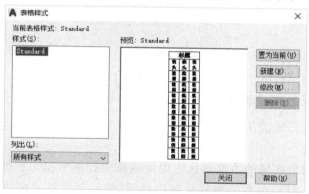

图 4-18　【表格样式】对话框

①【新建】：单击该按钮，系统打开【创建新的表格样式】对话框，如图 4-19 所示。输入新的表格样式名后，单击【继续】按钮，系统打开【新建表格样式】对话框，如图 4-20 所示，从中可以定义新的表格样式。

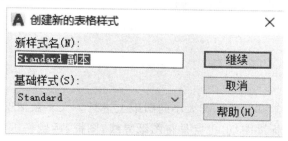

图 4-19　【创建新的表格样式】对话框

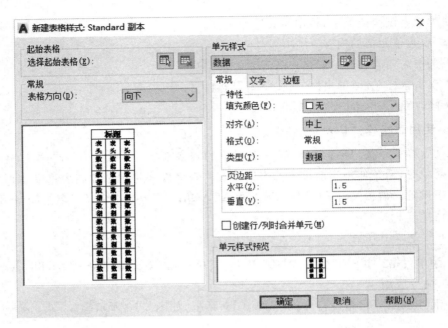

图 4-20 【新建表格样式】对话框

在【新建表格样式】对话框中有 3 个重要的选项卡,分别介绍如下。

【常规】:用于控制数据栏格与标题栏格的上下位置关系。

【文字】:用于设置文字属性。单击此选项卡,在【文字样式】下拉列表框中可以选择已定义的文字样式并应用于数据文字,也可以单击右侧的按钮 ⋯ 重新定义文字样式。

【边框】:用于设置表格的边框属性。边框线按钮控制数据边框线的各种形式,如绘制所有数据边框线、只绘制数据边框外部边框线、只绘制数据边框内部边框线、无边框线、只绘制底部边框线等。选项卡中的【线宽】、【线型】和【颜色】下拉列表框则控制边框线的线宽、线型和颜色。勾选【双线】复选框可以在【间距】文本框中控制单元边界和内容之间的间距。

② 【修改】:用于对当前表格样式进行修改,方式与新建表格样式相同。

③ 对于不需要的样式可以单击【删除】按钮删除。

4.3 样板

(1) 样板含义

手工设计绘图通常都要在标准大小的图纸上进行。大多数情况下,用户所用的都是印有图框和标题栏的标准图纸,也就是将图纸界线、图框、标题栏等每张图纸上必须具备的内容事先准备好,这样既使得图纸规格统一,又节省了绘图时间。AutoCAD 图形样板可以完成这样的工作,图形样板文件包含标准设置,图形样板文件的扩展名为 .dwt。如果根据现有的图形样板文件创建新图形并进行修改,则新图形中的修改不会影响图形样板文件。

（2）样板类型

样板类型包括标准样板（分英制和公制两种）和自定义样板两种。标准样板是 AutoCAD 提供 66 个图形标准样板文件,默认情况下,样板文件存储在 template 文件夹中。自定义样板是用户根据需要自己创建的样板。

（3）样板文件中的惯例标准设置

通常存储在样板文件中的约定和设置包括：

① 单位类型、精度、栅格、图形界限；

② 标题栏、边框和标志；

③ 图层、标注样式、文字样式及线型。

（4）使用样板文件创建图形的步骤

01 单击应用程序菜单,然后单击"新建"按钮。

02 在"选择样板"对话框中,从列表中选择样板。

03 单击"打开",将打开名为"drawing1. dwg"的文件。默认图形名随打开新图形的数目而变化,例如,如果从样板打开另一图形,则默认的图形名为"drawing2. dwg"。

04 如果不想使用样板文件创建一个新图形,请单击"打开"按钮旁边的箭头,选择列表中的一个"无样板"选项。

（5）从现有图形创建图形样板文件的步骤

01 单击应用程序按钮,然后单击"打开"按钮；

02 在"选择文件"对话框中,选择要用作样板的文件,单击"确定"；

03 要删除现有文件内容,请依次单击修改（M）、删除（E）,或者在命令提示下输入 erase；

04 在"选择对象"提示下,输入 ALL,然后按回车键；

05 单击应用程序按钮,然后依次单击"另存为"、"AutoCAD 图形样板"；

06 在"图形另存为"对话框的"文件名"文本框中,为样板输入名称；

07 单击"保存"；

08 输入样板说明；

09 单击"确定"。

新样板将保存在 template 文件夹中。

（6）编辑样板

对已设置好的样板文件进行编辑的步骤如下：

01 打开 AutoCAD；**02** 打开需要编辑的样板文件；**03** 进行编辑；**04** 保存样板文件。

🔔 **提示**

① 编辑样板文件时不影响以前创建的文件。② 编辑过的样板文件保存时其格式仍为. dwt。

4.4 常用绘图与编辑命令的使用(四)

4.4.1 椭圆(Ellipse)

椭圆主要由中心点、椭圆长轴与椭圆短轴 3 个参数确定。如果长短轴相等,则可以绘制出正圆。

(1) 命令调用方法

01 菜单:【绘图】→【椭圆】;**02** 工具栏:单击 ⬭ 按钮;**03** 命令行:ellipse 或 el。

(2) 命令操作步骤

命令:ellipse ↵
指定椭圆的轴端点或【圆弧(A)/中心点(C)】:   //指定轴端点 1
指定轴的另一个端点: //指定轴端点 2
指定另一条半轴长度或【旋转(R)】:

(3) 命令应用

① 已知中心点及长短轴绘制椭圆[图 4-21(a)]

命令:ellipse ↵
指定椭圆的轴端点或【圆弧(A)/中心点(C)】:C   //选择中心点(C)
指定椭圆的中心点:0,0 ↵   //输入中心点 O 的坐标
指定轴的端点:20,0 ↵   //输入指定轴 A 点的坐标
指定另一条半轴长度或【旋转(R)】:10 ↵   //输入另一条半轴的长度

绘制结果如图 4-21(c)所示。

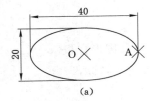 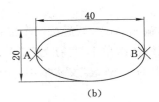 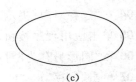

图 4-21 椭圆的绘制示例

(a) 示例图 1;(b) 示例图 2;(c) 绘制结果

② 已知长短轴绘制椭圆[如图 4-21(b)所示]

命令:ellipse ↵
指定椭圆的轴端点或【圆弧(A)/中心点(C)】:0,0   //指定 A 点
指定轴的另一个端点:@40,0 ↵   //输入 B 点相对坐标
指定另一条半轴长度或【旋转(R)】:10 ↵   //输入另一条半轴的长度

绘制结果如图 4-21(c)所示。

注意

注意提示应输入全轴长还是半轴长,第二条轴线的提示一般为半轴长。

4.4.2 椭圆弧(Ellipse)

椭圆弧的绘制方法与椭圆相似,在指定椭圆两个轴长度后,再指定椭圆弧的起始角和终止角即可绘制出椭圆弧。

(1)命令调用方法

01 菜单:【绘图】→【椭圆】→【圆弧】;**02** 工具栏:单击 按钮;**03** 命令行:ellipse 或 el。

(2)命令操作步骤

命令:ellipse ↵
指定椭圆的轴端点或【圆弧(A)/中心点(C)】:   //指定轴端点1
指定轴的另一个端点: //指定轴端点2
指定另一条半轴长度或【旋转(R)】:
指定起始角度或【参数(P)】:
指定终止角度或【参数(P)/包含角度(I)】:

(3)命令应用

椭圆弧的绘制一般遵循确定中心点→确定长短轴→确定包含角的步骤。

命令:ellipse ↵
指定椭圆的轴端点或【圆弧(A)/中心点(C)】:A ↵   //选择圆弧(A)
指定椭圆弧的轴端点或【中心点(C)】:0,0 ↵   //指定(0,0)点
指定轴的另一个端点:20,0 ↵   //输入 A 点相对坐标
指定另一条半轴长度或【旋转(R)】:5 ↵   //输入另一半轴长度
指定起始角度或【参数(P)】:270 ↵   //确定椭圆弧的起始角
指定终止角度或【参数(P)/包含角度(I)】:180 ↵   //确定椭圆弧的终止角

绘制结果如图 4-22(b)所示。

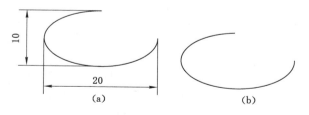

图 4-22 椭圆弧的绘制示例
(a)示例图;(b)绘制结果

📖**知识精讲**　　　　　　　　椭圆弧命令选项说明

① 起始角度:光标与椭圆中心点连线的夹角为椭圆端点位置的角度。

② 参数(P):指定椭圆弧端点的另一种方式,该方式同样是指定椭圆弧端点的角度。

③ 包含角(I):定义从起始角度开始的包含角度。

④ 中心点(C):通过指定的中心点创建椭圆。

⑤ 旋转(R):通过绕第一条轴旋转圆来创建椭圆。相当于将一个圆绕椭圆轴翻转一个角度后的投影视图。

👆**专家点拨**　　　　　　　　椭圆弧绘制技巧

① 如果椭圆弧不方便绘制,可先绘制出完整的椭圆然后修剪出需要的某段或几段弧。

② 指定椭圆弧起、终角度时,应理解角度的概念,顺时针方向为正,逆时针方向为负。

4.4.3　圆弧(Arc)

(1)命令调用方法

01 菜单:【绘图】→【圆弧】;**02** 工具栏:单击 ╱ 按钮;**03** 命令行:arc 或 a。

(2)命令操作步骤

命令:arc ↵

指定圆弧的起点或【圆心(C)】:　　　　　　　　　　　//指定起点

指定圆弧的第二点或【圆心(C)/端点(E)】:　　　　　　//指定第二点

指定圆弧的端点:　　　　　　　　　　　　　　　　　//指定末端点

(3)命令应用

AutoCAD 提供了 11 种绘制圆弧的方法,如表 4-2 所示。除第一种方法外,其他方法都是从起点到端点逆时针绘制圆弧。

表 4-2　　　　　　　　　　　　　　　绘制圆弧的方法

方法	含义	方法	含义
三点	(3P)	起点,端点,方向	(S,E,D)
起点,圆心,端点	(S,C,E)	圆心,起点,端点	(C,S,E)
起点,圆心,角度	(S,C,A)	圆心,起点,角度	(C,S,A)
起点,圆心,长度	(S,C,L)	圆心,起点,长度	(C,S,L)
起点,端点,角度	(S,E,A)	继续	(Continue)
起点,端点,半径	(S,E,R)		

① 过三点绘制圆弧

命令:arc ↵
指定圆弧的起点或【圆心(C)】:↙   //指定 A 点
指定圆弧的第二点或【圆心(C)/端点(E)】:↙   //指定 B 点
指定圆弧的端点:↙   //指定 C 点

绘制结果见图 4-23(b)。

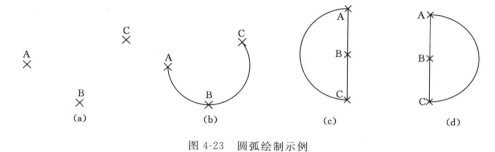

图 4-23　圆弧绘制示例

② 过起点,圆心,端点绘制圆弧

命令:arc ↵
指定圆弧的起点或【圆心(C)】:↙   //指定起点 A 点
指定圆弧的第二点或【圆心(C)/端点(E)】↙:   //指定圆心 B 点
指定圆弧的端点:↙   //指定终点 C 点

绘制结果见图 4-23(c)。若按照 C→B→A 的拾取顺序,其绘制结果见图 4-23(d)。

③ 过起点,端点,角度绘制圆弧

命令:arc ↵
指定圆弧的起点或【圆心(C)】:↙   //指定起点 A 点
指定圆弧的第二点或【圆心(C)/端点(E)】:↙   //指定圆弧第二点 C 点
指定圆弧的端点:↙
指定圆弧的圆心或【角度(A)/方向(D)/半径(R)】指定包含角:180   //输入圆弧包含角

绘制结果同图 4-23(c)。若按照 C→A 的拾取顺序,其绘制结果见图 4-23(d)。

👉 **专家点拨**　　　　　　　　**圆弧绘制技巧**

① 理解圆的角度的概念,顺时针为负,逆时针为正。

② 如果需要的圆弧不能由圆弧 ARC 命令绘制,可先绘一圆,然后从圆上取下相应一段即可。

4.4.4　镜像(Mirror)

镜像命令可以生成与所选对象相对称的图形。操作时需要指定镜像轴线,所选对象将根据该轴线进行镜像,并且可选择删除或保留源对象。

(1)命令调用方法

01 菜单:【绘图】→【镜像】;**02** 工具栏:单击 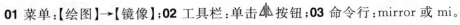 按钮;**03** 命令行:mirror 或 mi。

(2) 命令操作步骤

命令:mirror ↵	//执行镜像命令
选择对象:	//选择要镜像的对象
指定镜像线的第一点:	//指定镜像线的第一个点
指定镜像线的第二点:	//指定镜像线的第二个点
要删除源对象吗?【是(Y)/否(N)】<N>:	确定是否删除源对象

(3) 命令应用

① 镜像线条对象

命令:mirror ↵	//执行镜像命令
选择对象:指定对角点:找到 1 个↵	//选择,见图 4-24(a)
选择对象:↙	//回车结束选择
指定镜像线的第一点:↙	//指定 A 点,见图 4-24(b)
指定镜像线的第二点:↙	//指定 B 点,见图 4-24(b)
是否删除源对象?【是(Y)/否(N)】(N):↵	//选择默认参数

绘制结果如图 4-24(c)所示。

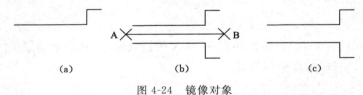

(a)   (b)   (c)

图 4-24　镜像对象

(a) 原对象;(b) 指定镜像线;(c) 镜像结果

② 镜像文字

镜像文字前应先预设参数 Mirrtext 的值,若参数 Mirrtext 的值为 0 时,原文字保持不变,见图 4-25(a);参数 Mirrtext 的值为 1 时,原文字成倒映,见图 4-25(b)。

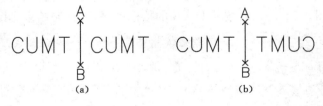

(a)   (b)

图 4-25　镜像文字

(a) Mirrtext 的值为 0;(b) Mirrtext 的值为 1

命令:mirrtext ↵	//执行镜像文字命令
输入 mirrtext 的新值(0):1 ↵	//输入新值 1 并回车

4.4.5 阵列(Array)

阵列命令是指多重复制选择的对象,并把这些副本按矩形、环形或路径排列。把副本按矩形排列称为创建矩形阵列,把副本按环形排列称为创建环形阵列。对于创建多个定间距的对象,使用"阵列"工具要比"复制"工具更有效率。

(1)命令调用方法

01 菜单:【修改】→【阵列】;**02** 工具栏:单击 品 按钮;**03** 命令行:array 或 ar。

(2)命令内容介绍

【阵列】命令包含【矩形阵列】、【环形阵列】与【路径阵列】,下面分别介绍:

①【矩形阵列】可按行和列复制对象,选择对象之后,命令行出现:

ARRAYRECT 选择夹点以编辑阵列 或【关联(AS)/基点(B)/计数(COU)/间距(S)/列(COL)/行(R)/层数(L)/退出(X)】<退出>:

另外,在阵列后的对象上右击可以对对象的行、列、层等相关参数进行修改。

【行】指定阵列中的行数。如果只指定了一行,则必须指定多列,指定的行数需包括阵列对象自身所在的行数。【列】指定阵列中的列数。如果只指定了一列,则必须指定多行,指定的列数需包括阵列对象自身所在的列数。

②【环形阵列】可通过圆心复制选定对象来创建阵列。

arraypolar 选择夹点以编辑阵列 或【关联(AS)/基点(B)/项目(I)/项目间角度(A)/填充角度(F)/行(ROW)/层(L)/旋转项目(ROT)/退出(X)】<退出>:

【基点】指定环形阵列的基点。输入 X 和 Y 坐标值,或选择【拾取基点】使用定点设备指定基点。【项目】设置在阵列结果中显示的对象数目,默认值为 4。设置的项目总数需包括阵列对象本身。【填充角度】通过定义阵列中第一个和最后一个元素的基点之间的包含角来设置阵列大小。【项目间角度】设置阵列对象的基点和阵列中心之间的包含角。

【旋转项目】:若打开此选项,则复制对象时执行旋转操作;若关闭该选项,则复制对象时不执行旋转操作。

③【路径阵列】中,项目将均匀地沿路径或部分路径分布,路径可以是直线、多段线、三维多段线、样条曲线、螺旋、圆弧、圆或椭圆。

arraypath 选择夹点以编辑阵列 或【关联(AS)/方法(M)/基点(B)/切向(T)/项目(I)/行(R)/层(L)/对齐项目(A)/Z 方向(Z)/退出(X)】<退出>:

【方法】与【项目】是一起使用的,【方法】有两种:定数等分和定距等分,定数等分是将路径等分为输入的块数,在每个等分点上分布一个对象;定距等分则是将路径以你输入的数值进行等分。【基点】的选取是任意的,路径阵列的默认基点在路径的起点上。【切向】指定阵列中的项目如何相对于路径的起始方向对齐。【行】则表示阵列的行数,行间距以及行与行之间的标高增量,标高增量即相邻行与行之间在 Z 轴方向上的增量。而【层】则表示在 Z 轴上叠加的层数,还包括层间距的数值。【对齐项目】表示是否对齐每个项目以与路径的方向相切。【方向】控制是否保持项目的原始 Z 方向或沿三维路径自然倾斜项目。

(3)命令应用

① 创建矩形阵列

命令：array

选择对象：找到 1 个　　　　　　　　　　　　//选择对象,见图 4-26(a)

选择对象：　　　　　　　　　　　　　　　　//回车,结束选择

输入阵列类型【矩形(R)/路径(PA)/极轴(PO)】＜矩形＞:R　　//选择矩阵阵列类型

类型 = 矩形　关联 = 是

选择夹点以编辑阵列或【关联(AS)/基点(B)/计数(COU)/间距(S)/列数(COL)/行数(R)/层数(L)/退出(X)】＜退出＞:　　//回车,结束操作

操作结果如图 4-26(b)所示。

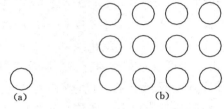

(a)　　　　　　　　　　　　(b)

图 4-26　矩形阵列对象

(a) 原对象；(b) 选择对象

② 创建环形阵列

命令：array

选择对象：找到 1 个　　　　　　　　　　　　//选中图 4-27(a)中圆上的折线

选择对象：　　　　　　　　　　　　　　　　//回车,结束选择

输入阵列类型【矩形(R)/路径(PA)/极轴(PO)】＜极轴＞:PO　　//选择极轴阵列类型

类型 = 极轴　关联 = 是

指定阵列的中心点或【基点(B)/旋转轴(A)】：　　//指定中心点O

选择夹点以编辑阵列或【关联(AS)/基点(B)/项目(I)/项目间角度(A)/填充角度(F)/行(ROW)/层(L)/旋转项目(ROT)/退出(X)】＜退出＞:I　　//更改项目数量为3

输入阵列中的项目数或【表达式(E)】＜6＞:3

选择夹点以编辑阵列或【关联(AS)/基点(B)/项目(I)/项目间角度(A)/填充角度(F)/行(ROW)/层(L)/旋转项目(ROT)/退出(X)】＜退出＞:　　//回车,结束操作

绘制结果(局部通风机)如图 4-27(c)所示。

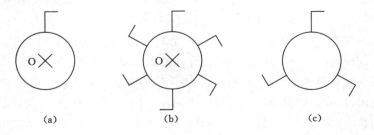

(a)　　　　　　　　　　(b)　　　　　　　　　　(c)

图 4-27　环形阵列对象

(a) 原对象；(b) 初始项目数；(c) 绘制结果

③ 创建路径阵列

命令：array

选择对象：找到 1 个　　　　　　　　　　　　　　//选中阵列对象

选择对象：

输入阵列类型【矩形(R)/路径(PA)/极轴(PO)】＜路径＞：PA　　//选择路径阵列

类型 ＝ 路径　关联 ＝ 是

选择路径曲线：　　　　　　　　　　　　　　　//选中样条曲线

选择夹点以编辑阵列或【关联(AS)/方法(M)/基点(B)/切向(T)/项目(I)/行(R)/层(L)/对齐项目(A)/Z 方向(Z)/退出(X)】＜退出＞：　　//回车,结束操作

操作结果如图 4-28(b)所示。

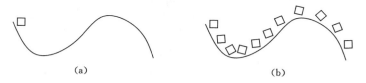

图 4-28　路径阵列对象

（a）原对象；（b）阵列结果

> **注意**
>
> ① 矩形阵列对象时,行偏移和列偏移指的是图形中相同点至相同点的长度。
> ② 单行(列)多列(行)阵列对象时,行(列)偏移为 0 且不可忽略。
> ③ 环形阵列对象时,项目总数包括原对象在内。

4.4.6　阵列(Arrayclassic)

（1）命令调用方法

命令行：arrayclassic 或 ar。

（2）【阵列】对话框

执行上述操作后,系统打开【阵列】对话框,如图 4-29 所示。

此对话框中各选项参数意义如下：

① 矩形阵列

创建选定对象的副本的行和列阵列。

【行数】:指定阵列中的行数,如果只指定了一行,则必须指定多列,如果为此阵列指定了许多行和许多列,它可能要花费一些时间来创建副本。

【列数】:指定阵列中的列数,如果只指定了一列,则必须指定多行,如果为此阵列指定了许多行和许多列,它可能要花费一些时间来创建副本。

【偏移距离和方向】:可以在此指定阵列偏移的距离和方向。

行偏移:指定行间距(按单位)。要向下添加行,请指定负值。要使用定点设备指定行间距,请用"拾取两者偏移"按钮或"拾取行偏移"按钮。

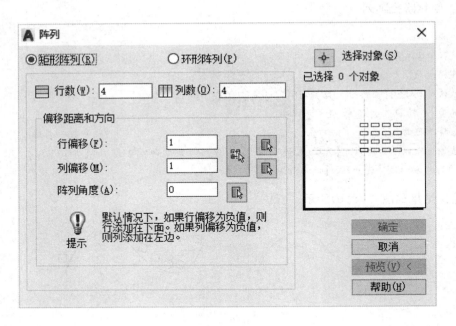

图 4-29 【阵列】对话框

列偏移:指定列间距(按单位)。要向左边添加列,请指定负值。要使用定点设备指定列间距,请用"拾取两者偏移"按钮或"拾取列偏移"按钮。

阵列角度:指定旋转角度。此角度通常为 0(零),因此行和列与当前 UCS 的 X 和 Y 图形坐标轴正交。使用 units 可以更改角度的测量约定。阵列角度受 angbase 和 angdir 系统变量影响。

拾取两个偏移:临时关闭【阵列】对话框,这样可以使用定点设备指定矩形的两个斜角,从而设置行间距和列间距。

拾取行偏移:临时关闭【阵列】对话框,这样可以使用定点设备来指定行间距。array 提示用户指定两个点,并使用这两个点之间的距离和方向来指定"行偏移"中的值。

拾取列偏移:临时关闭【阵列】对话框,这样可以使用定点设备来指定列间距。array 提示用户指定两个点,并使用这两个点之间的距离和方向来指定"列偏移"中的值。

拾取阵列的角度:临时关闭【阵列】对话框,这样可以输入值或使用定点设备指定两个点,从而指定旋转角度。使用 units 可以更改角度的测量约定。阵列角度受 angbas 和 angdir 系统变量影响。

❂ 注意

默认情况下,在一个命令中可以生成的阵列元素最大数目为 100 000。该限制值由注册表中的 maxarray 设置设定。例如,要将上限重设为 200 000,可在命令行提示下输入 (setenv "maxarray" "200000")(maxarray 在 AutoCAD LT 中不可用)。

② 环形阵列

通过围绕指定的圆心复制选定对象来创建阵列。

【圆心】指定环形阵列的圆心。输入 X 和 Y 坐标值,或选择"拾取圆心"以使用定点设备指定圆心。

【方法和值】指定用于定位环形阵列中的对象的方法和值。

方法:设定定位对象所用的方法。

项目总数:设定在结果阵列中显示的对象数目,默认值为 4。

填充角度:通过定义阵列中第一个和最后一个元素的基点之间的包含角来设定阵列大小。正值指定逆时针旋转,负值指定顺时针旋转,默认值为 360,不允许值为 0。

项目间角度:设定阵列对象的基点和阵列中心之间的包含角,输入一个正值,默认方向值为 90。

拾取要填充的角度:临时关闭【阵列】对话框,这样可以定义阵列中第一个元素和最后一个元素的基点之间的包含角度。array 提示在绘图区域参照一个点选择另一个点。

拾取项目间角度:临时关闭【阵列】对话框,这样可以定义阵列对象的基点和阵列中心之间的包含角。array 提示在绘图区域参照一个点选择另一个点。

【复制时旋转项目】:如预览区域所示旋转阵列中的项目。

【详细/简略】:打开和关闭【阵列】对话框中的附加选项的显示。选择"详细"时,将显示附加选项,此按钮名称变为"简略"。

【对象基点】:相对于选定对象指定新的参照(基准)点,对对象指定阵列操作时,这些选定对象将与阵列圆心保持不变的距离。要构造环形阵列,array 将确定从阵列圆心到最后选定对象上的参照点(基点)之间的距离。所使用的点取决于对象类型,如表 4-3 所示。

表 4-3　　　　　　　　　　　　　　　　　　对象基点设置

对象类型	默认基点
圆弧、圆、椭圆	圆心
多边形、矩形	第一角点
圆环、直线、多段线、三维多段线、射线、样条曲线	起点
块、多行文字、单行文字	插入点
构造线	中点
面域	栅格点

设定为对象的默认值,使用对象的默认基点定位阵列对象。要手动设定基点,请清除此选项。

基点,设定新的 X 和 Y 基点坐标,选择"拾取基点"临时关闭对话框,并指定一个点,指定了一个点后,【阵列】对话框将重新显示。

4.4.7 拉长(Lengthen)

利用"拉长"工具可以对已选择对象按规定的方向和角度拉长或缩短,并且使对象的形状发生变化。

(1)命令调用方法

01 菜单:【修改】→【拉长】;**02** 工具栏:单击 ▨ 按钮;**03** 命令行:lengthen 或 len。

(2)命令操作步骤

命令行提示与操作如下。

命令:lengthen ↵	
选择对象或【增量(DE)/百分数(P)/全部(T)/动态(DY)】:	//选择要拉长的对象
当前长度:	
选择对象或【增量(DE)/百分数(P)/全部(T)/动态(DY)】:DE	
输入长度增量或【角度(A)】<0.0000>:	//输入长度增量数值
选择要修改的对象或【放弃(U)】:	//选择要修改的对象
选择要修改的对象或【放弃(U)】:	

☀ 注意   **使用窗交方式选择拉长对象**

对图形进行拉长操作,在选择图形对象时,一定要使用窗交方式进行选择,否则图形对象将不会被进行拉长操作。

---

(3)命令应用

① 用增量(DE)项拉长对象。

命令:lengthen ↵	
选择对象或【增量(DE)/百分数(P)/全部(T)/动态(DY)】:DE ↵	
输入长度增量或【角度(A)】<0.0000>:20 ↵	//输入长度增量数值
选择要修改的对象或【放弃(U)】:↙	//选择 AB 直线靠 B 侧
选择要修改的对象或【放弃(U)】:↵	//回车结束

操作结果如图 4-30(c)所示。

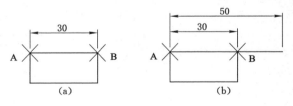

图 4-30 拉长对象

(a)原对象;(b)拉长结果

🔔 提示

在第一次[选择要修改的对象]的提示下,若选择直线 AB 靠 A 侧,则直线向左侧拉长。

② 用百分数(P)项拉长对象。

命令:lengthen ↵

选择对象或【增量(DE)/百分数(P)/全部(T)/动态(DY)】:P ↵

输入长度百分数<100.0000>:50 ↵　　　　　　　　　　//输入长度百分数

选择要修改的对象或【放弃(U)】:↙　　　　　　　　//选择要修改的对象

选择要修改的对象或【放弃(U)】:↙

📖知识精讲　　　　　　　　　**命令参数说明**

① 拉长命令为唯一须先选参数,后选对象的命令。

② 增量参数,输入正数拉长原对象,输入负数缩短原对象。

③ 百分比参数,输入的数字大于 100 拉长原对象,小于 100 则缩短原对象。

④ 总长参数,大于对象原长则拉长原对象,小于原长则缩短原对象。

⑤ 动态参数,可根据需要灵活改变对象长度。

4.4.8　分解(Explode)

在希望单独修改复合对象的部件时,可使用"分解"工具将复合对象转换为单个元素。可以分解的对象包括多段线、标注、块以及图案填充等。分解后对象的颜色、线型和线宽都可能会改变。

(1)命令调用方法

01 菜单:【修改】→【分解】;**02** 工具栏:单击 🔲 按钮;**03** 命令行:explode 或 x。

(2)命令操作步骤

命令:explode ↵

选择对象:　　　　　　　　　　　　　　　　　　　//选择要修改的对象

选择一个对象后,该对象会被分解,系统继续提示该行信息,允许分解多个对象。

(3)命令应用

分解矩形,如图 4-31 所示:

命令:explode ↵

选择对象:找到 1 个 ↙　　　　　　　　　　　　　　//选择要修改的对象

选择对象:↵

操作结果见图 4-31(c)。

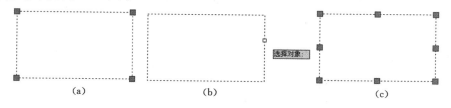

(a)　　　　　　　　　　(b)　　　　　　　　　　(c)

图 4-31　分解对象

分解命令适用对象及分解后效果

【二维和优化多段线】：放弃所有关联的宽度或切线信息。对于宽多段线,将沿多段线中心放置结果直线和圆弧。

【三维多段线】：分解成直线段。为三维多段线指定的线型将应用到每一个得到的线段。

【三维实体】：将平整面分解成面域,将非平整面分解成曲面。

【注释性对象】：将当前比例图示分解为构成该图示的组件(已不再是注释性)。

【圆弧】：如果位于非一致比例的块内,则分解为椭圆弧。

【块】：一次删除一个编组级。如果一个块包含一个多段线或嵌套块,那么对该块的分解就首先显露出该多段线或嵌套块,然后再分别分解该块中的各个对象。

【体】：分解成一个单一表面的体(非平面表面)、面域或曲线。

【圆】：如果位于非一致比例的块内,则分解为椭圆。

【引线】：根据引线的不同,可分解成直线、样条曲线、实体(箭头)、块插入(箭头、注释块)、多行文字或公差对象。

【网格对象】：将每个面分解成独立的三维面对象。将保留指定的颜色和材质。

【多行文字】：分解成文字对象。

【多行】：分解成直线和圆弧。

【多面网格】：单顶点网格分解成点对象,双顶点网格分解成直线,三顶点网格分解成三维面。

【面域】：分解成直线、圆弧或样条曲线。

4.5 应用实例

4.5.1 标题栏

在实例 3.5.3 的基础上增加标题栏,具体样式及尺寸如图 4-32 和图 4-33 所示。

霍州煤电辛置煤矿（仿宋6）				15
矿井通风系统平面图（黑体7）				20
专业班组	（仿宋4）	比 例 尺	1：5000	10
设计制图		制图日期		10
指导教师		评阅日期		10
评阅教师		评阅日期		10
评阅教师		评阅日期		10
35	35	35	35	

图 4-32　毕业设计标题栏

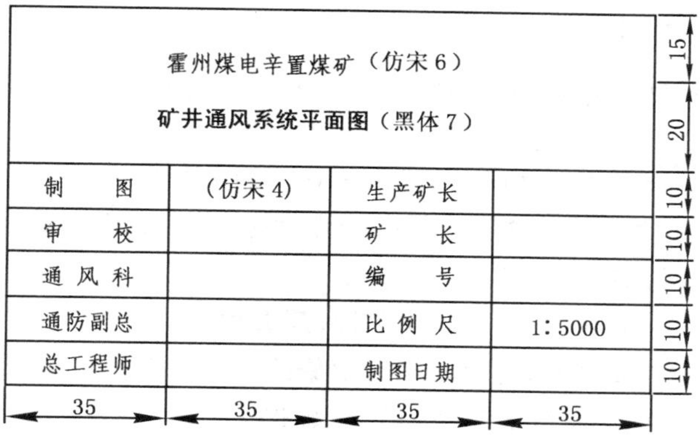

霍州煤电辛置煤矿（仿宋 6）
矿井通风系统平面图（黑体 7）
制　　图
（仿宋 4）
生产矿长
审　　校
矿　　长
通 风 科
编　　号
通防副总
比 例 尺
1∶5000
总工程师
制图日期
15
20
10
10
10
10
10
35
35
35
35

图 4-33　煤矿现场用标题栏

绘制思路：

01 新建文字样式 FS4、FS6、HT7（高度分别为 4、6、7，字体分别为仿宋、仿宋、黑体）；

02 基于 FS4、FS6、HT7 文字样式新建表格样式（常规选项卡中对齐方式为正中，标题、表头、数据文字样式分别为 FS6、HT7、FS4）；

03 基于上述表格样式插入表格（列数为 4，列宽为 35 m，数据行数为 5，行高为 1）；

04 根据需要合并单元格（第一行和第二行中的所有单元格分别合并）；

05 利用特性窗口调整单元格高度；

06 输入相关文字；

07 将标题栏装配到图纸的最右下角，并将标题栏底下的线条进行修剪，最终效果如图 4-34 所示。

霍州煤电辛置煤矿
矿井通风系统平面图
专业班级
比 例 尺
设计制图
制图日期
指导教师
评阅日期
评阅教师
评阅日期
评阅教师
评阅日期
1400

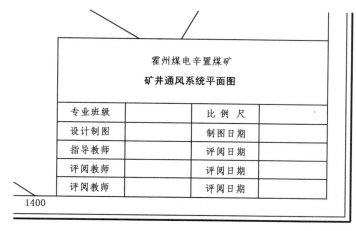

图 4-34　图纸右下角中的标题栏

注意：如果比例尺为 1∶2 000，上述相关参数要乘以 2，如果比例尺为 1∶5 000，上述参数要乘以 5，线宽参数不变。

4.5.2 经纬网坐标标注

在内框与外框之间标注四周经纬线与内框交点处的坐标,具体效果如图 4-35 所示。

绘制思路:

01 新建高度为 3 mm 字体为 Time New Man 的文字样式 TNM3;

02 运用单行文本命令标注左下方第一个点坐标(文字对正方式为中上 TC,中上点在交点的正下方 3 个单位处);

03 运用阵列命令(矩形阵列,行数为一行,列数根据实际情况确定,列间距可以在图上拾取),将阵列后的对象分解,并将各坐标值修改为实际值;

04 应用类似思路标注图纸上侧、左侧、右侧坐标值。

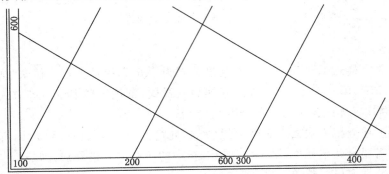

图 4-35　经纬网标注

4.6　本章小结

本章学习了常用绘图与修改命令(椭圆、椭圆弧、圆弧、阵列、拉长、分解)操作;在 AutoCAD 中插入文字的方法;文字的样式,文字的对齐方式及特殊字符的输入;表格及其样式及各参数的设置。

4.7　思考与练习

① 灵活运用阵列、单行文本命令绘制直尺,具体尺寸见图 4-36。

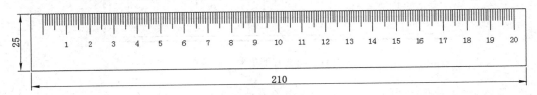

图 4-36　直尺

② 完成实例 4.5.1 和实例 4.5.2。

第5章　块与设计中心

本章主要介绍块的概念、创建块、写块、插入块和块属性以及选择对象的几种方式；并对 AutoCAD 的设计中心进行讲解，最后介绍多段线、样条曲线、边界、打断、旋转、缩放等常用绘图与修改命令。

本章要点

- 掌握块的概念、创建块、写块、插入块和块属性；
- 熟悉选择对象的几种方式；
- 掌握 AutoCAD 设计中心的功能和应用；
- 掌握多段线、样条曲线、边界、打断、旋转、缩放命令，并能熟练使用。

5.1　块

块是由一个或多个图形对象组成的对象集合，它是一个整体，多用于绘制重复或复杂的图形。将几个对象组合成块后，就可以根据绘图的需要将这组对象插入到绘图区中，并可对块进行不同比例的缩放和角度旋转等操作。使用块绘制图形主要有以下优点：

① 提高了绘图效率。将图形创建成块，需要时可以直接用插入块的方法实现绘图，这样可以避免大量重复性工作。

② 节省存储空间。如果使用复制命令将一组对象复制 10 次，图形文件的数据库中要保存 10 组同样的数据。如将该组对象定义成块，数据库中只保存一次块的定义数据。插入该块时不再重复保存块的数据，只保存块名和插入参数，因此可以减小文件尺寸。

③ 便于修改图形。如果修改了块的定义，用该块复制出的图形都会自动更新。

④ 加入属性。很多块还要求有文字信息，以进一步解释说明。AutoCAD 允许为块创建这些文字属性，可以在插入的块中显示或不显示这些属性，也可以从图中提取这些信息并将它们传送到数据库中。

5.1.1　创建内部块（Block）

内部块存储在图形文件内部，因此只能在打开该图形文件后，才能进行使用，而不能在其他图形文件中使用。

（1）命令调用方法

01 菜单：【绘图】→【块】→【创建】；**02** 工具栏：单击 按钮；**03** 命令行：block 或 b。

（2）命令操作步骤

创建块的三个要素：名称、基点、对象。在创建块之前，先绘制图形，然后将绘制的图形对象定义成块。

01 选择【绘图】工具栏→ 按钮；或者点击【绘图】→【块】→【创建】，或执行 block 命令，弹出【块定义】对话框，如图 5-1 所示；

02 在【名称】下拉列表框，输入当前要创建的块的名称；

03 在【基点】选项组，点击【拾取点】按钮，切换到绘图区中，拾取目标图像；

04 在【对象】选项组，选中【保留】单选按钮，单击【选择对象】按钮，利用框选选择要定义成块的对象并回车；

05 在【设置】选项组设为默认，默认以"毫米"为单位；

06 单击【确定】按钮，即可将所选对象定义成块。

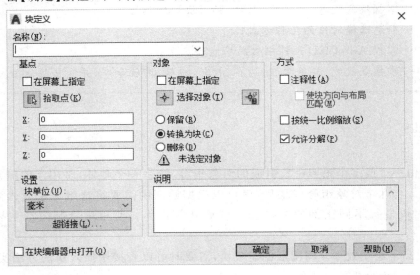

图 5-1 【块定义】对话框

📖 **知识精讲**　　　　　　　　**命令选项说明**

①　在【基点】选项组，输入该块将来插入的基准点，也是块在插入过程中旋转或缩放的基点。可以通过在"X"文本框、"Y"文本框和"Z"文本框中直接输入坐标值或单击【拾取点】按钮，切换到绘图区在图形中直接指定。

②　在【对象】选项组，选中【保留】单选按钮，表示定义构成图块的图形实体将保留在绘图区，不转换为块。选中【转换为块】单选按钮，表示定义图块后，构成图块的图形实体也转换为块。选中【删除】单选按钮，表示定义图块后，构成图块的图形实体将被删除。用户可以通过单击【选择对象】按钮，切换到绘图区选择要创建为块的图形实体。

③【说明】框内,用户可以为块输入描述性的文字解释。【超链接】此项,将来用户可以通过该块来浏览其他文件或者访问 Web 网站。单击【超链接】按钮后,系统弹出【插入超链接】对话框。

5.1.2　写块(Wblock)

写块又称为创建外部块。外部图块不依赖于当前图形,可以在任意图形文件中调用并插入。

(1)命令调用方法

在命令行输入 wblock 或命令缩写 w。

(2)命令操作步骤

执行上述命令后,屏幕弹出【写块】对话框,如图 5-2 所示。

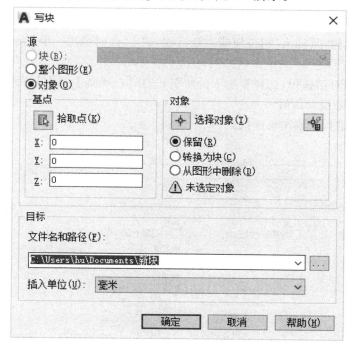

图 5-2　【写块】对话框

01 在【源】选项组中,选择【块】单选框,通过此下拉框选择刚定义过的块进行保存。保存块的基点不变。

02 在【目标】选项组中,输入一个文件名、保存路径以及插入的单位。

03 点击【确定】按钮,完成保存操作。

ⓘ 知识补充站	内部块和写块的区别

内部块只能在该图块的内部文件中使用,而写块(外部块)可以插入任何一个图形文件中。

📖 **知识精讲**　　　　　　　　　　选项说明

　　【源】选项组用于指定存储块的对象及块的基点,选择【整个图形】单选框,可以将整个图形作为块进行存储;选择【对象】单选框,可以将用户选择的对象作为块进行存储。其他选项和块定义相同。写块的名字及保存路径一定要合理。

5.1.3　插入块(Insert)

　　创建图块后,在绘图过程中,便可以根据需要将已绘制的块文件调入当前图形文件中。

　　(1) 命令调用方法

　　01 菜单:【插入】→【插入块】;**02** 工具栏:单击 按钮;**03** 命令行:ddinsert 或 insert 或 i。

　　(2) 命令操作步骤

　　01 单击工具栏中【插入块】按钮或命令行输入"I",此时弹出一个【插入】对话框,如图5-3所示。

　　02 在【插入】对话框中,选择要插入的块名;选择【在屏幕上指定】的插入点方法;比例和旋转角度选项采用默认值。

　　03 单击【确定】,完成图块的插入。

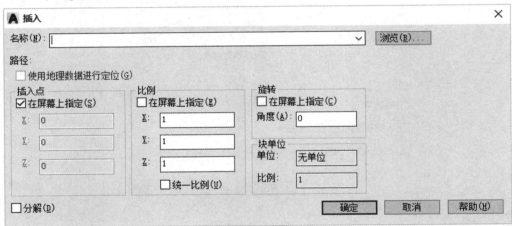

图 5-3　【插入】对话框

👆 **专家点拨**　　　　块与图层的关系(建议在 0 层建块)

　　① 被插入块的对象不从当前设置中继承颜色、线型和线宽特性。

　　② 不管当前设置如何,被插入块的对象的特性都不会改变。

　　③ 在创建块定义时可对每个对象单独设置颜色、线型和线宽特性。

📖 知识精讲　　　　　**【插入】对话框选项说明**

① 在【名称】下拉列表框中选择已定义的需要插入到图形中的图块,或者单击【浏览】按钮,找到要插入的图块,单击【打开】按钮,返回【插入】对话框进行其他参数设置。

②【插入点】选项组用于指定图块的插入位置,通常选中【在屏幕上指定】复选框,在绘图区以拾取点方式配合【对象捕捉】功能指定。

③【比例】选项组用于设置图块插入后的比例。选中【在屏幕上指定】复选框,则可以在命令行中指定缩放比例,用户也可以直接在"X"文本框、"Y"文本框和"Z"文本框中输入数值,以指定各个方向上的缩放比例。【统一比例】复选框用于设定图块在 X、Y、Z 轴方向上缩放是否一致。

④【旋转】选项组用于设定图块插入后的角度。选中【在屏幕上指定】复选框,则可以在命令行中指定旋转角度,用户也可以直接在【角度】文本框中输入数值,以指定旋转角度。

5.1.4　属性(Attdef)

属性是从属于块的文字信息,它是块的组成部分,主要用于表达块的文字信息。例如在通风与安全工程制图中经常用到的产品型号、功率、叶片角度等信息就可以将其定义为块,但其中的数值又经常需要改变,这时就可以为块定义属性,这样在插入块时可方便的更改文字信息。定义块之前须先定义属性,然后将图形对象和属性一起定义为块。属性值可以随块的插入改变。

(1)命令调用方法

01 菜单项:【绘图】→【块】→【属性定义】;**02** 命令行:attdef 或 att。

(2)命令操作步骤

01 点击【绘图】菜单→【块】→【属性定义】或执行 attdef 命令。打开【属性定义】对话框,如图 5-4 所示。

在【模式】选项组,设置属性模式。采用默认值。

在【属性】选项组,设置属性的参数。【标记】文本框中输入标记例如"编号";【提示】文本框中输入提示信息例如"输入风筒编号";【默认】文本框中输入默认的属性值。

在【插入点】选项组,指定图块位置的插入点。选中【在屏幕上指定】复选框。

在【文字设置】选项组,设定属性值文字的基本参数。在【对正】下拉列表框中设定属性值文字的对齐方式例如"正中";【文字样式】下拉列表框中设定属性值文字的文字样式;【文字高度】文本框中设定属性值文字的高度;【旋转】文本框中设定属性值文字的旋转角度。

02 点击【确定】回到绘图区,打开捕捉模式,拾取圆心,属性编号放置在圆心正中。

03 单击 按钮,打开【块定义】对话框,在名称中输入"编号";在"基点"选项处单击【拾取点】按钮,拾取圆心;在【对象】区域中选择【删除】单选按钮,再单击【选择对象】按钮,选中须定义为块的所有项,单击确定。

(3)插入带属性的图块

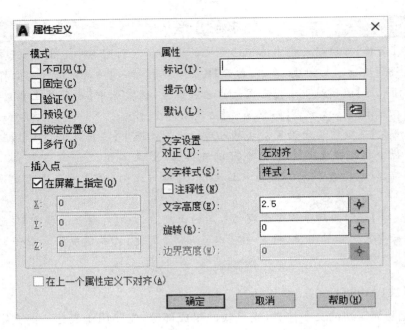

图 5-4 【属性定义】对话框

通过上面的操作,用户已经创建了一个带有"编号"属性的标注风筒及其编号的块,下面的过程介绍如何插入属性块的操作:

01 单击工具栏中【插入块】按钮或命令行输入"insert",打开【插入】对话框。

02 在【插入】对话框中,选择要插入的"编号"块名;比例和旋转角度选项采用默认值;选择【在屏幕上指定】的插入点。

03 在命令行窗口输入:1。

04 单击【确定】在绘图区选择插入点的位置,完成块插入。

5.1.5 数据提取(Attext)

(1)命令调用方法

命令行输入 attext。

(2)命令操作步骤

执行【属性提取】命令,弹出【属性提取】对话框,如图 5-5 所示。该对话框内各项组成含义如下:

①【文件格式】作用是设置存放提取出来的属性数据文件的格式。【逗号分隔文件】CDF 是用逗号来分隔每个记录的字段,字符字段置于单引号中。【空格分隔文件】SDF 是将记录中的字段宽度固定,不需要字段分隔符或字符串分隔符。【DXF 格式提取文件】选择开关作用是生成 AutoCAD 图形交换文件格式子集,其中只包括块参照、属性和序列结束对象;DXF 格式提取不需要样板,文件扩展名.dxx 将这种输出文件与普通 DXF 文件区分开来。

②【选择对象】按钮,关闭【属性提取】对话框,以便使用光标选择带属性的块。【属性

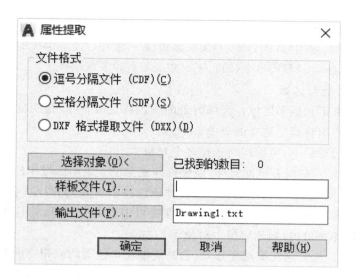

图 5-5　【属性提取】对话框

提取】对话框重新弹出时,【已找到的数目】区将显示已选定的对象。

　　③【样板文件】用于指定 CDF 和 SDF 格式的样板提取文件。可以在文本框中输入文件名或选择【样板文件】以使用标准的文件选择对话框搜索现有样板文件。默认文件扩展名为.txt。如果在【文件格式】下选择了 DXF,【样板文件】选项将不可用。

　　④【输出文件】用于指定要提取属性数据的文件名和位置。输入要从中提取数据的路径和文件名,或选择【输出文件】以使用标准的文件选择对话框搜索现有样板文件。AutoCAD 将为 CDF 或 SDF 文件附加扩展名.txt,为 DXF 文件附加扩展名.dxx。

　　(3) 命令应用

　　01 执行【属性提取】命令;

　　02 在【属性提取】对话框中指定相应的文件格式:CDF、SDF 或 DXF;

　　03 选择【选择对象】,指定要提取属性的对象,可在图形中选择单个或多个块;

　　04 输入文件名,或者选择【样板文件】并浏览以指定属性样板文件;

　　05 输入文件名,或者选择【输出文件】并浏览以指定输出属性信息文件;

　　06 单击【确定】按钮。

> ⏰ **提示**
>
> 提取属性块的属性时,不能对原块分解;用上述方式也能实现属性块的属性修改。

5.2　选择对象 (Select)

5.2.1　选择对象的方式

　　在 AutoCAD 中执行许多命令后都会出现【选择对象】提示。不管由哪个命令给出【选择对象】的提示,在命令行中输入"?",均可查看 AutoCAD 提供的所有的选择方式。

AutoCAD 提供的选择方式包括：单击拾取、窗口（W）、上一个（L）、窗交（C）、框（BOX）、全部（ALL）、栏选（F）、圈围（WP）、圈交（CP）、编组（G）、添加（A）、删除（R）、多个（M）、前一个（P）、放弃（U）、自动（AU）、单个（SI）、子对象（SU）、对象（O）等。

（1）指定矩形选择区域

指定对角点来定义矩形区域。区域背景的颜色将更改，变成透明的。从第一点向对角点拖动光标的方向将确定选择的对象。

在【选择对象】提示下，可以同时选择多个对象。

① 窗口选择。从左向右拖动光标，以仅选择完全位于矩形区域中的对象。完全窗口（从左到右），又称实线窗口，完全框住对象时才能选择中对象，如图 5-6（a）（调节风门）所示；然而，如果含有非连续（虚线）线型的对象在视口中仅部分可见，并且此线型的所有可见矢量封闭在选择窗口内，则选定整个对象。

② 窗交选择。从右向左拖动光标，以选择矩形窗口包围的或相交的对象。交叉窗口（从右到左），又称虚线窗口。只要对象被框住，则对象即被选择中，如图 5-6（b）（调节风门）所示。

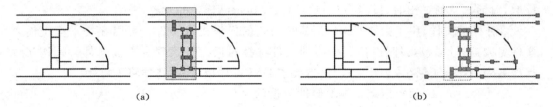

图 5-6　指定矩形选择区域
（a）使用窗口选择选定对象；（b）使用窗交选择框选定的对象

（2）指定不规则形状的选择区域（圈围 WP）

指定点来定义不规则形状区域。使用窗口多边形选择来选择完全封闭在选择区域中的对象。使用交叉多边形选择可以选择完全包含于或经过选择区域的对象，如图 5-7（调节风门）所示。

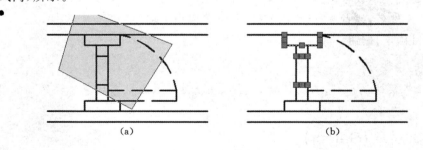

图 5-7　圈围选择区域
（a）窗口多边形；（b）选择结果

（3）指定选择栏（F）

在复杂图形中，使用选择栏能更加方便快捷地选择对象。选择栏的外观类似于多段线,仅选择它经过的对象,如图 5-8 所示。

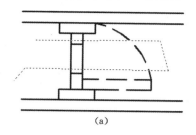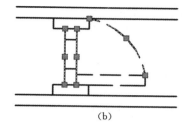

（a）　　　　　　　　　　　　　　　　（b）

图 5-8　栏选

（a）栏选；（b）选定的对象亮显

5.2.2　对象编组（Group）

编组提供以组为单位操作图形对象的简单方法。默认情况下,选择编组中任意一个对象即选中了该编组中的所有对象,并可以像编辑单个对象那样移动、复制、旋转和修改编组。

（1）命令调用方法

命令行输入 group 或 g。

01　编组对象（未命名编组）

编组对象的最快方式是创建一个未命名的编组。选择要编组的对象,命令行输入 group,按 Enter 键结束。选定的对象被编入一个指定了默认名称（例如 ＊A1）的未命名编组。

02　创建命名编组

输入 group 在命令提示下,输入 n 和编组的名称。选择要编组的对象,并按 Enter 键。

（2）【对象编组】对话框

在命令行输入 classicgroup 并按回车键,打开【对象编组】对话框,如图 5-9 所示。

【对象编组】对话框由【编组名】、【编辑标识】、【创建编组】和【修改编组】四个区域组成,各区含义如下:

【编组名】:用于显示现有编组的名称。【可选择的】指定编组是否可选。

【编组标识】:显示在【编组名】列表中选定的编组的名称及其说明。其中【编组名】指定编组名;【说明】显示选定编组的说明;【查找名称】列出对象所属的编组;【亮显】显示选定编组中的成员。

【创建编组】:用于指定新编组的特性。其中【新建】用选定的对象创建新编组;【可选择的】指出新编组是否可选择;【未命名的】指示新编组未命名。

【修改编组】:用于修改现有编组。其中【删除】从选定编组中删除对象;【添加】将对象添加到选定编组中;【重命名】将选定编组命名为在【编组标识】下的【编组名】框中输入的名称;【重排】显示【编组排序】对话框（如图 5-10 所示）,从中可以修改选定编组中对象的编号次序;【分解】删除选定编组的定义,编组中的对象仍保留在图形中;【可选择的】指定编组是否可选择。

图 5-9 【对象编组】对话框

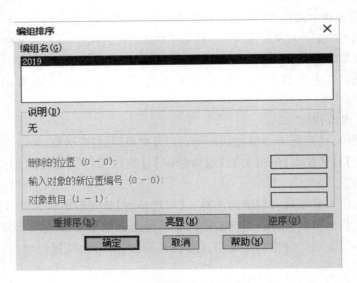

图 5-10 【编组排序】对话框

（3）编组的创建步骤

01 在命令提示下输入 classicgroup；

02 在【对象编组】对话框中的【编组标识】下，输入编组名并说明；

03 在【创建编组】区域点击【新建】进行选择对象并按回车键；

04 单击【确定】按钮。

（4）编组的删除

01 在命令提示下输入 classicgroup；

02 在【对象编组】对话框中，从编组列表中选择编组名称；

03 在【修改编组】下，选择【分解】按钮；

04 单击【确定】按钮，编组被删除。

5.2.3　快速选择对象（Qselect）

用户可以使用对象特性或对象类型来将对象包含在选择集中或排除对象。

使用【特性】选项板中的【快速选择】可以按特性（例如颜色）和对象类型过滤选择集。例如，只选择图形中所有红色的圆而不选择任何其他对象，或者选择除红色圆以外的所有其他对象。使用【快速选择】功能可以根据指定的过滤条件快速定义选择集。qselect 用于创建包括过滤之后的所有对象，也常用于不同类型的对象的多个选择。该命令的应用范围是：

① qselect 命令可应用于整个图形或现有的选择集。

② qselect 命令创建的选择集可替换当前选择集，也可附加到当前选择集。

③ 如果当前图形是局部打开的，qselect 命令将不考虑未加载的对象。

（1）命令调用方法

01 菜单：【工具】→【快速选择】；**02** 命令行：qselect。

（2）命令应用

执行或在命令行输入 qselect，可打开【快速选择】对话框，如图 5-11 所示。

对话框中各参数项，参数含义如下：

【应用到】将过滤条件应用到整个图像或当前选择集，要选择将在其中应用该过滤条件的一组对象，单击【选择对象】按钮，完成对象选择后，按回车键重新显示该对话框，AutoCAD 将【应用到】设置为"当前选择"；

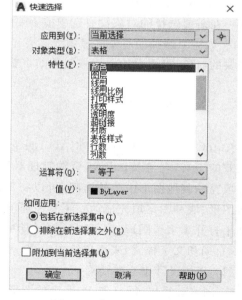

图 5-11　【快速选择】对话框

【对象类型】指定要包含在过滤条件中的对象类型，如直线、圆、文字等；

【特性】指定过滤的对象特性；

【运算符】控制过滤的范围；

【值】指定过滤器的特性值；

【如何应用】区指定符合给定过滤条件的对象包括在新选择集内。

（3）【快速选择】对象命令的使用步骤

本例说明如何选择图 5-12(a)中的所有直线：

01 在【快速选择】对话框的【应用到】下，选择整个图形；

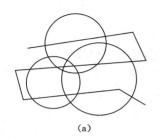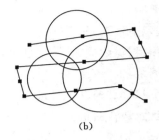

(a)　　　　　　　　　　　　(b)

图 5-12　【快速选择】的应用

(a) 原对象;(b) 选择结果

02 在【对象类型】下,选择【直线】,如图 5-11 所示;

03 在【运算符】下,选择【等于】;

04 在【如何应用】下,选择【包括在新选择集中】;

05 单击【确定】,选择集中包含直线的对象,如图 5-12(b)所示。

5.2.4　重叠对象的选择

重叠对象是指在绘图时,两个或两个以上的重叠在一起的对象。

① 在【选择对象】的提示下,按住 Ctrl 键,打开循环选择,直接拾取重叠对象的重叠部分。在需要选择的对象没有选中前不要松开 Ctrl 键。

② 如需要选择的对象已呈虚线高亮显示,可松开 Ctrl 并回车,若高亮显示的对象不是需要的对象,可再次拾取重叠对象的重叠部分然后回车。

5.3　设计中心

AutoCAD 设计中心(AutoCAD Design Centre,简称 ADC)为用户提供了一个直观且高效的工具,它与 Windows 资源管理器类似。通过设计中心,用户可以组织图形、块、图案填充和其他图形内容的访问,可以将源图形中的任何内容拖动到当前图形中,还可以将图形、块和图案填充拖动到工具栏选项板上。源图形可以位于计算机或网络上。另外如果打开了多个图形,则可以通过设计中心在图形之间复制和粘贴其他内容(如图层定义、布局和文字样式)来简化绘图过程。

(1) 使用设计中心的功能

① 浏览计算机、网络和 Web 上的图形内容。

② 查看块、图层或者其他图形文件的定义并将图形定义插入到当前文件中。

③ 创建常用图形和 Internet 网址的快捷方式。

④ 根据不同的查询条件在本地计算机或者网络上查找图形文件,将它们加载到设计中心或绘图区。

⑤ 在新窗口中打开图形文件。

⑥ 通过控制显示方式来控制设计中心控制面板的显示效果,还可以在控制面板中显示与图形文件相关的描述信息和预览图像。

（2）命令调用方法

01 菜单：【工具】→【选项板】→【设计中心】；**02** 工具栏：单击▦按钮；**03** 命令行：adcenter；**04** 快捷键：Ctrl＋2。

5.3.1　设计中心窗口的组成

执行上述任一命令，会弹出【设计中心】窗口，如图 5-13 所示。设计中心窗口分为两部分：左侧方框为 AutoCAD 设计中心的资源管理器。右侧方框为 AutoCAD 设计中心的内容显示框。其中上面窗口为文件显示框，中间窗口为图形预览显示框，下面窗口为说明文本显示框。设计中心在树状图中浏览内容的源，在内容区域显示内容，并且在内容区域中可以将项目添加到图形或工具选项板中。用户可以控制设计中心的大小、位置和外观。

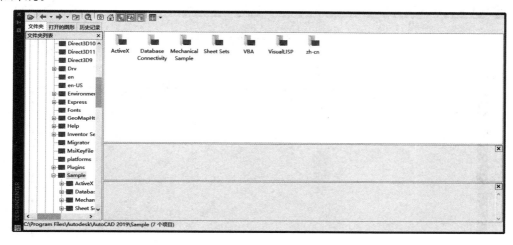

图 5-13　【设计中心】窗口

在 AutoCAD 设计中心中，可以通过【选项卡】和【工具栏】两种方式显示图形信息，现分别简要介绍如下：

（1）选项卡

AutoCAD 设计中心包括以下 3 个选项卡。

①【文件夹】选项卡：显示设计中心的资源，如图 5-13 所示。该选项卡与 Windows 资源管理器类似。【文件夹】选项卡显示导航图标的层次结构，既包括网络和计算机、Web 地址（URL）、计算机驱动器、文件夹、图形和相关的支持文件、外部参照、布局、填充样式和命名对象，也包括图形中的块、图层、线型、文字样式、标注样式和打印样式。

②【打开的图形】选项卡：显示在当前环境中打开的所有图形，其中包括最小化了的图形，如图 5-14 所示。此时选择某个文件，就可以在右侧的显示框中显示该图形的有关设置，如标注样式、布局块、图层外部参照等。

③【历史记录】选项卡：显示用户最近访问过的文件，包括这些文件的具体路径，如图 5-15 所示。双击列表中的某个图形文件，可以在【文件夹】选项卡的树状视图中定位此图

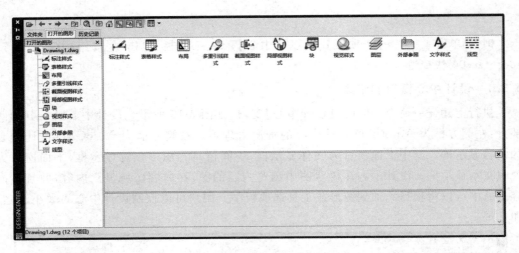

图 5-14 【打开的图形】选项卡

形文件并将其内容加载到内容区域中。

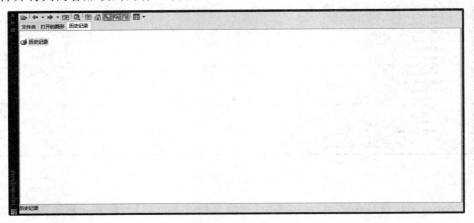

图 5-15 【历史记录】选项卡

（2）工具栏

设计中心选项板顶部有一系列的工具栏,包括【加载】、【上一页】、【下一页】、【上一级】、【搜索】、【收藏夹】、【主页】、【树状图切换】、【预览】、【说明】和【视图】按钮。

①【加载】按钮:加载对象。单击该按钮,打开【加载】对话框,用户可以利用该对话框从 Windows 桌面、收藏夹或 Internet 网页中加载文件。

②【搜索】按钮:查找对象。单击该按钮,打开【搜索】对话框,如图 5-16 所示。

③【收藏夹】按钮:在【文件夹列表】中显示 Favorites\Autodesk 文件夹中内容,可以通过收藏夹来标记存放在本地磁盘、网络驱动器或 Internet 网页中的内容,如图 5-17所示。

④【主页】按钮:快速定位到设计中心文件夹,该文件夹位于"\AutoCAD 2019\Sample"下,如图 5-18 所示。

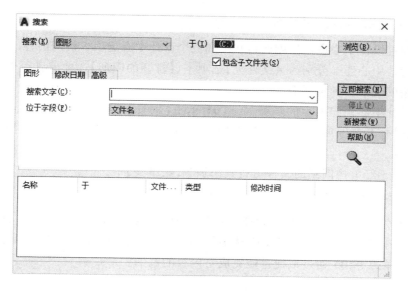

图 5-16　【搜索】对话框

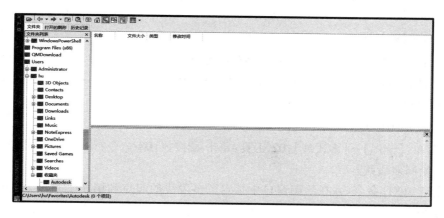

图 5-17　单击【收藏夹】按钮

图 5-18　单击【主页】按钮

5.3.2 通过设计中心访问内容

可以通过设计中心窗口左侧的树状图和三个设计中心选项卡访问内容。

三个设计中心选卡分别为：【文件夹】选项卡、【打开的图形】选项卡、【历史记录】选项卡。较常用的是前两种选项卡。

通过设计中心访问内容的步骤如下：**01** 单击【工具】菜单中的【设计中心】；**02** 点击【文件夹】或【打开的图形】选项卡；**03** 选中需要访问的文件；**04** 选择需要访问的选项，如图层、样式等。

注意：对于经常访问到的文件可将其添加到【收藏夹】中。

5.3.3 通过设计中心添加内容

通过设计中心添加内容的步骤如下：**01** 单击【工具】菜单中的【设计中心】；**02** 点击【文件夹】或【打开的图形】选项卡；**03** 选中需要添加内容的源文件；**04** 选择需要添加的选项，如图层、样式等；**05** 通过拖拽也能完成对内容的添加。

5.4 常用绘图与编辑命令的使用(五)

5.4.1 多段线(Pline)

在 AutoCAD 中，多段线是一种非常有用的线段对象，它是由多段直线段或圆弧段组成的一个组合体，既可以一起编辑，也可以分别编辑，还可以具有不同的宽度，也是 AutoCAD 中唯一能绘制线宽的命令。

（1）命令调用方法

01 菜单：【绘图】→【多段线】；**02** 工具：单击⤵按钮；**03** 命令行：pline 或 pl。

（2）绘制多段线

执行 PLINE 命令，并在绘图窗口中指定了多段线的起点和第二个点后，命令行显示如下提示信息：

> 指定下一个点或【圆弧(A)/闭合(C)/半宽(H)/长度(L)/放弃(U)/宽度(W)】：

默认情况下，当指定了多段线另一端点的位置后，将从起点到该点绘出一段多段线。该命令提示中其他选项的功能如下：

① 圆弧（A）：从绘制直线方式切换到绘制圆弧方式。命令行显示如下提示信息：

> 指定圆弧的端点或【角度(A)/圆心(CE)/闭合(CL)/方向(D)/半宽(H)/直线(L)/半径(R)/第二个点(S)/放弃(U)/宽度(W)】：

② 半宽（H）：设置多段线的半宽度，即多段线的宽度等于输入值的 2 倍。其中，可以分别指定对象的起点半宽和端点半宽。

③ 长度（L）：指定绘制直线段的长度。此时，AutoCAD 将以该长度沿着上一段直线的方向绘制直线段。如果前一段线对象是圆弧，则该段直线的方向为上一圆弧端点的切线方向。

④ 放弃(U):删除多段线上的上一段直线段或者圆弧段,以方便及时修改在绘制多段线过程中出现的错误。

⑤ 宽度(W):设置多段线的宽度,可以分别指定对象的起点宽度和端点宽度。具有宽度的多段线填充与否可以通过 FILL 命令来设置。如果将模式设置成【开(ON)】,则绘制的多段线是填充的,默认为开;如果将模式设置成【关(OFF)】,则所绘制的多段线是不填充的。

⑥ 闭合(C):封闭多段线并结束命令。此时,系统将以当前点为起点,以多段线的起点为端点,以当前宽度和绘图方式(直线方式或者圆弧方式)绘制一段线段,以封闭该多段线,然后结束命令。

(3) 编辑多段线

在 AutoCAD 中,可以一次编辑一条或多条多段线。在菜单栏中选择【修改】→【对象】→【多段线】或命令行输入"pedit",调用编辑二维多段线命令。选择一条或多条多段线,命令行显示如下提示信息:

> 输入选项【闭合(C)/合并(J)/宽度(W)/编辑顶点(E)/拟合(F)/样条曲线(S)/非曲线化(D)/线型生成(L)/反转(R)/放弃(U)】:

编辑多段线时,命令行中主要选项的功能如下。

① 闭合(C):封闭所编辑的多段线,自动以最后一段的绘图模式(直线或者圆弧)连接原多段线的起点和终点。

② 合并(J):将直线段、圆弧或者多段线连接到指定的非闭合多段线上。如果编辑的是多个多段线,系统将提示输入合并多段线的允许距离;如果编辑的是单个多段线,系统将连续选取首尾连接的直线、圆弧和多段线等对象,并将它们连成一条多段线。选择该选项时,要连接的各相邻对象必须在形式上彼此首尾相连。

③ 宽度(W):重新设置所编辑的多段线的宽度。当输入新的线宽值后,所选的多段线均变成该宽度。

④ 编辑顶点(E):编辑多段线的顶点,只能对单个的多段线操作。在编辑多段线的顶点时,系统将在屏幕上使用小叉标记出多段线的当前编辑点,命令行显示如下提示信息:

> 输入顶点编辑选项【下一个(N)/上一个(P)/打断(B)/插入(I)/移动(M)/重生成(R)/拉直(S)/切向(T)/宽度(W)/ 退出(X)】<N>:

⑤ 拟合(F):采用双圆弧曲线拟合多段线的拐角,如图 5-19 所示。

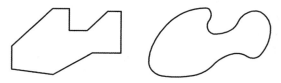

图 5-19　双圆弧曲线拟合拐角示意图

⑥ 样条曲线(S)：用样条曲线拟合多段线,且拟合时以多段线的各顶点作为样条曲线的控制点,如图 5-20 所示。

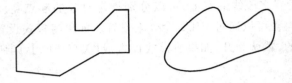

图 5-20 样条曲线拟合拐角示意图

⑦ 非曲线化(D)：将执行【拟合】、【样条曲线】或者未执行这两项命令的多段线中的圆弧段变为直线段,同时保留多段线顶点的所有切线信息。

⑧ 线型生成(L)：设置非连续线型多段线在各顶点处的绘线方式。选择该选项,命令行将显示【输入多段线线型生成选项［开(ON)/关(OFF)］＜关＞:】提示信息。当选择 ON 时,多段线以全长绘制线型;当选择 OFF 时,多段线的各个线段独立绘制线型,当长度不足以表达线型时,以连续线代替。

⑨ 放弃(U)：取消 pedit 命令的上一次操作。用户可重复使用该选项。

(4) 命令应用

绘制如图 5-21 所示的方向箭头。

图 5-21 方向箭头示意图

```
命令：PL↵
指定起点：↙
当前线宽为 0.0000
指定下一个点或【圆弧(A)/半宽(H)/长度(L)/放弃(U)/宽度(W)】：@0,－30 ↵
指定下一点或【圆弧(A)/闭合(C)/半宽(H)/长度(L)/放弃(U)/宽度(W)】：@40,0 ↵
指定下一点或【圆弧(A)/闭合(C)/半宽(H)/长度(L)/放弃(U)/宽度(W)】：W ↵
指定起点宽度 ＜0.0000＞：5 ↵
指定端点宽度 ＜5.0000＞：0 ↵
指定下一点或【圆弧(A)/闭合(C)/半宽(H)/长度(L)/放弃(U)/宽度(W)】：@10,0 ↵
指定下一点或【圆弧(A)/闭合(C)/半宽(H)/长度(L)/放弃(U)/宽度(W)】：↵
                                        //按 Enter 键,完成图形的绘制
```

(5) 命令用途

图框、箭头(标准箭头)及线段与圆弧连接的图形(巷道断面)的绘制。

❀ 必备技巧　　　　　　合并技巧

① 线段、圆弧必须首尾相接。② 不能有超出或间断的部分。③ 选中需要合并的对象,检测夹点。

① 知识补充站　　　　　多段线的优势

多段线是作为单个对象创建的相互连接的序列线段,可以创建直线段、弧线段或两者的组合线段。多段线提供单个直线所不具备的编辑功能。

一段一段段段连,能画直线能画弧。忽宽忽窄任我定,快速合并用边界。

5.4.2　样条曲线(Spline)

样条曲线是一种通过或接近指定点的拟合曲线。在 AutoCAD 中,其类型是非均匀关系基本样条曲线(Non-Uniform Rational Basis Splines,简称 NURBS),适于表达具有曲率半径不规则变化的曲线。

(1)命令调用方法

01 菜单【绘图】→【样条曲线】;**02** 工具:单击 ～ 按钮;**03** spline 或 spl。

(2)绘制样条曲线

在菜单栏中选择【绘图】→【样条曲线】或命令行输入"spline",或在【绘图】面板中单击【样条曲线】按钮 ～,即可绘制样条曲线。此时,命令行将显示"指定第一个点或【方式(M)/节点(K)/对象(O)】:"提示信息。当选择【对象(O)】时,可以将多段线编辑得到的二次或者三次拟合样条曲线转换成等价的样条曲线。默认情况下,指定样条曲线的起点,系统将显示如下提示信息:

> Spline 指定下一点或【起点切向(T)/公差(L)】:

可以通过继续定义样条曲线的控制点创建样条曲线,也可以使用其他选项,其功能如下:

① 起点切向(T):在完成控制点的指定后输入 T 按 Enter 键,要求确定样条曲线在起始点处的切线方向,同时在起点与当前光标点之间出现一根橡皮筋线,表示样条曲线在起点处的切线方向。如果在"指定起点切向:"的提示下移动鼠标,样条曲线在起点处的切线方向的橡皮筋线也会随着光标点的移动发生变化,同时样条曲线的形状也发生相应的变化。可在该提示下直接输入表示切线方向的角度值,或者通过移动鼠标的方法来确定样条曲线起点处的切线方向,即单击拾取一点,以样条曲线起点到该点的连线作为起点的切向。当指定了样条曲线在起点处的切线方向后,还需要指定样条曲线终点处的切线方向。

② 闭合(C):封闭样条曲线,并显示"指定切向:"的提示信息,要求指定样条曲线在起点同时也是终点处的切线方向(因为样条曲线的起点与终点重合)。当确定了切线方向后,即可绘出一条封闭的样条曲线。

③ 公差(L):设置样条曲线的拟合公差。拟合公差是指实际样条曲线与输入的控制点之间所允许偏移距离的最大值。当给定拟合公差时,绘出的样条曲线不会全部通过各

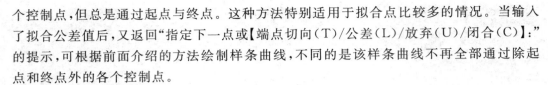

个控制点,但总是通过起点与终点。这种方法特别适用于拟合点比较多的情况。当输入了拟合公差值后,又返回"指定下一点或【端点切向(T)/公差(L)/放弃(U)/闭合(C)】:"的提示,可根据前面介绍的方法绘制样条曲线,不同的是该样条曲线不再全部通过除起点和终点外的各个控制点。

(3) 编辑样条曲线

样条曲线编辑命令是一个单对象编辑命令,一次只能编辑一条样条曲线对象。

① 命令调用方法

01 菜单项:【修改】→【对象】→【样条曲线】;**02** 调整夹点;**03** 命令行:splinedit。

② 命令选项

执行该命令并选择需要编辑的样条曲线后,在曲线周围将显示控制点,同时命令行显示如下提示信息:

> 输入选项【闭合(C)/合并(J)/拟合数据(F)/编辑顶点(E)/转换为多段线(P)/反转(R)/放弃(U)/退出(X)】<退出>:

可以选择某一编辑选项来编辑样条曲线,主要选项的功能如下。

拟合数据(F):编辑样条曲线所通过的某些控制点。选择该选项后,命令行显示如下提示信息:

> 输入拟合数据选项【添加(A)/闭合(C)/删除(D)/扭折(K)/移动(M)/清理(P)/相切(T)/公差(L)/退出(X)】<退出>:

编辑顶点(E):选择此选项将显示样条曲线折线状态下的控制点,并对样条曲线的控制点进行细化操作,命令行显示如下提示信息:

> 输入编辑顶点选项【添加(A)/删除(D)/提高阶数(E)/移动(M)/权值(P)/退出(X)】<退出>:

反转(R):使样条曲线的方向相反。

◉ 智慧锦囊　　　　　　**命令顺口溜**

至少由 3 点构成,回车次数也为 3 次,回车位置的不同,绘制的结果也不同。

样条曲线光且滑,描龙绘凤全靠它。起始三点末三键,编辑修改拖夹点。

5.4.3　边界创建(Boundary)

(1) 命令调用方法

01 菜单项:【绘图】→【边界】;**02** 命令行:boundary 或 bo。

(2) 命令功能

该命令用于创建封闭的多段线和面域。面域的形状与多段线一样,但它是一个面。

(3) 命令应用

执行上述命令,出现【边界创建】对话框,如图 5-22 所示。

① 生成内部边界

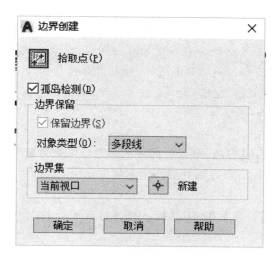

图 5-22　【边界创建】对话框

命令：boundary ↵	//执行边界命令
boundary 拾取内部点：↙	//指定一点
正在选择所有可见对象···正在分析所选数据···正在分析内部孤岛···	
boundary 拾取内部点：↵	//回车确认
boundary 已创建 1 个多段线	//系统提示

将生成的边界图形移出，见图 5-23(b)。

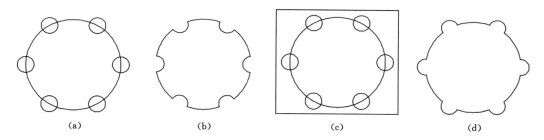

(a)　　　　　　(b)　　　　　　(c)　　　　　　(d)

图 5-23　边界命令的应用

② 生成外部边界

在图 5-23(a)中绘制矩形，见图 5-23(c)。

命令：boundary ↵	//执行边界命令单击【拾取点】按钮
boundary 拾取内部点：↙	//指定内部一点
正在选择所有可见对象···正在分析所选数据···正在分析内部孤岛···	
boundary 拾取内部点：↵	//回车确认 boundary
已创建 2 个多段线	//系统提示

移出生成的外边界，操作结果见图 5-23(d)。

必备技巧　　　　　　　　　　　**关于边界**

① 边界命令生成的多段线具有当前的特性。② 在辅助线层做基础工作,在目的层确定边界。③ 封闭图形的内侧边界。④ 封闭图形的外侧,在外侧添加辅助封闭线。⑤ 不封闭的图形,添加辅助线使其封闭。

5.4.4　打断(Break)

在 AutoCAD 中,使用【打断】命令可部分删除对象或把对象分解成两部分,还可以用【打断于点】命令将对象在一点处断开成两个对象。

（1）命令调用方法

01 菜单:【修改】→【打断】;**02** 工具栏:单击【打断于点】按钮 或【打断】按钮 ;**03** 命令行 break 或 br。

（2）命令应用

① 将对象打断于一点

将对象打断于一点是指将线段进行无缝断开,分离成两条独立的线段,但线段之间没有空隙。例如将如图 5-24(a)样条线段打断于一点的操作如下:

```
命令:break ↵
选择对象 ↙
指定第二个打断点或【第一点(F)】: ↵
指定第一个打断点: ↙
```

打断结果效果如图 5-24(b)所示。

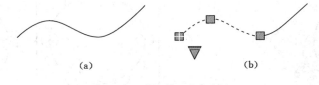

(a)　　　　　　　　　(b)

图 5-24　【打断于点】示例

(a) 样条曲线;(b) 打断于点效果

② 以两点方式打断对象

将图形图像进行打断操作,主要是将图形对象从中间进行断开,以便更好地显示其他图形图像。如图 5-25(风桥)所示,操作步骤如下:

```
命令:break ↵
选择对象 ↙                        //选中横向箭头的 AB 直线
指定第二个打断点或【第一点(F)】:F ↵   //选择两点打断方式
指定第一个打断点: ↙                //指定图 5-25(a)中 A 点
指定第一个打断点: ↙                //指定图 5-25(a)中 B 点
```

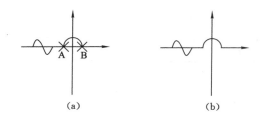

图 5-25　【打断】的应用

（a）两个打断点 A、B；（b）结果

> **🔔 提示**　　　　　　　　　　　　**关于打断命令**
>
> ① 使用打断命令打断对象时，在系统提示"选择对象"后选择对象的同时，将鼠标指针移动到对象上的位置会被系统作为第一个打断点，然后在系统提示下指定第二个打断点。
>
> ② 使用打断命令对图形线条进行打断操作，在命令行提示后输入"@"，则表示第一个打断点与第二打断点重合，这样同样可以实现打断于一点的操作。
>
> ③ 有效对象包括直线、开放的多段线和圆弧。但不包括以下对象：块、标注、多线、面域。不能在一点打断闭合对象（例如圆）。

5.4.5　旋转（Rotate）

使用旋转命令可以围绕基点将选定的对象旋转到一个绝对的角度。

（1）命令调用方法

01 菜单：【修改】→【旋转】；**02** 工具栏：单击 ↻ 按钮；**03** 命令行：rotate 或 ro。

（2）命令应用

① 绝对旋转法（已知基点及角度）

输入旋转角度值（0°～360°）。还可以按弧度、百分度或勘测方向输入值。输入正角度值逆时针或顺时针旋转对象，这取决于【图形单位】对话框中的"方向控制"设置。

② 通过拖动旋转对象

绕基点拖动对象并指定第二点。为更加精确，请使用"正交"模式、极轴追踪或对象捕捉。

如图 5-26 所示，通过选择对象，指定基点并指定旋转角度来旋转临时风门的平面视图。

```
命令：rotate ↵
UCS 当前的正角方向：angdir＝逆时针　angbase＝0
选择对象：↙                              //选择要旋转对象
指定基点：↙                              //指定旋转基点
指定旋转角度，或【复制(C)/参照(R)】：180 ↵    //指定旋转角度
```

旋转结果如图 5-26（b）所示：

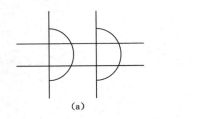
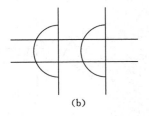

(a)   (b)

图 5-26 【旋转】的应用

(a) 临时风门；(b) 旋转结果

③ 参照旋转法(已知基点但角度不明确)

如图 5-27(a)所示，直角三角形 ABC，使斜边旋转到 90°，操作步骤如下：

命令：_rotate ↵

UCS 当前的正角方向：angdir＝逆时针　angbase＝0

选择对象：↵   //选择三角形 ABC

指定基点：↵   //指定旋转基点为点 C

指定旋转角度，或【复制(C)/参照(R)】：R ↵   //选择参照

指定参考角 ＜0＞：↵   //依次点击 A、C 两点

指定新角度：－90 ↵   //输入旋转角度

单击右键结束旋转，结果如图 5-27(c)所示。

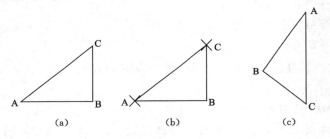

(a)   (b)   (c)

图 5-27 【参照旋转法】的应用

(a) 选择对象；(b) 指定基点参照点；(c) 结果

🔸 注意

使用命令时注意旋转角的正负。围绕基点，顺时针为负，逆时针为正。

5.4.6 缩放(Scale)

使用缩放命令可以调整对象大小使其在一个方向上或是按比例增大或缩小，还可以通过移动端点、顶点或控制点来拉伸某些对象。

(1) 命令调用方法

01 菜单：【修改】→【缩放】；**02** 工具栏：单击 ⬛ 按钮；**03** 命令行：scale 或 sc。

(2) 命令应用

要缩放对象，请指定基点和比例因子。基点将作为缩放操作的中心，并保持静止。

比例因子大于 1 时将放大对象。比例因子介于 0 和 1 之间时将缩小对象。如图 5-28(a)
所示,将阀门缩小 1 倍,操作步骤如下:

```
命令: scale ↵
选择对象:↙                                  //选择要缩放对象
指定基点:↙                                  //指定缩放基点
指定比例因子或【复制(C)/参照(R)】:0.5 ↵      //选择比例因子
```

缩放结果(调节风墙)如图 5-28(c)所示。

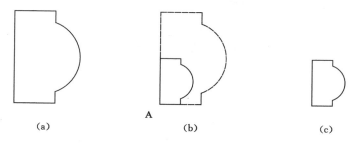

(a)　　　　　　　　　　A　　(b)　　　　　　　　　(c)

图 5-28　【缩放】的应用

(a)选择对象;(b)输入比例因子;(c)结果

5.5　应用实例

5.5.1　传感器符号

绘制煤矿常用传感器符号,圆为红色,直径为 8 mm,文字高度为 2.5 mm,字体为
Times New Roman。

绘制思路:

01 绘制直径为 8 mm 的红色圆;

02 新建高度为 2.5 mm、字体为 Times New Roman 的文字样式 TNM2.5;

03 在圆中心定义块属性(文字样式为 TNM2.5,对正方式为正中);

04 将圆和块属性同时选中制作块 CGQ;

05 插入块 CGQ 绘制类似图 5-29 所示传感器符号。

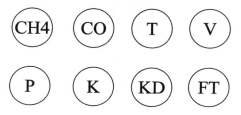

图 5-29　煤矿井下传感器符号

5.5.2　常用风流符号

运用多段线、样条曲线命令绘制煤矿常用风流符号,具体尺寸如图 5-30 所示。

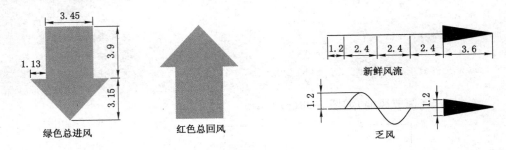

图 5-30　煤矿常用风流符号

绿色总进风符号绘制思路:

01 发出绘制多段线命令,指定第一点后,设置线宽(起点线宽和端点线宽均为 3.45 mm);

02 利用给定方向输距离法向下绘制长 3.9 mm 的线段;

03 设置线宽(起点线宽为 5.71 mm、端点线宽均为 0);

04 利用给定方向输距离法向下绘制长 3.15 mm 的线段,具体效果如图 5-30 所示。

红色总回风符号绘制思路:与绿色总进风符号绘制思路相同。

新鲜风流符号绘制思路:

01 利用多段线命令和给定方向输距离方法水平向右连续绘制长为 1.2 mm、2.4 mm、2.4 mm、2.4 mm 的线段(同时为绘制乏风符号奠定基础);

02 设置线宽(起点线宽为 1.2 mm、端点线宽均为 0);

03 利用给定方法输距离方法向右绘制长 3.6 mm 的线段,具体效果如图 5-30 所示。

乏风符号绘制思路:在新鲜风流符号基础上,结合已有特征点和相对坐标原点(相对部分线段中点)的方法,快速输入样条曲线的 5 个点绘制样条曲线,具体效果如图 5-30 所示。

👍 **专家点拨**

常用的风流符号或其他常用符号可以制作成块便于以后复用。

5.5.3　指北针

综合运用多段线、复制、镜像、图案填充等命令绘制煤矿用指北针,具体样式与尺寸如图 5-31 所示。绘制思路如下:

01 运用多段线命令和给定方向输距离法向下绘制边长分别为 20 mm、32 mm、20 mm 的首尾相连的线段;

02 绘制左上方第二条线段,第一点捕捉端点,第二点输入相对坐标(@-3,-8),并将该线段在下方合理位置运用 COPY 命令复制 2 份(注意基点的选择);

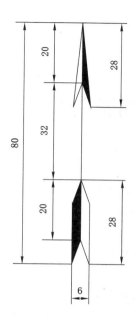

图 5-31 矿用指北针

03 左侧两处连续；

04 将左侧 5 条线段镜像到右侧；

05 填充成图。

5.6 本章小结

本章学习了块的概念、创建块、写块、插入块和块属性；在 AutoCAD 中选择对象的方法；设计中心的应用；常用绘图与编辑命令（多段线、样条曲线、边界命令、打断、旋转、缩放）操作。

5.7 思考与练习

完成实例 5.5.1、实例 5.5.2 和实例 5.5.3。

第6章　夹点编辑对象与光栅图像矢量化

　　本章主要介绍使用夹点编辑对象与光栅图像矢量化，并介绍点与等分、圆环、多线、对齐等命令的操作。

本章要点

- 掌握利用夹点编辑对象；
- 熟悉在线计算功能；
- 了解光栅图像的一些基本知识。

6.1　常用绘图与编辑命令的使用(六)

6.1.1　点与等分(Point)

　　点是组成其他图形的最基本元素。在 AutoCAD 中，可以通过单点、多点、定数等分和定距等分 4 种方法创建点对象。点对象可用作捕捉和偏移对象的节点或参考点。

　　(1)命令调用方法

　　01 菜单：【绘图】→【点】；**02** 工具栏：单击 按钮；**03** 命令行：point 或 po；divide 或 measure。

🔔 提示	快捷键含义
① 在命令行输入 Point 或命令缩写 Po 绘制单点或多点。	
② 在命令行输入 Divide 表示定数等分对象。	
③ 在命令行输入 Measure 表示定距等分对象。	

　　(2)命令应用

　　① 绘制单点与多点

```
命令：Point ↵
当前点模式：pomode=0　pdsize=0.0000
指定点：                          //用鼠标在屏幕上拾取点
指定点：*取消*                    //按 Esc 键结束命令
```

　　绘制完点之后，发现屏幕上如果找不到刚才所画的点，就需要对点样式进行设置。

在菜单栏里单击【格式】→【点样式】命令,通过打开的【点样式】对话框对点样式和大小进行设置,如图 6-1 所示。例如,将点样式改为 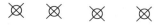 后,创建的点将如图 6-2 所示。

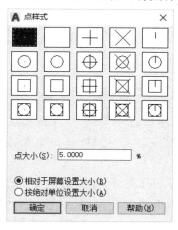

图 6-1　【点样式】对话框

图 6-2　绘制多点结果

② 定数等分对象

将图 6-3(a)所示直线 6 等分。

命令:divide ↵

选择要定数等分的对象:↙　　　　　　　　　//拾取直线作为要等分的对象

输入线段数目或［块(B)］:6 ↵　　　　　　//输入要等分的段数并回车

等分结果如图 6-3(b)所示。

(a)　　　　　　　　　　　　　　　(b)

图 6-3　利用定数等分对象

> ◆ **注意**
>
> 　　因为输入的是等分数,而不是放置点的个数,所以如果将所选对象分成 N 份,则实际上只生成 $N-1$ 个点;每次只能对一个对象操作,而不能对一组对象操作。

③ 定距等分对象

将图 6-4(a)所示直线按指定长度定距等分直线。

命令:measure ↵

选择要定距等分的对象:↙　　　　　　　　　//拾取直线作为要等分的对象

指定线段长度或［块(B)］:5 ↵　　　　　　//输入指定线段长度并回车

等分结果如图 6-4(b)所示。

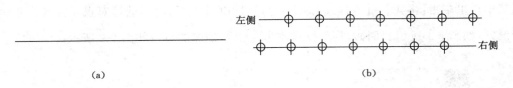

(a)　　　　　　　　　　　　　　　　　　　　　(b)

图 6-4　利用定距等分对象

专家点拨　　　　　　　　　点的显示与等距等分

① 点的显示。AutoCAD 图形中点作为一种特殊的符号或标记,在绘制点以前应该先设置点的当前样式。点的默认形式是一个小黑点,AutoCAD 提供了多种形式的点,可以根据需要设置点的形式。

② 定距等分对象时,选择对象的位置不同,等分的结果也不相同,图 6-4 选择对象是在靠近左端选择的,在右端附近选择将从右端开始等分。

6.1.2　圆环(Donut)

绘制圆环是创建填充圆环或实体填充圆的一个捷径。在 AutoCAD 中,圆环实际上是由具有一定宽度的多段线封闭形成的,可通过指定圆环的内外直径和圆心来创建圆环。

(1) 命令调用方法

01 菜单:【绘图】→【圆环】;**02** 工具栏:【功能区】→单击◎按钮;**03** 命令行:donut 或命令缩写 do。

(2) 命令操作步骤

命令:donut ↵
指定圆环的内径 <0.5000>:↵
指定圆环的外径 <1.0000>:↵
指定圆环的中心点或 <退出>:　　　　//指定圆环中心点
指定圆环的中心点或 <退出>:　　　　//继续指定圆环中心点,则绘制相同内外径的圆环

按 Enter、Space 键或右击,结束命令。

(3) 命令应用

① 绘制圆环

命令:donut ↵
指定圆环的内径 <0.5000>:26 ↵
指定圆环的外径 <1.0000>:30 ↵
指定圆环的中心点或 <退出>:↙　　　　//指定圆环中心点
指定圆环的中心点或 <退出>:↙

绘制结果如图 6-5(a)所示。

② 绘制圆饼

命令:donut ↵
指定圆环的内径 ＜26.0000＞:0 ↵
指定圆环的外径 ＜30.0000＞:30 ↵
指定圆环的中心点或 ＜退出＞:↙　　　　　　　　　　　//指定圆环中心点
指定圆环的中心点或 ＜退出＞:↙

绘制结果见图 6-5(b)。

(a)　　　　　　　　　　(b)

图 6-5　绘制圆环与圆饼
(a) 绘制圆环;(b) 圆饼的绘制

📖 **知识精讲**　　　　　　　　**圆环相关知识**

① 注意参数中的内径与外径均为直径。
② 若输入的圆外径小于内径的值,AutoCAD 会自动将两值互换。
③ 若输入的圆内径为 0,则绘制结果为圆饼,如图 6-5(b)所示。
④ 若输入的内径与外径相等时,绘制结果为一圆,如图 6-6(a)所示。
⑤ 圆环有上、下、左、右 4 个夹点,但无圆心特征点,如图 6-6(b)所示。
⑥ 圆环可以通过 fill 来控制是否填充,默认为填充。

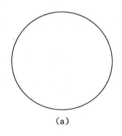
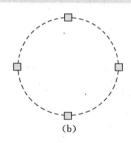
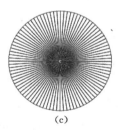

(a)　　　　　　　　　　(b)　　　　　　　　　　(c)

图 6-6　圆环相关知识
(a) 内外径相等的圆环;(b) 圆环的夹点;(c) fill 处于 OFF 状态

6.1.3　多线(Mline)

多线是由多条平行线组成的组合对象。平行线之间的间距和数目是可以调整的,多线常用于绘制双线巷道、建筑图中的墙体、电子线路图等平行线对象。

(1)命令调用方法

01 菜单项:【绘图】→【多线】;**02** 命令行:mline 或 ml。

(2)【多线样式】对话框

在菜单栏中选择【格式】→【多线样式】或命令行输入"mlstyle",打开【多线样式】对话

框,如图 6-7 所示。可以根据需要创建多线样式,设置线条数目和线的拐角方式。对话框中各选项的功能如下:

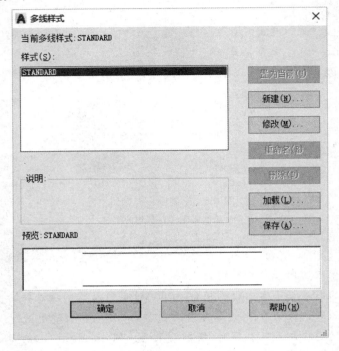

图 6-7 【多线样式】对话框

①【样式】列表框:显示已经加载的多线样式。

②【置为当前】按钮:在【样式】列表中选择需要使用的多线样式后,单击该按钮,将其设置为当前样式。

③【新建】按钮:单击该按钮,打开【创建新的多线样式】对话框,可以创建新多线样式,如图 6-8 所示。在【新样式名】文本框中输入名称,点击【继续】按钮进入【新建多线样式】对话框,如图 6-9 所示。

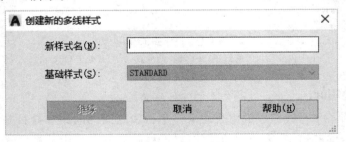

图 6-8 【创建新的多线样式】对话框

④【修改】按钮:单击该按钮,打开【修改多线样式】对话框,可以修改多线样式。

⑤【重命名】按钮:重命名【样式】列表中选中的多线样式名称,但不能重命名标准

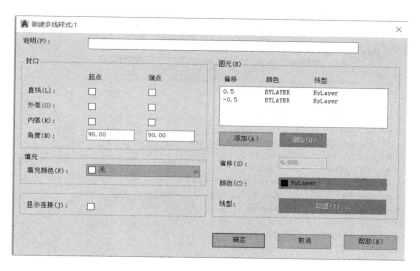

图 6-9　【新建多线样式】对话框

（standard）样式。

　　⑥【删除】按钮：删除【样式】列表中选中的多线样式。

　　⑦【加载】按钮：单击该按钮，打开【加载多线样式】对话框，如图 6-10 所示。可以从中选取多线样式并将其加载到当前图形中，也可以单击【文件】按钮，打开【从文件加载多线样式】对话框，选择多线样式文件。默认情况下，AutoCAD 提供的多线样式文件为 acad. mln。

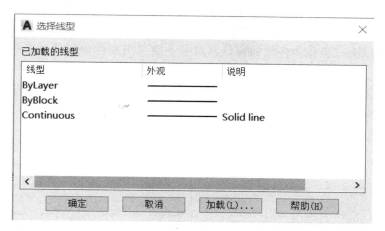

图 6-10　【加载多线样式】对话框

　　⑧【保存】按钮：打开【保存多线样式】对话框，可以将当前的多线样式保存为一个多线文件（＊. mln），如图 6-11 所示。

　　（3）创建多线样式

　　在【创建新的多线样式】对话框中单击【继续】按钮，将打开【新建多线样式】对话框，可以创建新多线样式的封口、填充和元素特性等内容，如图 6-9 所示。该对话框中各选项

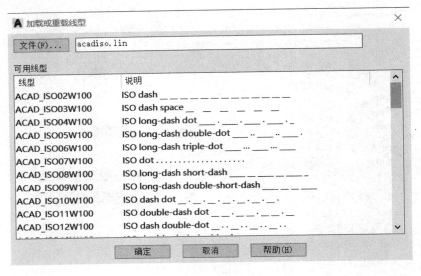

图 6-11　【保存多线样式】对话框

的功能如下：

①【说明】文本框：用于输入多线样式的说明信息。当在【多线样式】列表中选中多线时，说明信息将显示在【说明】区域中。

②【封口】选项区域：用于控制多线起点和端点处的样式。可以为多线的每个端点选择一条直线或弧线，并输入角度。其中，【直线】穿过整个多线的端点，【外弧】连接最外层元素的端点，【内弧】连接成对元素，如果有奇数个元素，则中心线不相连，如图 6-12 所示。

③【填充】选项区域：用于设置是否填充多线的背景。可以从【填充颜色】下拉列表框中选择所需的填充颜色作为多线的背景。如果不使用填充色，则在【填充颜色】下拉列表框中选择【无】选项即可。

④【显示连接】复选框：选中该复选框，可以在多线的拐角处显示连接线，否则不显示，如图 6-13 所示。

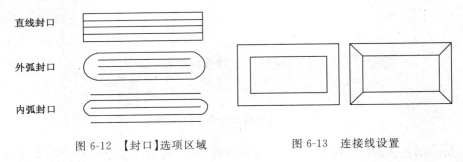

图 6-12　【封口】选项区域　　　　　　　图 6-13　连接线设置

⑤【图元】选项区域：可以设置多线样式的元素特性，包括多线的线条数目、每条线的颜色和线型等特性。其中，【图元】列表框中列举了当前多线样式中各线条元素及其特性，包括线条元素相对于多线中心线的偏移量、线条颜色和线型。如果要增加多线中线条的数目，可单击【添加】按钮，在【图元】列表中将加入一个偏移量为 0 的新线条元素；通

过【偏移】文本框设置线条元素的偏移量;在【颜色】下拉列表框中设置当前线条的颜色;单击【线型】按钮,使用打开的【选择线型】对话框设置线元素的线型。如果要删除某一线条,可在【图元】列表框中选中该线条元素,然后单击【删除】按钮即可。

(4) 绘制多线

在菜单栏中选择【绘图】→【多线】或在命令行输入"mline",可以绘制多线。执行命令后,命令行显示如下提示信息:

> 当前的设置:对正＝上,比例＝20.00,样式＝standard
>
> 指定起点或【对正(J)/比例(S)/样式(ST)】:

在该提示信息中,第一行说明当前的绘图格式:对正方式为上,比例为 20.00,多线样式为标准型(Standard);第二行为绘制多线时的选项,各选项意义如下:

① 对正(J):指定多线的对正方式。此时命令行显示"输入对正类型【上(T)/无(Z)/下(B)】＜上＞:"提示信息。【上(T)】选项表示当从左向右绘制多线时,多线上最顶端的线将随着光标移动;【无(Z)】选项表示绘制多线时,多线的中心线将随着光标点移动;【下(B)】选项表示当从左向右绘制多线时,多线上底端的线将随着光标移动。

② 比例(S):指定所绘制的多线的宽度相对于多线的定义宽度的比例因子,该比例不影响多线的线型比例。

③ 样式(ST):指定绘制的多线的样式,默认为标准(Standard)型。当命令行显示"输入多线样式名或［?］:"提示信息时,可以直接输入已有的多线样式名,也可以输入"?",显示已定义的多线样式。

(5) 多线的编辑

多线编辑包括修剪/延长。多线编辑命令是一个专用于多线对象的编辑命令,在菜单栏中选择【修改】→【对象】→【多线】命令,可打开【多线编辑工具】对话框,如图 6-14 所示。该对话框中的各个图像按钮形象地说明了编辑多线的方法。

① 使用十字形工具 ╪、╪ 和 ╪ 可以消除各种相交线。当选择十字形中的某种工具后,还需要选取两条多线,AutoCAD 总是切断所选的第一条多线,并根据所选工具切断第二条多线。在使用【十字合并】工具时可以生成配对元素的直角,如果没有配对元素,则多线将不被切断。

② 使用 T 字形工具 ╤、╤、╤ 和【角点结合】工具 ∟ 也可以消除相交线。此外,角点结合工具还可以消除多线一侧的延伸线,从而形成直角。使用该工具时,需要选取两条多线,只需在要保留的多线某部分上拾取点,AutoCAD 就会将多线剪裁或延伸到它们的相交点。

③ 使用【添加顶点】工具 ╟ 可以为多线增加若干顶点,使用【删除顶点】工具 ╢ 可以从包含 3 个或更多顶点的多线上删除顶点,若当前选取的多线只有两个顶点,那么该工具将无效。

④ 使用剪切工具 ╟、╟ 可以切断多线。其中,【单个剪切】工具 ╟ 用于切断多线中的一条,只需简单地拾取要切断的多线某一元素上的两点,则这两点中的连线即被删

图 6-14 【多线编辑工具】对话框

除(实际上是不显示);【全部剪切】工具用于切断整条多线。

⑤ 此外,使用【全部接合】工具可以重新显示所选两点间的任何切断部分。

(6) 命令的应用

绘制如图 6-15 所示的煤层巷道、岩石平巷与岩石斜巷。

01 在菜单栏中选择【格式】→【多线样式】命令,打开【多线样式】对话框;

02 单击【新建】按钮,打开【创建新的多线样式】对话框,在【新样式名】文本框中输入 M;

03 单击【继续】按钮,打开【新建多线样式:M】对话框,直接单击【确定】按钮,完成添加;

04 按照步骤②、③,依次新建 YP 与 YX 样式,YP 线型设置为 ACAD_IS010W100,YX 线型设置为 ACAD_IS002W100,单击【确定】按钮,完成样式的设置。

绘制具体步骤如下:

命令:mline	//调用多线命令
当前设置:对正 = 上,比例 = 20.00,样式 = standard	
指定起点或【对正(J)/比例(S)/样式(ST)】:S	//更改比例为 10
输入多线比例 <20.00>:10	
当前设置:对正 = 上,比例 = 10.00,样式 = standard	
指定起点或【对正(J)/比例(S)/样式(ST)】:ST	//选择已设置的煤巷样式

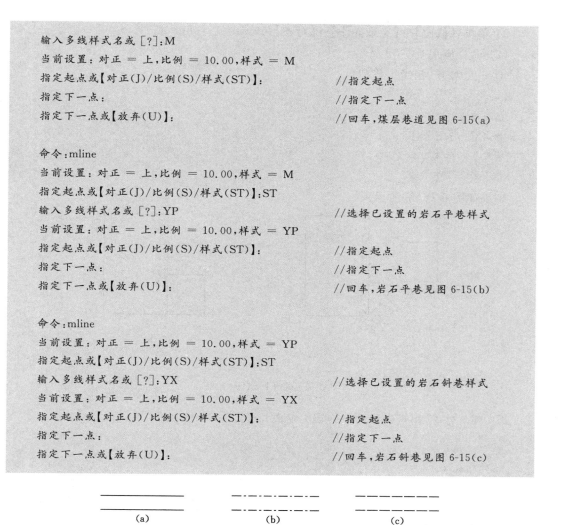

输入多线样式名或［?］:M

当前设置:对正 = 上,比例 = 10.00,样式 = M

指定起点或【对正(J)/比例(S)/样式(ST)】:   //指定起点

指定下一点: //指定下一点

指定下一点或【放弃(U)】:   //回车,煤层巷道见图6-15(a)

命令:mline

当前设置:对正 = 上,比例 = 10.00,样式 = M

指定起点或【对正(J)/比例(S)/样式(ST)】:ST

输入多线样式名或［?］:YP   //选择已设置的岩石平巷样式

当前设置:对正 = 上,比例 = 10.00,样式 = YP

指定起点或【对正(J)/比例(S)/样式(ST)】:   //指定起点

指定下一点: //指定下一点

指定下一点或【放弃(U)】:   //回车,岩石平巷见图6-15(b)

命令:mline

当前设置:对正 = 上,比例 = 10.00,样式 = YP

指定起点或【对正(J)/比例(S)/样式(ST)】:ST

输入多线样式名或［?］:YX   //选择已设置的岩石斜巷样式

当前设置:对正 = 上,比例 = 10.00,样式 = YX

指定起点或【对正(J)/比例(S)/样式(ST)】:   //指定起点

指定下一点: //指定下一点

指定下一点或【放弃(U)】:   //回车,岩石斜巷见图6-15(c)

(a)   (b)   (c)

图 6-15 多线命令应用

(a) 煤层巷道;(b) 岩石平巷;(c) 岩石斜巷

(7) 命令用途

可用于双线巷道、双线道路及墙体的绘制。

(8) 格式的设定

① 对于经常用到的多线,可创建多线的命名样式,以控制元素的数量和每个元素的特性,设定方式:【格式】→【多线样式】;

② 【多线】命令可以一次绘制 2～16 条多线。

6.1.4 对齐(Align)

使用对齐命令对所选对象执行移动、旋转或倾斜操作,使其与另一个对象对齐。

(1) 命令调用方法

01 菜单：【修改】→【三维操作】→【对齐】；**02** 命令行：align 或 al。

（2）命令应用

① 一点对齐（相当于移动）

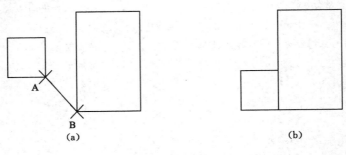

命令：align ↵	
选择对象：✓	
指定第一个源点：✓	//指定点 A
指定第一个目标点：✓	//指定点 B
指定第二个源点：✓	

结果如图 6-16(b)所示。

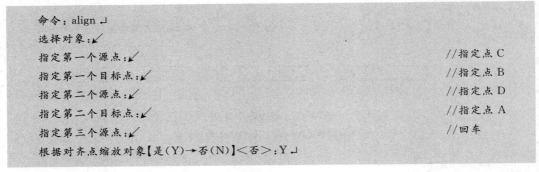

图 6-16　一点对齐的应用

(a) 指定的两个点；(b) 结果

② 两点对齐（相当于移动＋旋转＋缩放）

命令：align ↵	
选择对象：✓	
指定第一个源点：✓	//指定点 C
指定第一个目标点：✓	//指定点 B
指定第二个源点：✓	//指定点 D
指定第二个目标点：✓	//指定点 A
指定第三个源点：✓	//回车
根据对齐点缩放对象【是(Y)→否(N)】＜否＞：Y ↵	

结果（带式输送机）如图 6-17(c)所示。

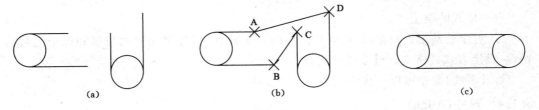

图 6-17　两点对齐的应用

(a) 原对象；(b) 指定的四个点；(c) 结果

6.2　用夹点编辑对象

6.2.1　夹点概述

（1）夹点概念

命令行为空时选中对象后,出现的蓝块称之为夹点, 不同命令夹点数不一样,例如:直线、圆弧的夹点有 3 个,圆、椭圆等有 5 个,如图 6-18 所示。可以拖动这些夹点快速拉伸、移动、旋转、缩放或镜像对象。

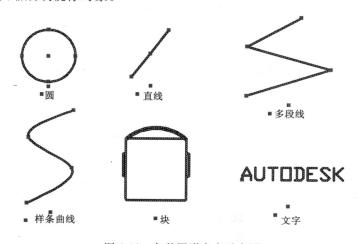

图 6-18　各种图形夹点示意图

（2）夹点种类

夹点的种类共有 3 种:冷夹点、温夹点和热夹点。冷夹点为蓝色,只显示对象信息不可操作,当光标移入冷夹点时夹点转变为绿色即为温夹点,也不可操作;只有当鼠标按下夹点变为红色热夹点时,才可进行操作,进行需要的编辑。

（3）使用热夹点可以对选中的对象执行的操作

① 使用象限夹点

对于圆和椭圆上的象限夹点,通常从圆心而不是选定夹点测量距离。例如,在"拉伸"模式中,可以选择象限夹点来拉伸圆,然后在输入新半径命令提示下指定距离。距离从圆心而不是选定的象限进行测量。如果选择圆心点拉伸圆,圆则会移动。

② 选择和修改多个夹点

可以使用多个夹点作为操作的基夹点。选择多个夹点(也称为多个热夹点选择)时,选定夹点间对象的形状将保持原样。要选择多个夹点,请按住 Shift 键,然后选择适当的夹点。

③ 限制夹点显示

可以限制夹点在选定对象上的显示。初始选择集包含的对象数目多于指定数目时,gripobjlimit 系统变量将不显示夹点。如果将对象添加到当前选择集中,该限制则不适用。例如,如果将 gripobjlimit 设置为 20,则可以选择 15 个对象,然后将 25 个对象添加到选择中,这时所有的对象都显示夹点。

当二维对象位于当前 UCS 之外的其他平面上时,将在创建对象的平面上(而不是当前 UCS 平面上)拉伸对象。锁定图层上的对象不显示夹点;按住 Shift 键可选择多个夹点后进行编辑。

④ 使用夹点拉伸

可以通过将选定夹点移动到新位置来拉伸对象。文字、块参照、直线中点、圆心和点对象上的夹点将移动对象而不是拉伸它。这是移动块参照和调整标注的好方法。

⑤ 使用夹点移动

可以通过选定的夹点移动对象。选定对象被亮显并按指定的下一点位置移动一定的方向和距离。

⑥ 使用夹点旋转

可以通过拖动和指定点位置来绕基点旋转选定对象。还可以输入角度值。这是旋转块参照的好方法。

⑦ 使用夹点缩放

可以相对于基夹点缩放选定对象。通过从基夹点向外拖动并指定点位置来增大对象尺寸,或通过向内拖动减小尺寸。此外,也可以为相对缩放输入一个值。

⑧ 使用夹点创建镜像

可以沿临时镜像线为选定对象创建镜像。打开"正交"有助于指定垂直或水平的镜像线。

智慧锦囊　　　　　　　**使用夹点命令需注意**

① 命令为空选项,夹点变红击右键;② 锁定图层对象夹点不显示;③ 选择基准夹点以选择夹点模式;④ 可以通过 Enter 键或空格键循环选择夹点模式。

6.2.2 拉伸(Stretch)

用夹点拉伸对象的步骤(图 6-19):**01** 空选选中对象;**02** 拾取某一夹点后,使其成为基点;**03** 此时界标点变成热夹点(红色);**04** 击鼠标右键,选择拉伸或直接进行拉伸。

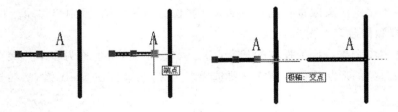

图 6-19　使用夹点拉伸对象

注意要在拉伸时复制选定对象，请在拉伸此对象时按住 Ctrl 键。

知识精讲　**在拉伸编辑对象时，操作选项中各项的含义**

基点(B)：允许重新确定新的基点，而不用原来指定的热夹点作为基点；复制(C)：允许多次进行复制实体操作，也就是原来选中的热夹点的实体大小保持不变，而是复制多个相同的图形，并且进行相同的操作；放弃(U)：取消上次的基点或复制操作；参照(R)：确定相对的参考角度或者参考比例系数；退出(X)：退出该命令的操作。

6.2.3　移动(Move)

用夹点移动对象的步骤：**01** 空选选中对象；**02** 拾取某一夹点后，使其成为基点；**03** 此时界标点变成热夹点(红色)；**04** 击鼠标右键，选择移动命令；**05** 根据命令行提示进行移动。

特例：直线、圆、充填及块的移动，使用夹点编辑后，结果见图 6-20。

6.2.4　复制(Copy)

用夹点复制对象的步骤：**01** 空选选中对象；**02** 拾取某一夹点后，使其成为基点；**03** 此时界标点变成热夹点(红色)；**04** 按命令行提示或击鼠标右键选择复制命令；**05** 根据命令行提示指定基点。

对图 6-21(a)中的对象使用夹点编辑后，结果见图 6-21(b)。

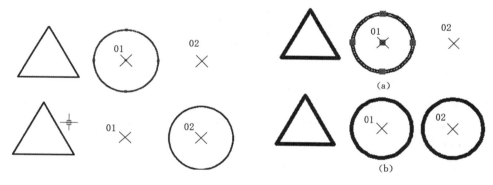

图 6-20　使用夹点移动对象

图 6-21　使用夹点复制对象

(a) 选择对象，选择基夹点；(b) 复制结果

6.2.5　缩放(Scale)

用夹点缩放对象的步骤：**01** 空选选中对象；**02** 拾取某一夹点后，使其成为基点；**03** 此时界标点变成热夹点(红色)，如图 6-22(b)所示；**04** 按命令行提示或击鼠标右键选择缩放命令；**05** 再根据命令行提示指定基点。

对图 6-22(a)中的外圆使用夹点编辑后，结果见图 6-22(c)。

6.2.6　旋转(Rotate)

用夹点旋转对象的步骤：**01** 空选选中对象；**02** 拾取某一夹点后，使其成为基点；**03** 此时界标点变成热夹点(红色)，如图 6-23(b)所示；**04** 按命令行提示或击鼠标右键选择旋转命令；**05** 再根据命令行提示指定基点。

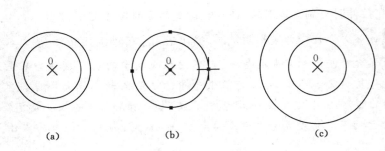

图 6-22　使用夹点缩放对象

(a)拾取对象;(b)选取基夹点;(c)缩放 1.5 倍的效果

对图 6-23(a)中的对象使用夹点编辑后,结果见图 6-23(c)。

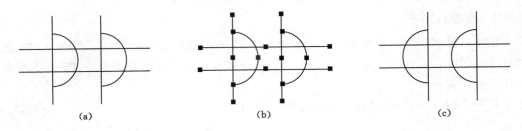

图 6-23　使用夹点旋转对象

(a)拾取对象;(b)选取基夹点;(c)旋转结果

6.2.7　镜像(Mirror)

用夹点镜像对象的步骤:**01** 空选选中对象;**02** 拾取某一夹点后,使其成为基点;**03** 此时界标点变成热夹点(红色),如图 6-24(b)所示;**04** 按命令行提示或击鼠标右键选择镜像命令;**05** 再根据命令行提示指定基点。

对图 6-24(a)中的对象使用夹点编辑后,结果见图 6-24(c)。

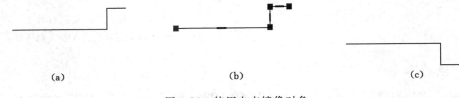

图 6-24　使用夹点镜像对象

(a)拾取对象;(b)选取基夹点;(c)镜像结果

6.3　计算功能

通过在命令提示计算器中输入表达式,可以快速解决数学问题或定位图形中的点。CAL 命令运行三维计算器实用工具,以计算矢量表达式(点、矢量和数值的组合)以及实数和整数表达式。计算器执行标准数学功能。计算器还包含一组特殊的函数,用于计算点、矢量和 AutoCAD 几何图形。使用 CAL 命令,用户可以:① 计算两点的矢量、矢量的长度、法向矢量(垂直于 XY 平面)或直线上的点;② 计算距离、半径或角度;③ 用定点设备指定点;④ 指定上一个指定点或交点;⑤ 将对象捕捉作为表达式中的变量;⑥ 在 UCS 和 WCS 之间转换点;⑦ 过滤矢量中的 X、Y 和 Z 分量;⑧ 绕轴旋转一点。

6.3.1 表达式

AutoCAD 中计算功能的表达式分为数值表达式和矢量表达式两种。

① 数值表达式由实数、整数和运算符连接组成,如表 6-1 所示。

表 6-1　　　　　　　　　　　　　数值表达式运算符和操作

序号	运算符	操作	序号	运算符	操作
1	( )	将表达式编组	3	*、/	乘、除
2	^	指数计算	4	+、−	加、减

② 矢量表达式由点集、矢量、数字、函数和运算符连接组成,如表 6-2 所示。

表 6-2　　　　　　　　　　　　　矢量表达式运算符和操作

序号	运算符	操 作
1	( )	将表达式编组
2	&.	计算矢量的矢量积(结果仍为矢量) 【a,b,c】&【x,y,z】=【(b*z)−(c*y),(c*x)−(a*z),(a*y)−(b*x)】
3	*	计算矢量的标量积(结果为实数)　【a,b,c】*【x,y,z】=ax+by+cz
4	*、/	矢量与实数相乘除　a*【x,y,z】=【a*x,a*y,a*z】
5	+、−	矢量与矢量(点)相加减　【a,b,c】+【x,y,z】=【a+x,b+y,c+z】

③ 表达式中计算符号的优先等级符号。

CAL 根据标准的数学优先级规则计算表达式,如表 6-3 所示。

表 6-3　　　　　　　　　　　　　数学运算符的优先等级

等级	运算符	操作	等级	运算符	操作
I	( )	将表达式编组	III	*、/	乘、除
II	^	指数计算	IV	+、−	加、减

6.3.2 计算功能

(1)计算点

无论何时,都可以在命令行中使用 CAL 命令计算点或数值。

例如,输入(mid+cen)/2 可以指定直线中点和圆心的连线的中点。

如图 6-25 所示,使用 CAL 命令作为构造工具。首先定位新圆的圆心,然后计算现有圆半径的五分之一,将其作为新圆的半径。

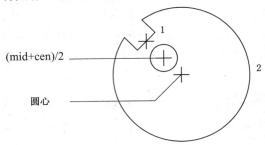

图 6-25　计算点应用示例

以下是命令提示序列:

命令:circle ↵
指定圆的圆心或【三点(3P)/两点(2P)/相切、相切、半径(T)】:'CAL ↵
＞＞表达式:(mid＋cen)/2 ↵
＞＞选择图元用于 MID 捕捉:✓　　　　　　　　　　　//选择槽口线 1
＞＞选择图元用于 CEN 捕捉:✓　　　　　　　　　　　//选择大圆 2
指定圆的半径或【直径(D)】<100.0000>:'CAL ↵
＞＞表达式:1/5 * rad ↵
＞＞为函数 RAD 选择圆、圆弧或多段线线段:✓　　　　//选择大圆 3

(2) 在对话框中计算数学表达式

AutoCAD 中的计算功能使用步骤如下:① 在"命令:"提示下输入"'CAL"。② 输入表达式后回车即可。

例:计算 25/8 和 13.5/2 的数值。

6.3.3　在线计算

AutoCAD 中的在线计算功能是指在其他命令使用过程中使用计算功能,其步骤如下:**01** 发出其他 CAD 命令;**02** 在需要输入数值时,输入"'CAL";**03** 输入表达式后回车即可。

常用的用于捕捉矩形重心的函数为 Mee。

6.3.4　快速计算器(Quickcalc)

执行各种算术、科学和几何计算,创建和使用变量,并转换测量单位。

【快速计算器】窗口包含以下区域:【工具栏】、【历史记录】区域、【输入框】、【数字键区】、【科学】区域、【单位转换】区域、【变量】区域,如图 6-26 所示。

(1) 命令调用方法

01 菜单项:【工具】→【选项板】→【快速计算器】;**02** 工具栏:单击🖩按钮;**03** 命令行:quickcalc。

（2）工具栏

执行常用函数的快速计算器。

①【清除】：清除输入框。

②【清除历史记录】：清除历史记录区域。

③【将值粘贴到命令行】：在命令提示下将值粘贴到输入框中。在命令执行过程中以透明方式使用【快速计算器】时，在计算器底部，此按钮将替换为【应用】按钮。

④【获取坐标】：计算用户在图形中单击的某个点位置的坐标。

⑤【两点之间的距离】：计算用户在对象上单击的两个点位置之间的距离。计算的距离始终显示为无单位的十进制值。

⑥【由两点定义的直线的角度】：计算用户在对象上单击的两个点位置之间的角度。

图 6-26　【快速计算器】窗口

⑦【由四点定义的两条直线的交点】：计算用户在对象上单击的四个点位置的交点。

⑧【帮助】：显示"快速计算器"的帮助。

（3）【历史记录】区域

显示以前计算的表达式列表。历史记录区域的快捷菜单提供了几个选项，包括将选定表达式复制到剪贴板上的选项。

（4）【输入框】

为用户提供了一个可以输入和检索表达式的框。如果单击 ＝（等号）按钮或按 Enter 键，计算器将计算表达式并显示计算结果。

（5）【更多】/【更少】按钮

隐藏或显示所有"快速计算器"函数区域。也可以在按钮上单击鼠标右键，选择要隐藏或显示的各个函数区域。

（6）【数字键区】

提供可供用户输入算术表达式的数字和符号的标准计算器键盘。输入值和表达式后，单击等号（＝）将计算表达式。表 6-4 介绍了数字键区上的其他按钮。

表 6-4　　　　　　　　　　　　　　【数字键区】按钮

按　　钮	说　　　　明
C（清除）	清除输入框中所有内容并将其值重置为 0
<——（退格）	在输入框中将光标向左移动一格，并从显示内容中删除一位小数或一个字符
sqt（平方根）	得到一个值的平方根
1/x（倒数）	计算在输入框中输入数字或表达式的倒数
x^2（x 的二次幂）	计算一个值的平方

按　钮	说　明
x^3(x 的三次幂)	计算在输入框中输入数字或表达式的三次幂
x^y(x 的 y 次幂)	计算在输入框中输入数字或表达式的指定次幂
pi	在输入框中输入小数位数为 14 的 pi 值
((左括号)和)(右括号)	当组合成对时,将表达式的一部分编组。括号编组中包含的项目将先于表达式中的其他部分进行计算
=(等于)	计算当前在输入框中输入的表达式
MS(存储到内存)	将当前值存储在"快速计算器"的内存中
M+(与存储在内存中的值相加)	将当前值与存储在"快速计算器"内存中的值相加
MR(恢复内存值)	如果"快速计算器"内存当前存储了一个值,该值将再次显示在输入框中
MC(清空内存)	清除当前存储在"快速计算器"内存中的值

（7）【科学】区域

计算通常与科学和工程应用相关的三角、对数、指数和其他表达式。表 6-5 说明了【科学】区域中各控制按钮的功能。

表 6-5 　　　　　　　　　　　　　　　　　【科学】区域按钮

按　钮	说　明
sin(正弦)	指定输入框中角度的正弦
cos(余弦)	指定输入框中角度的余弦
tan(正切)	指定输入框中角度的正切
log(以 10 为底的对数)	指定输入框中值的对数
10^x(以 10 为底的指数)	指定输入框中值的以 10 为底的指数
sin(反正弦)	指定输入框中数字的反正弦值,数字必须介于 -1 和 1 之间
acos(反余弦)	指定输入框中数字的反余弦值,数字必须介于 -1 和 1 之间
atan(反正切)	指定输入框中数字的反正切值
ln(自然对数)	指定输入框中数字的自然对数值
e^x(自然对数)	指定当前在输入框中指定数字的自然指数值
r2d(将弧度转换为度)	将角度从弧度转换为度,例如,r2d(pi)可将 pi 的值转换为 180°
d2r(将度转换为弧度)	将角度从度转换为度,例如,d2r(180)可将 180°转换成弧度,并返回 pi 的值
abs(绝对值)	返回输入框中数字的绝对值
rnd(舍入)	将输入框中数字舍入到最接近的整数
trunc(裁断)	返回输入框中数字的整数部分

（8）【单位转换】区域

将测量单位从一种单位类型转换为另一种单位类型。单位转换区域只接受不带单位的小数值。

①【单位类型】:从列表中选择长度、面积、体积和角度值。

②【转换自】:列出转换的源测量单位。

③【转换到】:列出转换的目标测量单位。

④【要转换的值】:提供可供输入要转换值的输入框。

⑤【已转换的值】:转换输入的单位并显示转换后的值。

（9）【变量】区域

提供对预定义常量和函数的访问。可以使用变量区域定义并存储其他常量和函数。

①【变量树】:存储预定义的快捷函数和用户定义的变量。

快捷函数是常用表达式,它们将函数与对象捕捉组合在一起。表 6-6 说明了列表中预定义的快捷函数。

表 6-6 快捷函数

快捷函数	快捷方式所对应的函数	说明
dee	dist(end,end)	两端点之间的距离
ille	ill(end,end,end,end)	四个端点确定的两条直线的交点
mee	(end＋end)/2	两端点的中点
nee	nor(end,end)	XY 平面内的单位矢量,与两个端点连线垂直
rad	rad	选定的圆、圆弧或多段线弧的矢量
vee	vec(end,end)	两个端点所确定的矢量
vee1	vec1(end,end)	两个端点所确定的单位矢量

②【新建变量】按钮:打开【变量定义】对话框。

③【编辑变量】按钮:打开【变量定义】对话框,用户可以在此更改选定的变量。

④【删除】按钮:删除选定的变量。

⑤【计算器】按钮:将选定的变量返回到输入框中。

> 🔔 提示　　　　　　【快速计算器】与 Windows 自带计算器的区别
>
> 　【快速计算器】的数字键区使用方式与 Windows 自带附件中的【计算器】功能相似,其他几种方式在执行该命令根据提示逐步响应即可完成命令的使用。

6.4　光栅图像矢量化及实例

6.4.1　光栅图像概述

（1）光栅图像

所谓光栅图像,也就是通常所谓的位图图像,光栅图像由一些称为像素的小方块或点的矩形栅格组成。图像文件格式主要有:＊.bmp、＊.jpg、＊.gif、＊.png 等。

（2）矢量图形

矢量图形也叫线条图,是由线条、曲线、矩形以及其他图形创建的,可以编辑、移动和重新排列单独的线条。当调整矢量图形的大小时,计算机将重新绘制线条和形状,使其保持最初的清晰度和透明度。

常用的矢量图形文件的格式有:".wmf"".dwg"".dxf"等。

(3)光栅图像与矢量图形的对比

① 矢量图形不受放大倍数的限制,不论放大多少倍都保持原清晰程度不变,如图6-27所示的风门符号,可以很容易修改设计,并且图形放大以后也不失真。

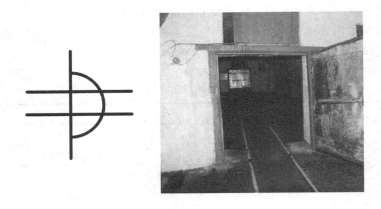

图 6-27   矢量图形与光栅图像

② 光栅图像有放大倍数的限制,超过一定的倍数后,光栅图像就会失真,如图6-27所示,根据建筑设计图纸制造和安装的风门,拍照成为光栅图像,漂亮而真实,但是放大到一定程度以后会失真。

③ 文件占用磁盘空间的大小不同,存储为光栅图像格式的文件要比存储为矢量图形格式的文件要占据大得多的磁盘空间。

智慧锦囊	光栅图像的用途大

① 直接使用光栅图像文件。这种情况多将光栅图像文件进行简单的旋转、裁切等操作后作为当前文件的背景图,一般用于渲染后三维造型文件。② 将光栅图像矢量化。常用的光栅图像文件的矢量化方法有:跟踪描绘法、比例法和扫描法。

跟踪描绘法是用数字化仪器跟踪扫描手工图纸,这种方法适用于对图纸尺寸精度要求不是太高的情况,比例法的矢量方式比较简单,不需要使用数字化仪器,能精确输入正交线条。

扫描法的实现方式是:将现有的图纸扫描后存储为光栅图像文件,然后将该文件插入到 AutoCAD 中,对图形线条进行跟踪描绘。这种方法也称为光栅图像的矢量化,可提高绘图速度与精度,是目前安全工程领域最为常用的方式。

6.4.2　插入光栅图像

将扫描后的图形文件插入到当前的 AutoCAD 文件中。

(1)命令调用方法

01 菜单项：【插入】→【光栅图像参照】；**02** 命令行：imageattach。

（2）插入光栅图像具体步骤

01 打开 AutoCAD，新建一文件；

02 新建一图层，命名为"位图"并将其置为当前，并保存文件，拷贝光栅图像至该文件所在目录（请思考为什么）；

03 点击【插入】→【光栅图像参照】，选择要插入光栅图像后点击打开，如图 6-28 所示；

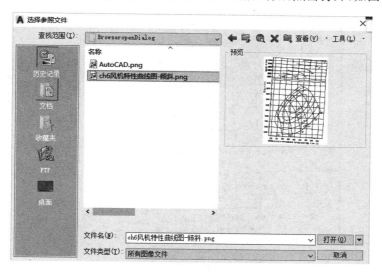

图 6-28 【选择参照文件】对话框

04 选择路径类型为相对路径（请思考为什么）后点击【确定】，如图 6-29 所示；

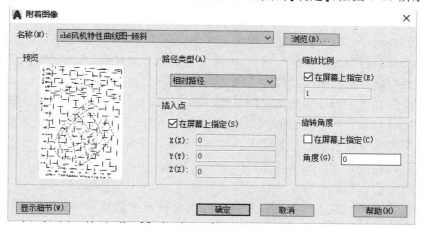

图 6-29 【附着图像】对话框

05 在屏幕拾取点或命令行输入坐标指定插入点；

06 指定缩放比例，可直接回车取默认值 1，以后根据需要再调整，效果如图 6-30 所示。

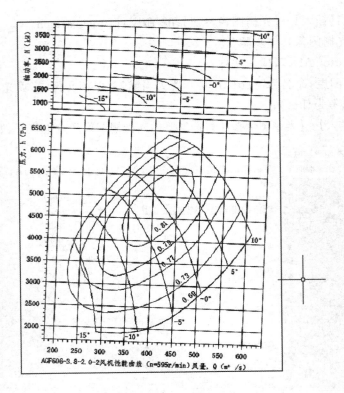

图 6-30　插入光栅图像结果

（3）【附着图像】对话框

【名称】：标识已选定要附着的图像。

【浏览】：打开【选择参照文件】对话框（标准文件选择对话框）。

【预览】：显示已选定要附着的图像。

【路径类型】：选择完整（绝对）路径、图像文件的相对路径或"无路径"、图像文件的名称（图像文件必须与当前图形文件位于同一个文件夹中）。

【插入点】：为选定图像文件指定插入点。默认设置是【在屏幕上指定】。默认插入点是（0,0,0）。下面的【在屏幕上指定】是通过命令提示输入还是通过定点设备输入。如果未选择【在屏幕上指定】，则需输入插入点的 X、Y 和 Z 坐标值。

【缩放比例】：指定选定图像的比例因子。如果将 insunits 设置为"无单位"，或图像中不包含分辨率信息，则比例因子将成为图像宽度（以 AutoCAD 单位计算）。如果 insunits 具有值（如毫米、厘米、英寸或英尺），并且图像包含分辨率信息，则在确定真实图像宽度（以 AutoCAD 单位计算）之后应用比例因子。【在屏幕上指定】允许用户在命令提示下或通过定点设备输入。如果没有选择【在屏幕上指定】，则请输入比例因子的值。默认比例因子是 1。

【旋转角度】：指定选定图像的旋转角度。如果选择了【在屏幕上指定】，则可以在退出该对话框后用定点设备旋转对象或在命令提示下输入旋转角度值。如果未选择【在屏幕上指定】选项,则可以在对话框里输入旋转角度值。默认旋转角度是 0。

【显示细节】:显示图像路径和 DWG 文件路径。

6.4.3　调平光栅图像

在扫描光栅图像时易造成偏斜,如图 6-31 所示,所谓调平光栅图像也就是将这一角度纠正过来。

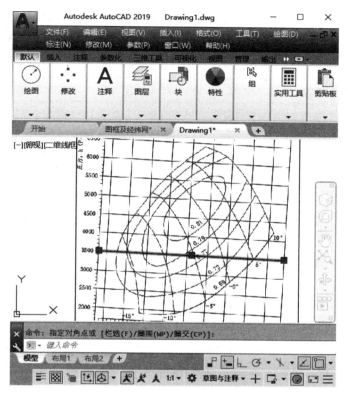

图 6-31　光栅图像调平

> **注意　调平光栅图像的方式**
>
> ① 新建一图层,命名为辅助并将其置为当前。② 绘制一直线,直线的两端点分别与光栅图中最有意义、比较长的大致水平线重合。③ 将所绘制的直线与光栅图一并选中。④ 用相对旋转命令将绘制的直线角度转为 0°,同时光栅图像也就调平了。

辅助线的选择要具有代表性,一般选择图像中的最长水平线,如果【旋转】命令执行完成以后,对象的显示顺序发生了变化,即光栅图像显示在辅助线的上方,可执行【工具】→【绘图顺序】菜单项或打开【绘图顺序】工具栏重新显示对象的绘图顺序。

6.4.4　缩放光栅图像

与调平光栅图像相似,插入到文件中的光栅图像的大小与实际尺寸并不一致,需对其进行缩放。

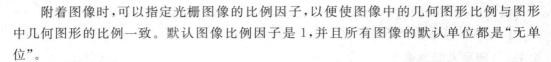

附着图像时,可以指定光栅图像的比例因子,以便使图像中的几何图形比例与图形中几何图形的比例一致。默认图像比例因子是 1,并且所有图像的默认单位都是"无单位"。

智慧锦囊   **缩放光栅图像的方式**

① 用直尺量取调平光栅图像时所做直线对应水平线的实际长度(或者根据光栅图像中经纬网、标注等信息计算实际长度)。② 选择调平光栅图像时所做的直线和光栅图像。③ 用相对缩放命令将该直线的长度缩放为步骤①中的实际长度,如有比例,应考虑比例因子。

6.4.5 编辑光栅图像

对光栅图像可进行如下编辑,编辑方式为:单击【修改】→【对象】→【图像】。

① 控制对象的可见性。

可以更改图形中光栅图像的几个显示特性,以便于查看或实现特殊效果。

可以调整图像显示和打印输出的亮度、对比度和淡入度,但不影响原始光栅图像文件和图形中该图像的其他实例。调整亮度使图像变暗或变亮。调整对比度使低质量的图像更易于观看。调整淡入度可使整个图像中的几何线条更加清晰,并在打印输出时创建水印效果。

两色图像不能调整亮度、对比度或淡入度。显示时图像淡入为当前屏幕的背景色,打印时淡入为白色。

② 隐藏或显示图像和隐藏图像边界。

选择"选项"对话框"显示"选项卡下的"仅亮显光栅图像边框",可以打开或关闭表明选中光栅图像或图像边框的亮显,也可以直接设置 imagehlt 系统变量。默认情况下,imagehlt 设置为 0(零),只亮显光栅图像边框。关闭整个图像的亮显可以提高性能。

可以隐藏图像边界。隐藏图像边界可以防止打印或显示边界;还可以防止使用定点设备选中图像,以确保不会因误操作而移动或修改图像。但是,如果图像不在锁定图层上(例如,如果图像属于通过"全部"选项生成的命名选择集的),仍然可以选择该图像。隐藏图像边界时,剪裁图像仍然显示在指定的边界界限内,只有边界会受到影响。

显示和隐藏图像边界将影响图形中附着的所有图像。

③ 裁剪光栅图像,可以控制光栅图像的剪裁边界是否显示在图形中。编辑方式为:单击【修改】→【裁剪】→【图像】。

6.4.6 通风机特性曲线矢量化实例

绘制思路:**01** 新建并保持文件;**02** 复制通风机特性曲线光栅图像到刚新建文件目录;**03** 新建"位图"图层并置为当前;**04** 插入光栅图像;**05** 新建辅助图层并置为当前;**06** 进行比例设置并进行调平操作;**07** 进行描图;**08** 光栅图像矢量化后的效果如图 6-32 所示。

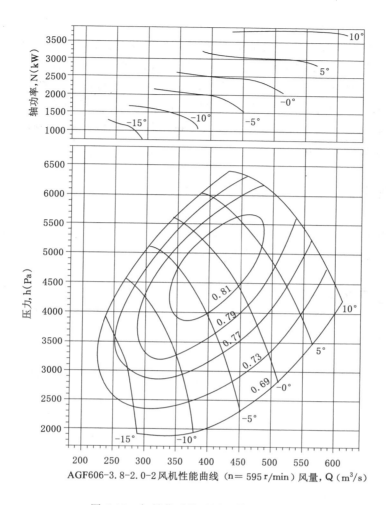

图 6-32　矢量化后的通风机特性曲线图

6.4.7　常见问题

① 如果选中的光栅图像不能插入到当前文件,可能是位图格式有问题,AutoCAD 中可插入的图形最好为".tif"".jpg"".pcx"等格式。处理方式:可以用其他软件转换位图格式再试。

② 在以光栅图像中的水平线为参照调平光栅图后,图中原来垂直的线条产生了偏斜,与水平线不垂直。处理方式:用 Photoshop 或其他软件进行倾斜纠偏。

③ 绘图区内只能显示光栅图像,已矢量的线条等均不可见,出现这种情况的原因是光栅图像的显示顺序位于最顶层。处理方式:改变光栅图像文件的显示顺序,将其置于显示顺序的最底层。

④ 将文件复制到其他计算机上打开后,光栅图像文件不可见,只显示存储路径,原因是虽然将光栅图像插入到了当前文件,但并没有将光栅图像真正复制到当前文件夹,复制的只是光栅图像的路径。处理方式:将光栅文件与 AutoCAD 文件一起存放、复制,如

果使用的是绝对路径,则复制到别的计算机后路径也应完全一致,建议使用相对路径。

⑤ 已经完成对光栅图像的矢量化,但打印出的结果仍显示为位图文件,产生这种情况的原因是打印前没有关闭位图图层。处理方式:关闭位图图层后再进行打印。

⑥ 光栅图像的插入与外部引用一样,在打开文件时,光栅图像会加载进来,但在保存文件时光栅图像文件却没有作为当前文件的一部分加以保存,这样有助于减小文件的大小,但同时也意味着用户必须确保用于插入光栅图像的文件与 AutoCAD 图形文件存放在一起,才不会找不到光栅图像。

6.5 本章小结

本章学习了利用夹点编辑对象、在线计算功能,点与等分、圆环、多线及对齐等常用绘图与编辑命令,光栅图像矢量化等主要内容。

6.6 思考与练习

① 用夹点编辑对象,并熟练掌握那几种方法。
② 熟悉计算功能。
③ 掌握光栅图像,并利用光栅图像绘制图 6-32。

第 7 章　尺寸标注与图形输出

上一章介绍了特殊线型的绘制、利用夹点编辑对象、在线计算功能和部分常用绘图与编辑命令。本章主要介绍尺寸标注、模型空间和图纸空间、布局、输出图形前的准备工作、配置绘图设备、页面设置和打印样式。

本章要点

- 掌握尺寸标注；
- 掌握编辑尺寸标注；
- 熟悉尺寸标注样式；
- 熟悉页面设置和打印样式。

7.1　尺寸标注

在对图形进行标注前,应先了解尺寸标注的组成、类型、规则及步骤等。

7.1.1　比例尺与比例因子

图上距离与实际距离的比例叫作比例尺,如 1∶50 等。比例尺的倒数称为比例因子。例如图纸比例为 1∶50,则比例因子为 50。为了能够在 AutoCAD 中按照 1∶1 的方式进行绘图,下列内容必须放大,放大的倍数为比例因子:① 图纸图框,即图形界限;② 文字、尺寸标注的箭头等也必须相应放大;③ 非连续型的线型;④ 非实体的填充。

7.1.2　尺寸标注的组成

在工程绘图中,一个完整的尺寸标注应由标注文字、尺寸线、尺寸界线、尺寸线的端点符号及起点等组成(图 7-1)。

① 标注文字:表明图形的实际测量值。标注文字可以只反映基本尺寸,也可以带尺寸公差。标注文字应按标准字体书写,同一张图纸上的字高要一致。在图中遇到图线时须将图线断开,如果图线断开影响图形表达,则需要调整尺寸标注的位置。

② 尺寸线:表明标注的范围和方向。AutoCAD 通常将尺寸线放置在测量区域中。如果空间不足,则将尺寸线或文字移到测量区域的外部,取决于标注样式的放置规则。尺寸线是一条带有双箭头的线段,一般分为两段,可以分别控制其显示。对于角度标注,尺寸线是一段圆弧。尺寸线应使用细实线绘制。

③ 尺寸线的端点符号(即箭头):箭头显示在尺寸线的末端,用于指出测量的开始和

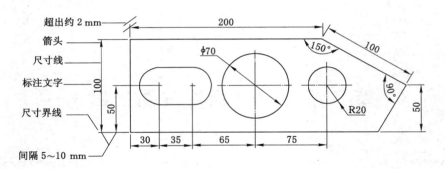

图 7-1　尺寸标注的组成

结束位置。AutoCAD 默认使用闭合的填充箭头符号，此外，AutoCAD 还提供了多种箭头符号，以满足不同的行业需要，如建筑标记、小斜线箭头、点和斜杠等。

④ 起点：尺寸标注的起点是尺寸标注对象标注的定义点，它通常是延伸线的引出点。系统测量的数据均以起点为计算点。

⑤ 尺寸界线：从标注起点引出的标明标注范围的直线，可以从图形的轮廓线、轴线、对称中心线引出。同时，轮廓线、轴线及对称中心线也可以作为尺寸界线，尺寸界线应使用细实线绘制。

7.1.3　关联的和非关联的尺寸标注

（1）关联尺寸标注（Dimassoc＝2）

尺寸标注的各部分为一整体，尺寸具有关联特性，即标注文字的数值随图形比例的变化而变化，当标注的一部分被选中，则全部选中，如图 7-2(b)所示。

（2）非关联尺寸标注（Dimassoc＝1）

尺寸标注各部分是独立的各个实体，标注文字的数值不随图形比例的变化而变化，但标注文字的字高、箭头的大小均随图形比例的变化而变化，如图 7-2(c)所示。

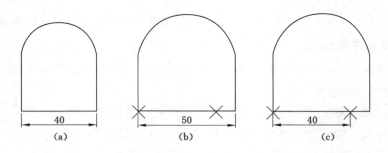

图 7-2　尺寸标注的关联性

（a）原图；（b）关联尺寸标注；（c）非关联尺寸标注

Dimassoc 系统变量控制标注对象的关联性以及是否分解标注。如果值为 1，则创建非关联标注对象。标注的各种元素组成一个单一的对象。如果标注的一个定义点发生移动，则标注将更新。如果其值为 2，则创建关联标注对象。标注的各种元素组成单一的对象,并且标注的一个或多个定义点与几何对象上的关联点相联结。如果几何对象上的关联点发生移动,那么标注位置、方向和值将更新。一般默认值为 2。

> **注意**　关联的和非关联的尺寸标注设定对于以前的图形有影响吗?
>
> 关联的和非关联的尺寸标注设定只作用于新绘制的图形对象及其标注。

7.1.4　尺寸变量

AutoCAD 有很多设置和特性是由系统变量决定的,在尺寸标注中也给出了很多变量,用来决定尺寸标注的方法和形式。如尺寸标注时各尺寸元素的大小与形状,放置位置等。可通过改变尺寸变量的状态或数值来改变它。尺寸变量有的是开关变量,有的是数值。可在命令行上键入尺寸变量名进行重新设置,可以用与对话框进行对话的方式来设定大部分尺寸变量。如上例中的 Dimassoc。

7.1.5　尺寸标注步骤

在 AutoCAD 中对图形进行尺寸标注的基本步骤如下:

01 在菜单栏中选择【格式】→【图层】命令,在打开的【图层特性管理器】对话框中创建一个独立的图层,用于尺寸标注。

02 在菜单栏中选择【格式】→【文字样式】命令,在打开的【文字样式】对话框中新建一种文字样式,用于尺寸标注。

03 在菜单栏中选择【格式】→【标注样式】命令,在打开的【标注样式管理器】对话框中设置标注样式。

04 使用对象捕捉和标注等功能,对图形中的元素进行标注。

7.2　尺寸标注类型

AutoCAD 提供了十余种标注工具用以标注图形对象,分别位于【标注】菜单、【标注】面板或【标注】工具栏中。使用它们可以进行角度、直径、半径、线性、对齐、连续、圆心及基线等标注,如图 7-3 所示。标注尺寸对象包括线性、对齐、坐标、角度、直径与半径标注等。

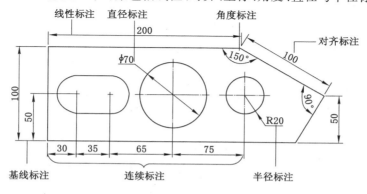

图 7-3　尺寸标注的类型

7.2.1 线性尺寸标注(Dimlinear)

（1）命令调用方法

01 菜单项：【标注】→【线性】；**02** 工具：单击  按钮；**03** 命令行：dimlinear。

（2）命令应用

执行上述操作后，可创建用于标注用户坐标系 XY 平面中的两个点之间的竖直或水平距离测量值，可通过指定点或选择一个对象来实现，此时命令行提示如下信息：

> dimlinear 指定第一个尺寸界线原点或 ＜选择对象＞：

① 指定起点

默认情况下，在命令行提示下直接指定第一条延伸线的原点，并在"指定第二条尺寸界线原点："提示下指定了第二条延伸线原点后，命令行提示如下：

> dimlinear 指定尺寸线位置或【多行文字(M)/文字(T)/角度(A)/水平(H)/垂直(V)/旋转(R)】：

默认情况下，指定了尺寸线的位置后，系统将按自动测量出的两个延伸线起始点间的相应距离标注出尺寸。此外，其他各选项的功能说明如下：

【多行文字(M)】选项：选择该选项将进入多行文字编辑模式，可以使用【多行文字编辑器】对话框输入并设置标注文字。其中，文字输入窗口中的尖括号（＜ ＞）表示系统测量值。

【文字(T)】选项：可以以单行文字的形式输入标注文字，此时将显示【输入标注文字＜＞：】提示信息，要求输入标注文字。

【角度(A)】选项：设置标注文字的旋转角度。

【水平(H)】选项和【垂直(V)】选项：标注水平尺寸和垂直尺寸。可以直接确定尺寸线的位置，也可以选择其他选项来指定标注的标注文字内容或标注文字的旋转角度。

【旋转(R)】选项：旋转标注对象的尺寸线。

② 选择对象

如果在线性标注的命令行提示下直接按 Enter 键，则要求选择要标注尺寸的对象。当选择了对象以后，AutoCAD 将该对象的两个端点作为两条尺寸界线的起点，如图 7-4（离心式主要通风机）所示水平线尺寸标注，并显示如下提示（可以使用前面介绍的方法标注对象）。

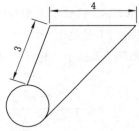

图 7-4　选择对象标注示意图

> dimlinear 指定尺寸线位置或【多行文字(M)/文字(T)/角度(A)/水平(H)/垂直(V)/旋转(R)】：

7.2.2 标注半径（Dimradius）

（1）命令调用方法

01 菜单项：【标注】→【半径】；**02** 工具栏：【标注】→【半径标注】；**03** 命令行：dimradius。

（2）命令应用

执行上述操作后，并选择要标注半径的圆弧或圆，此时命令行提示如下信息：

dimradius 指定尺寸线位置或【多行文字（M）/文字（T）/角度（A）】：

当指定了尺寸线的位置后，系统将按实际测量值标注出圆或圆弧的半径。也可以利用【多行文字（M）】、【文字（T）】或【角度（A）】选项，确定尺寸文字或尺寸文字的旋转角度。其中，当通过【多行文字（M）】和【文字（T）】选项重新确定尺寸文字时，只有给输入的尺寸文字加前缀 R，才能使标出的半径尺寸有半径符号 R，否则没有该符号，如图 7-5 所示。

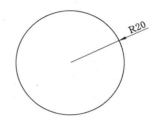

图 7-5 半径标注示意图

（3）快速标注

用于快速地进行尺寸标注。包括基线、连续、快速标注等。

（4）标注注释

包括引线、圆心标记与形位公差标注等。

其他标注类型操作类似，请读者结合帮助或命令提示自行练习。

7.3 尺寸标注样式

7.3.1 尺寸标注样式

由于专业的不同，对图纸的尺寸标注有不同的要求，如绘制机械图纸和建筑图纸时尺寸标注都有自己的规定。AutoCAD 可把不同类型图纸对尺寸标注的要求设置成不同的尺寸标注样式，并给予文件名保存下来，以备后用。

像文字标注一样，以后在开始尺寸标注之前必须建立尺寸标注样式。在 AutoCAD 中，使用标注样式可以控制标注的格式和外观，建立强制执行的绘图标准，并有利于对标注格式及用途进行修改。本节将着重介绍使用【标注样式管理器】，如图 7-6 所示。对话框创建标注样式的方法。

7.3.2 建立尺寸标注样式（Dimstyle）

（1）命令调用方法

01 菜单项：【标注】→【标注样式】或【格式】→【标注样式】；**02** 工具栏：单击按钮；**03** 命令行：dimstyle 或 dst 或 d。

（2）命令应用

在【创建新标注样式】对话框中（图 7-7），可以在【新样式名】文本框中输入新样式的

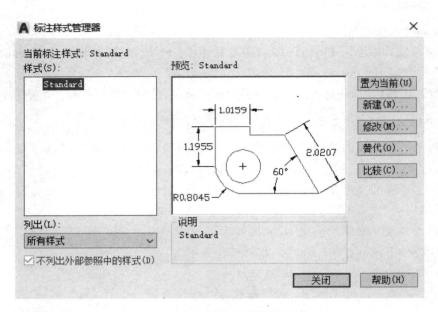

图 7-6 【标注样式管理器】对话框

名称。在【基础样式】下拉列表框中选择一种基础样式,新样式将在该基础样式的基础上进行修改。此外,在【用于】下拉列表框中指定新建标注样式的适用范围,包括【所有标注】、【线性标注】、【角度标注】、【半径标注】、【直径标注】、【坐标标注】和【引线和公差】等选项;选择【注释性】复选框,可将标注定义成可注释对象。

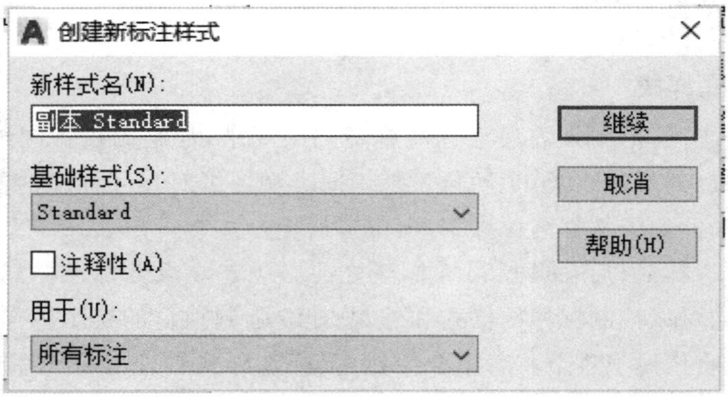

图 7-7 【创建新标注样式】对话框

设置了新样式名称、基础样式和适用范围后,单击【继续】按钮,将打开【新建标注样式】对话框,可以设置标注中直线、符号和箭头、文字、单位等内容,如图 7-8 所示。

7.3.3 设置线样式

在【新建标注样式】对话框中,使用【线】选项卡可以设置尺寸线和延伸线的格式和位置,如图 7-8 所示。

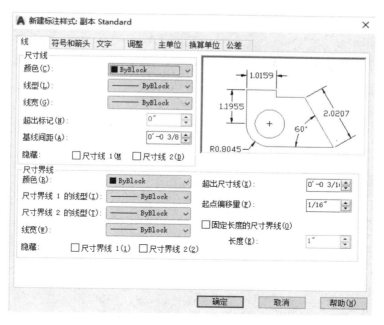

图 7-8 【新建标注样式】对话框

（1）尺寸线

在【尺寸线】选项区域中，可以设置尺寸线的颜色、线型、线宽、超出标记以及基线间距等属性。

①【颜色】下拉列表框：用于设置尺寸线的颜色，默认情况下，尺寸线的颜色随块。也可以使用变量 dimclrd 设置。

②【线型】下拉列表框：用于设置尺寸线的线型，该选项没有对应的变量。

③【线宽】下拉列表框：用于设置尺寸线的宽度，默认情况下，尺寸线的线宽也是随块，也可以使用变量 dimlwd 设置。

④【超出标记】文本框：当尺寸线的箭头采用倾斜、建筑标记、小点、积分或无标记等样式时，使用该文本框可以设置尺寸线超出尺寸界线的长度，如将轴流式主要通风机箭头改为建筑标记后，修改【超出标记】文本框，结果如图 7-9 所示。

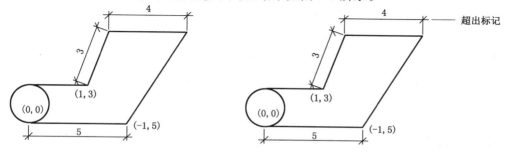

图 7-9 超出标记示意图

⑤【基线间距】文本框：进行基线尺寸标注时可以设置各尺寸线之间的距离，如图7-10所示。

⑥【隐藏】选项：通过选择【尺寸线1】或【尺寸线2】复选框，可以隐藏第1段或第2段尺寸线及其相应的箭头，如图7-11所示。

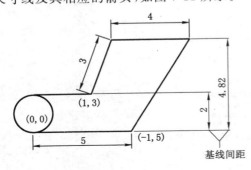

图7-10　基线间距示意图

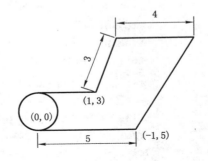

图7-11　隐藏尺寸线示意图

（2）尺寸界线

在【尺寸界线】选项区域中，可以设置尺寸界线的颜色、线型、线宽、超出尺寸线的长度和起点偏移量，隐藏控制等属性。

【颜色】下拉列表框：用于设置尺寸界线的颜色，也可以用变量 dimcler 设置。

【线宽】下拉列表框：用于设置尺寸界线的宽度，也可以用变量 dimlwe 设置。

【尺寸界线1的线型】和【尺寸界线2的线型】下拉列表框：用于设置尺寸界线的线型。

【超出尺寸线】文本框：用于设置尺寸界线超出尺寸线的距离，也可以用变量 dimexe 设置，如图7-12所示。

【起点偏移量】文本框：设置尺寸界线的起点与标注定义点的距离，如图7-13所示。

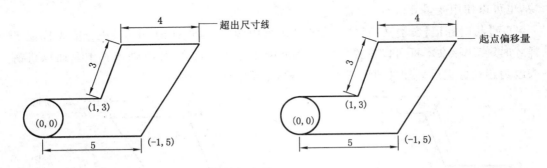

图7-12　超出尺寸线示意图　　　　　图7-13　起点偏移量示意图

【隐藏】选项：通过选中【尺寸界线1】或【尺寸界线2】复选框，可以隐藏尺寸界线，如图7-14所示。

【固定长度的尺寸界线】复选框：选中该复选框，可以使用具有特定长度的尺寸界线

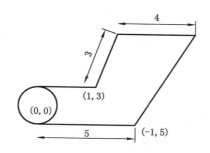

图 7-14　隐藏尺寸界线 1 示意图

标注图形,其中在【长度】文本框中可以输入尺寸界线的数值。

7.3.4　设置符号和箭头样式

在【新建标注样式】对话框中,使用【符号和箭头】选项卡可以设置箭头、圆心标记、折断标注、弧长符号、半径折弯标注和线性折弯标注的格式与位置,如图 7-15 所示。

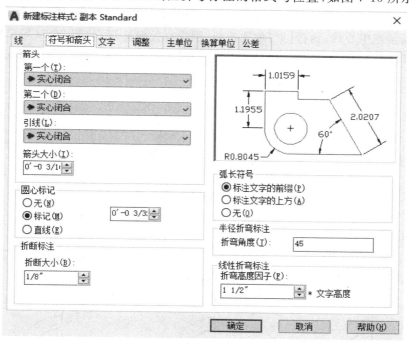

图 7-15　【新建标注样式:符号和箭头】对话框

（1）箭头

在【箭头】选项区域中可以设置尺寸线和引线箭头的类型及尺寸大小等。通常情况下,尺寸线的两个箭头应一致。

为了适用于不同类型的图形标注需要,AutoCAD 设置了 20 多种箭头样式。可以从对应的下拉列表框中选择箭头,并在【箭头大小】文本框中设置其大小。也可以使用自定义箭头,此时可在【箭头】选项区域下拉列表框中选择【用户箭头】选项,打开【选择自定义箭头块】对话框,如图 7-16 所示。在【从图形块中选择】文本框内输入当前图形中已有的块名,然后单击【确定】按钮,AutoCAD 将以该块作为尺寸线的箭头样式,此时块的插入基点与尺寸线的端点重合。

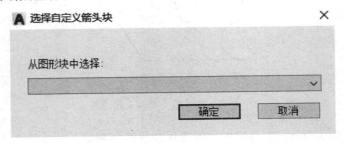

图 7-16 【选择自定义箭头块】对话框

（2）圆心标记

在【圆心标记】选项区域中可以设置圆或圆弧的圆心标记类型,如【标记】、【直线】和【无】。其中,选择【标记】单选按钮可对圆或圆弧绘制圆心标记;选择【直线】单选按钮,可对圆或圆弧绘制中心线;选择【无】单选按钮,则没有任何标记,如图 7-17(局部通风机)所示。当选择【标记】或【直线】单选按钮时,可以在【大小】文本框中设置圆心标记大小。

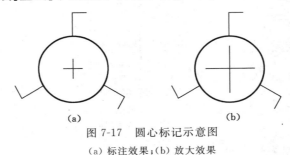

图 7-17 圆心标记示意图

（a）标注效果;（b）放大效果

（3）弧长符号

在【弧长符号】选项区域中可以设置弧长符号显示的位置,包括【标注文字的前缀】、【标注文字的上方】和【无】3 种方式,如图 7-18(风门)所示。

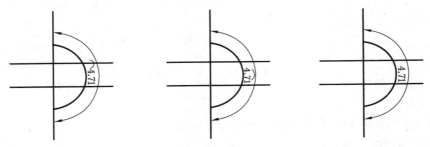

图 7-18 弧长符号示意图

（4）半径折弯标注

在【半径折弯标注】选项区域的【折弯角度】文本框中,可以设置标注圆弧半径时标注线的折弯角度大小。

（5）折断标注

在【折断标注】选项区域的【折断大小】文本框中,可设置标注折断时标注线长度大小。

（6）线性折弯标注

在【线性折弯标注】选项区域的【折弯高度因子】文本框中,可以设置折弯标注打断时折弯线的高度大小。

7.3.5　设置文字样式

在【新建标注样式】对话框中可以使用【文字】选项卡设置标注文字的外观、位置和对齐方式,如图 7-19 所示。

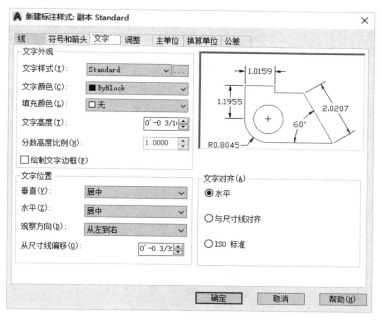

图 7-19　【新建标注样式:文字】对话框

（1）文字外观

在【文字外观】选项区域中可以设置文字的样式、颜色、高度和分数高度比例,以及控制是否绘制文字边框等。各选项的功能说明如下:

【文字样式】:用于选择标注的文字样式。也可以单击其后的 按钮,打开【文字样式】对话框,选择文字样式或新建文字样式。

【文字颜色】:用于设置标注文字的颜色,也可用变量 dimclrt 设置。

【填充颜色】:用于设置标注文字的背景色。

【文字高度】:用于设置标注文字的高度,也可以用变量 dimtxt 设置。

【分数高度比例】:设置标注文字中的分数相对于其他标注文字的比例,AutoCAD 将该比例值与标注文字高度的乘积作为分数的高度。

【绘制文字边框】：设置是否给标注文字加边框，如图 7-20（轴流式主要通风机）所示。

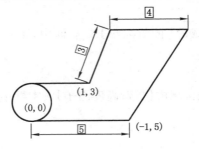

图 7-20　文字边框示意图

（2）文字位置

在【文字位置】选项区域中可以设置文字的垂直、水平位置以及尺寸线的偏移量，各选项的功能说明如下：

【垂直】：用于设置标注文字相对于尺寸线在垂直方向的位置，如【居中】、【上】、【外部】、【JIS】和【下】。其中，选择【居中】选项可以把标注文字放在尺寸线中间；选择【上】选项，将把标注文字放在尺寸线的上方；选择【外部】选项可以把标注文字放在远离第一定义点的尺寸线一侧；选择【JIS】选项则按 JIS 规则放置标注文字，如图 7-21 所示。

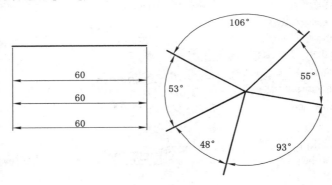

图 7-21　文字标注垂直偏移量示意图

【水平】：用于设置标注文字相对于尺寸线和尺寸界线在水平方向的位置，如【居中】、【第一条尺寸线】、【第二条尺寸线】、【第一条尺寸界线上方】、【第二条尺寸界线上方】，如图 7-22 所示。

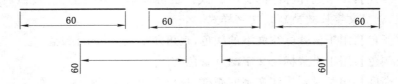

图 7-22　文字标注水平偏移量示意图

【从尺寸线偏移】：设置标注文字与尺寸线之间的距离。如果标注文字位于尺寸线的中间，则表示断开处尺寸线端点与尺寸文字的间距。若标注文字带有边框，则可以控制文字边框与其中文字的距离。

【观察方向】：用来控制标注文字的观察方向。

（3）文字对齐

【文字对齐】区域用于控制标注文字放在尺寸界线外边或里边时的方向是保持水平还是与尺寸界线平行。图7-23所示为【水平】样式。其中各选项含义如下：

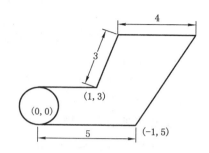

【水平】：水平放置文字。

【与尺寸线对齐】：文字与尺寸线对齐。

【ISO标准】：当文字在尺寸界线内时，文字与尺寸线对齐。当文字在尺寸界线外时，文字水平排队。

图 7-23 文字对齐样式

7.3.6 理解 1∶1 的尺寸标注样式

理解 1∶1 的尺寸标注样式，图形内容按照 1∶1 绘制，其他常用标注项目尺寸根据比例因子调整，如表 7-1 所示。

表 7-1　　　　　　　　　　常用标注项目取值

选项卡	项目	内容
直线和箭头	超出尺寸线	2.2
	起点偏移量	0
	箭头大小	2.2
文字	文字样式	新罗马或宋体
	文字高度	2.2
	从尺寸线偏移	1
主单位	精度	0
	小数分隔符	句点

7.4 编辑尺寸标注

AutoCAD 提供了多种编辑尺寸标注方法，尺寸编辑和尺寸变量替换是两种最常用的命令。

7.4.1 标注样式操作（Dimstyle）

（1）命令调用方法

01 菜单：【标注】→【更新】；**02** 命令行：dimstyle。

（2）命令应用

执行上述操作后,有以下选项:

【注释性（AN）】:将标注定义成可注释对象。

【保存（S）】:保存当前尺寸样式。

【恢复（R）】:恢复尺寸样式。

【状态（ST）】:显示当前尺寸样式的值。

【变量（V）】:列出输入标注样式文件名。

【应用（A）】:将当前尺寸标注系统变量设置应用到选定标注对象,永久替代应用于这些对象的任何现有标注样式。

【?】:列出所有尺寸样式文件名。

7.4.2　编辑标注文字（Dimtedit）

（1）命令调用方法

01 菜单:【标注】→【对齐文字】;**02** 命令行:dimtedit 或 dimted。

（2）命令功能

该命令用于修改标注文字的位置、对齐方式以及标注文字的角度。

图形的尺寸标注后,可以旋转现有文字或用新文字替换现有文字,可以将文字移动到新位置或返回其初始位置,也可以将标注文字沿尺寸线移动到左、右、中心或尺寸界线之内或之外的任意位置。

（3）命令选项

【默认（H）】:恢复原标注位置。

【角度（A）】:使标注文字具有一定角度。

【居中（C）】:尺寸文字放在中间位置。

【右（R）】:尺寸文字放在右对齐位置。

【左（L）】:尺寸文字放在左对齐位置。.

7.4.3　编辑尺寸标注（Dimedit）

（1）命令调用方法

01 菜单:【标注】→【倾斜】;**02** 命令行:dimedit。

（2）命令选项

① 尺寸编辑（dimedit）

a. 命令功能

用来进行修改已有尺寸标注的内容和放置位置。

b. 命令操作步骤

执行 dimedit 命令,提示行显示:

> 命令:dimedit ↵
>
> 输入标注类型【默认（H）/新建（N）/旋转（R）/倾斜（O）】<默认>:

此提示中有 4 个选项,各选项含义如下:

【默认（H）】：用于将尺寸文本按 DDIM 所定义的默认位置、方向重新置放。

【新建（N）】：用于更新所选择的尺寸标注的尺寸文本。

【旋转（R）】：用于旋转所选择的尺寸文本。

【倾斜（O）】：用于倾斜标注，即编辑线型尺寸标注，使其尺寸界线倾斜一个角度，不再与尺寸线垂直。

② 尺寸变量替换（dimoverride）

a. 命令功能

用来进行重新设置（替换）所选择的尺寸标注的系统变量。

b. 命令操作步骤

点击菜单栏【标注】→【替代】，执行 dimoverride 命令，提示行显示：

```
命令：dimoverride ↵
输入要替代的标注变量名或【清除替代(C)】：          //输入要替代的变量名
选择对象：                                          //选择要修改的尺寸标注
选择对象：                                          //按 Enter 键结束
```

7.5　模型空间和图纸空间

AutoCAD 提供了两种绘图空间：模型空间和图纸空间（又称为布局空间），在这两种空间中都可以对图形进行绘制和编辑。当打开一个新图形时，系统将自动进入模型空间中工作。

7.5.1　模型空间

（1）模型空间含义

模型空间即模型选项卡，是 AutoCAD 默认的完成绘图和设计工作的工作空间，通常以实际比例（1∶1）使用该空间可以完成绘制二维或三维物体的造型，并用适当的比例创建文字、标注和其他注释，以在打印图形时正确显示大小。在模型空间中，用户可以创建多个不重叠的视口以展示图形的不同视图。如果要创建三维物体，则可以在模型空间中完整创建图形及其注释，选择在模型空间出图，而不使用布局选项卡。如果从模型空间绘制和打印，则必须在打印前确定并为注释对象应用一个比例因子。此方法尤其对具有一个视图的二维图形有用。

（2）模型空间绘图步骤

在模型空间绘图的过程步骤如下：**01** 确定图形的测量单位（图形单位）；**02** 指定图形单位的显示样式；**03** 计算并设置标注、注释和块的比例；**04** 在模型空间中按实际比例（1∶1）进行绘制；**05** 在模型空间中创建注释并插入块；**06** 按预先确定的比例打印图形；**07** 确定测量单位。

> ⚠ **注意**
>
> 模型空间不可以重命名、删除，一般在模型空间内创建图形。

7.5.2 图纸空间

图纸空间一般用于打印,又称为打印空间,是布局提供的一个二维空间。一般在图纸空间内完成模型的布局和打印,该布局只用于输出图形,此空间绘制的图形在模型空间不显示。图纸空间是图纸布局环境,可以在这里指定图纸大小、添加标题栏、显示模型的多个视图以及创建图形标注和注释。

> **☀ 注意**
>
> ① 图纸空间可以进行重命名、复制、删除等操作。② 一般在图纸空间进行布局和打印图形。③ 图纸空间有多个。在模型空间和图纸空间之间切换来执行某些任务具有多种优点。使用模型空间可以创建和编辑模型。使用图纸空间可以构造图纸和定义视图。

7.6 布局(Layout)

布局是一个图纸的空间环境,它模拟一张图纸并提供打印预设置。可以在一张图形中创建多个布局,每个布局都可以模拟显示图形打印在图纸上的效果。在绘图窗口的底部是一个模型选项按钮和两个布局选项按钮:布局 1 和布局 2。单击任一布局选项按钮,AutoCAD 自动进入图纸空间环境,图纸上将出现一个矩形轮廓,指出了当前配置的打印设备的图纸尺寸,显示在图纸中的页边界指出了图纸的可打印区域。

当默认状态下的两个布局不能满足需要时,可创建新的布局。

7.6.1 布局命令中的选项

(1)命令调用方法

01 菜单:【插入】→【布局】→【新建布局】;**02** 工具:单击 按钮;**03** 命令行:layout。

(2)命令选项

一个布局就是一张图纸,并提供预置的打印页面设置。利用布局可以在图纸空间方便快捷地创建多个视口来显示不同的视图。在"模型"选项卡上进行操作时,可以按 1∶1 的比例绘制主题模型。在布局选项卡上,放置一个或多个视口、标注、注释和一个标题栏,以表示图纸。

在布局选项卡中,每个布局视口就类似于包含模型"照片"的相框。每个布局视口包含一个视图,该视图按用户指定的比例和方向显示模型。用户也可以指定在每个布局视口中可见的图层。布局整理完毕后,关闭包含布局视口对象的图层,视图仍然可见,此时可以打印该布局,而无需显示视口边界。

发出新建布局命令后,命令行显示:

命令:layout ↵
输入布局选项【复制(C)/删除(D)/新建(N)/样板(T)/重命名(R)/另存为(SA)/设置(S)/?】<设置>:_new

注意通过在布局选项卡名称上单击鼠标右键可以使用很多的这些选项。

【复制(C)】：复制布局。如果不提供名称，则新布局以被复制的布局的名称附带一个递增的数字(在括号中)作为布局名。新选项卡插到复制的布局选项卡之前。

【删除(D)】：删除布局。默认值是当前布局。

【新建(N)】：创建新的布局选项卡。在单个图形中可以创建最多 255 个布局。布局名必须唯一。布局名最多可以包含 255 个字符，不区分大小写。布局选项卡上只显示最前面的 31 个字符。

【样板(T)】：基于样板（DWT）、图形（DWG）或图形交换（DXF）文件中现有的布局创建新布局选项卡。如果将系统变量 FILEDIA 设置为 1，则将显示标准文件选择对话框，用以选择 DWT、DWG 或 DXF 文件。选定文件后，程序将显示"插入布局"对话框，其中列出了保存在选定的文件中的布局。选择布局后，该布局和指定的样板或图形文件中的所有对象被插入到当前图形。

【重命名(R)】：给布局重新命名。要重命名的布局的默认值为当前布局。

【另存为(SA)】：将布局另存为图形样板（DWT）文件，而不保存任何未参照的符号表和块定义信息。可以使用该样板在图形中创建新的布局，而不必删除不必要的信息。上一个当前布局用作要另存为样板的默认布局。如果将系统变量 FILEDIA 设置为 1，则将显示标准文件选择对话框，用以指定要在其中保存布局的样板文件。默认的布局样板目录在【选项】对话框中指定。

【设置(S)】：设置当前布局。

【?】：列出布局，列出图形中定义的所有布局。

7.6.2 布局向导（Layoutwizard）

创建新的布局选项卡并指定页面和打印设置。

（1）命令调用方法

01 菜单：【插入】→【布局】→【创建布局向导】或【工具】→【向导】→【创建布局】；**02** 命令行：layoutwizard。

（2）命令应用

发出该命令后，将打开【创建布局-开始】对话框，如图 7-24 所示。用户根据向导提示输入需要的设置后即可完成布局的创建。

01 在【创建布局-开始】对话框中，输入新建图形布局的名称；

02 单击【下一步】按钮，弹出【打印机】对话框，在该对话框中，选择输出设备；

03 单击【下一步】按钮，弹出【图纸尺寸】对话框，在该对话框中，确定图纸大小和单位；

04 单击【下一步】按钮，弹出【方向】对话框，在该对话框中，确定图纸输出的方向；

05 单击【下一步】按钮，弹出【标题栏】对话框，在该对话框中，确定图框及标题栏格式，选择"无"；

06 单击【下一步】按钮，弹出【定义视口】对话框，在该对话框中，确定视窗的比例和视窗形式，即有四种确定视窗形式的单选框，选择"单视图"；

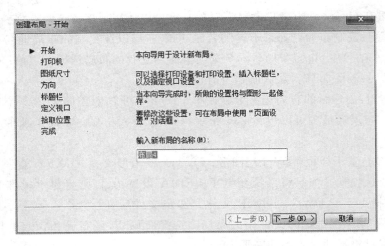

图 7-24 【创建布局】对话框

07 单击【下一步】按钮，弹出【拾取位置】对话框，在该对话框中，可确定图形在图形布局图纸中的范围，单击【选择位置】按钮，则切换到屏幕作图状态，确定图形在布局图纸中占据的位置范围，如果要让图形充满整个图形布局，可直接单击【下一步】按钮，弹出【完成】对话框；

08 单击【完成】按钮，建立一个新图形布局；

09 单击【取消】按钮，取消全部操作。

专家点拨

如果点击【插入】→【布局】→【新建布局】，或者从命令行输入 layout 命令，则不打开【创建布局-开始】对话框，而是以命令行的方式提示创建基于现有布局样板的新布局。

7.7 配置绘图设备

7.7.1 配置绘图设备

AutoCAD 可以对多个设备进行配置，也可为同一设备使用不同的输出选项，保存多份配置文件。

（1）命令调用方法

01 菜单：【文件】→【绘图仪管理器】；**02** 命令行：plottermanager。

（2）命令应用

① 在 Microsoft® Windows® 资源管理器中双击 PC3 文件，或者在 PC3 文件上单击鼠标右键，然后单击"打开"（默认情况下，PC3 文件存储在 Plotters 文件夹中，如图7-25所示）。要找到绘图仪文件的位置，请在【工具】菜单中单击【选项】。在【选项】对话框中的【文件】选项卡上，单击【打印机支持文件路径】左侧的加号。单击"打印机配置搜索路

径"文件左侧的加号。在"打印机配置搜索路径"下，单击路径名以查看绘图仪文件的位置。

图 7-25　Plotters 文件夹

② 打开绘图仪管理器，双击添加绘图仪向导，设置系统打印机，选择打印机型号，输入 PCP 或 PC2，选择端口，输入打印机名称并确定。

7.7.2　编辑绘图设备配置文件

（1）命令调用方法

菜单项：【文件】→【打印】→【特性】。

（2）编辑内容

①【常规】选项卡，包含关于绘图仪配置（PC3）文件的基本信息。可以在"说明"区域中添加或修改信息。选项卡的其余内容是只读的（更改打印机说明）。

②【端口】选项卡，更改配置的打印机与计算机或网络系统之间的通信设置。可以指定通过端口打印、打印到文件或使用后台打印。请参见驱动程序和外围设备手册中的使用后台打印。

如果通过并行端口打印，可指定超时值。如果通过串行端口打印，可修改波特率、协议、流控制和输入/输出超时值（更改端口）。

③【设备和文档设置】选项卡，控制 PC3 文件中的许多设置。单击任意节点的图标以查看和修改指定设置。如果修改了设置，所做修改将出现在设置名旁边的尖括号（＜＞）中。修改过其值的节点图标上还会显示一个复选标记。

注意

只有配置设备可用的设置才会显示在树状图中。此外，如果设备通过"自定义特性"来处理设置或不支持此功能，则可能无法编辑某些设置（更改纸张）。

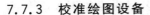
7.7.3 校准绘图设备

校准输出图形的比例偏差。可以调整绘图仪校准设置以更正比例偏差，还可以为非系统绘图仪添加自定义图纸尺寸。

（1）命令调用方法

01 菜单：【文件】→【绘图仪管理器】；**02** 命令行：plottermanager。

（2）命令应用

只有在图形必须具有精确的比例，而打印机或绘图仪打印出的图形不准确时，才有必要执行绘图仪校准。

校准绘图仪的步骤：

01 从【文件】菜单中选择【绘图仪管理器】；

02 双击【添加绘图仪向导】图标；

03 启动【添加绘图仪】并配置要添加的设备；

04 在【添加绘图仪-完成】对话框中选择【校准绘图仪】，用户也可以在要校准设备的现有 PC3 文件上运行【绘图仪配置编辑器】来校准绘图仪；

05 在【图纸尺寸】列表中，为打印测试选择图纸尺寸，选择【下一步】；

06 在【校准绘图仪-矩形大小】对话框的【单位】列表中选择测量单位；

07 在【高度】和【宽度】框中输入测试矩形的尺寸，选择【下一步】，AutoCAD 将打印测试矩形；

08 拿到打印件后测量测试矩形，在【校准绘图仪-测量的打印】对话框的【测量的高度】和【测量的宽度】框中输入打印出来的测试矩形的实际尺寸，选择【下一步】，AutoCAD 将实际打印的测量值与在前面的屏幕中指定的尺寸相比较，然后计算准确校准绘图仪所需的修正值；

09 在【校准绘图仪-文件名】对话框中输入文件名，选择【下一步】，生成的 PMP 文件存储在 AutoCAD Drv 文件夹中；

10 在【校准绘图仪-完成】对话框中选择【检查校准】，AutoCAD 将再次打印测试矩形，再次测量边的尺寸以验证校准是否正确；

11 选择【完成】，返回到【添加绘图仪】向导。

7.8 打印图形

用户完成绘图工作后，打印出纸质图形前，还应该进行输出图形的准备工作。

① 查看打印机是否准备就绪，打印机电源开关是否打开，AutoCAD 中的【选项】对话框中是否添加了该打印机，打印机是否与计算机连接正确，打印机自检是否正确，纸张的尺寸、安装是否合乎要求。

② 检查图形文件【对象图层】归属是否正确；【对象图层】的开关及冻结设置；【对象】颜色的色号；【对象线型】加载的正误；【对象线宽】的设置是否合乎要求；【图框大小】与【纸张大小】是否匹配；【比例】的设置是否正确。

注意　　　　有以下情形时,对象不可打印

① 关闭或冻结图层内的对象。② 打印设置为 off 图层内的对象。③ 彩色打印时,色号为 255 的对象。④ 定义点(defpoint)图层内的对象。

7.8.1　命令调用方式

01 菜单:【文件】→【打印】;**02** 工具栏:单击 按钮;**03** 命令行:print 或 plot。

7.8.2　操作步骤

以风机特性曲线为例,对其进行打印输出。

用上述命令方式中任一种方法触发打印命令后,系统将弹出【打印】对话框,如图7-26 所示。由于没有进行页面设置,而无法直接打印,因此应先进行页面设置。

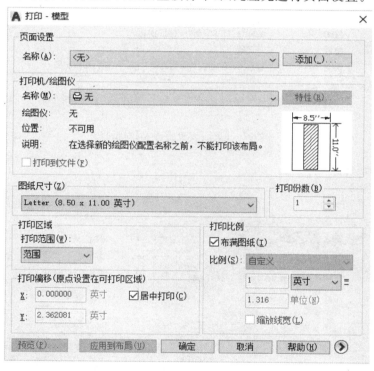

图 7-26　【打印】对话框

① 打开图形文件后,执行【文件】→【页面设置管理器】命令,或输入命令 pagesetup 打开【页面设置管理器】对话框,如图 7-27 所示。同 AutoCAD 其他的管理器一样,页面设置管理器可以新建或修改一个页面设置,也可以进行重命名或删除,还可以指定某个页面设置设为当前。此外,还可以导入其他图纸的页面设置。在该对话框的下部,可以查看当前页面设置的详细信息。

② 在【页面设置管理器】对话框中单击【修改】按钮,打开【页面设置-模型】对话框,如图 7-28 所示。

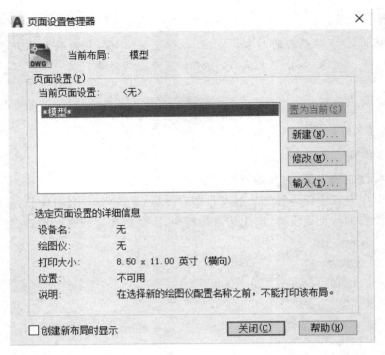

图 7-27 【页面设置管理器】对话框

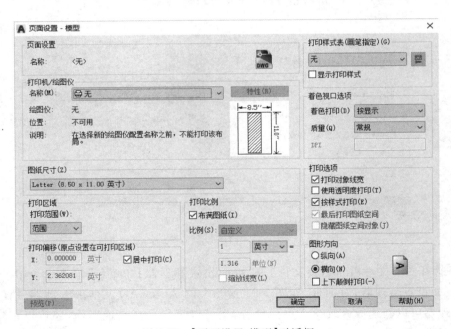

图 7-28 【页面设置-模型】对话框

③ 在【打印机/绘图仪】选项组中的【名称】下拉列表中选择连接的可用打印机，如图 7-29 所示。

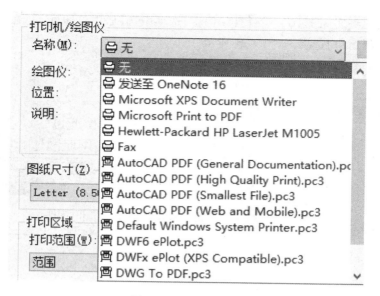

图 7-29 设置打印机

④ 在【打印样式表】下拉列表中选择已定义的打印样式,以"acad.ctb"打印样式为例,这时将会弹出【问题】对话框,在对话框中单击【是】按钮,加载此打印样式,如图 7-30所示。

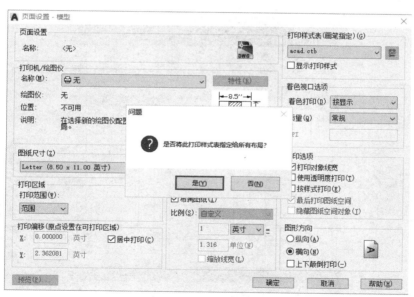

图 7-30 设置打印样式

⑤ 返回【打印】对话框,在【图纸尺寸】选项的下拉列表中选择图纸尺寸,由于打印机类型不同,所支持打印的图纸尺寸也不尽相同。这里选择【A4】选项,然后将【布满图纸】前的"√"去掉,在【比例(S)】下拉列表中选【自定义】,比例为 1∶5(该图形采用 1∶10 比

例绘制,最终比例实为 1∶50);在【打印偏移】选项中选【居中打印(C)】;在【打印范围】下拉列表中选择【窗口】选项,如图 7-31 所示。

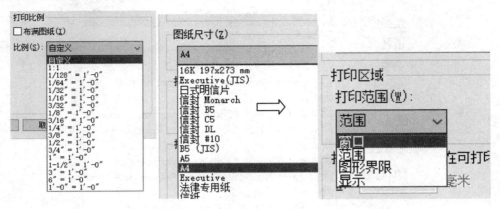

图 7-31　设置图纸尺寸和打印区域

选择【窗口】选项后,打印操作自动切换到原图形界面,用光标选择打印范围:

指定第一个角点:　　//点击图形的左上部,如图 7-32 所示

指定第二个角点:　　//点击图形的右下部,操作自动切换回【打印-模型】界面,如图 7-33 所示

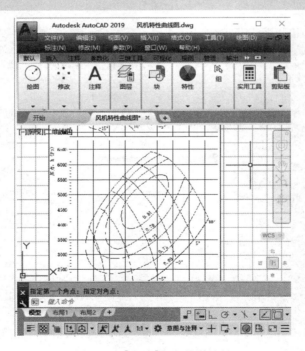

图 7-32　【窗口】打印范围选择

单击【预览】按钮进行打印前预览,预览结果如图 7-34 所示。在预览状态下,可缩放图形进行全面观察,检查无误后单击上部的退出按钮,退出预览界面。

图 7-33　各打印选项设置

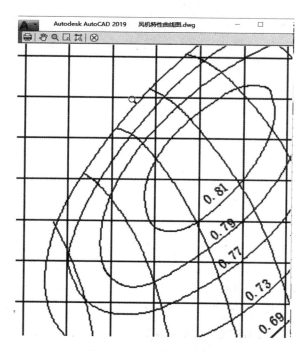

图 7-34　打印前图形预览

⑥ 最后单击【确定】按钮,执行【打印】命令,完成模型空间基本的打印页面设置。这样就可以直接从模型空间中打印输出二维图形。

打印是绘图设计过程中相当重要的一个环节,打印功能的完善与否在一定程度上反映了 AutoCAD 平台的品质。

📖 **知识精讲**　　　　　　　　**关于打印**

（1）设置打印区域：在【页面设置-模型】中的【打印区域】选项组中有【显示】、【范围】、【图形界限】、【窗口】等选项。各项功能为：

①【显示】：打印当前屏幕显示的画面；

②【范围】：以图形范围为边界打印全图，并消除图纸边界的所有空白；

③【图形界限】：打印 Limits 定义的图形界限内的内容；

④【窗口】：打印指定窗口内的内容，尽管在绘制"标准平面"图形时，用户已经根据图纸设定了绘图界限，但是在采用【界限】选项时，还是可能会出现超界的问题，此处，用户使用【窗口】选项，另外选用此选项，还可实现只打印部分区域内容。

（2）设置图纸纸张大小单位：可选英制与公制，选毫米为公制。

（3）设置打印比例：如果用户使用【布满图纸】选项，则不需设定比例，AutoCAD 会根据【图纸尺寸】和【打印区域】的设置自动调整出合适的比例。

（4）打印样式编辑器：打印样式表是打印样式的集合，这些打印样式可被指定给【布局】或【模型】选项卡，根据需要选择是否对其编辑。【打印样式表编辑】可设置打印特性，包括编辑各种颜色的线条和线宽等。

（5）打印样式表：在【页面设置-模型】对话框右上角的【打印样式表】选项，通过下拉箭头，可以查询出当前支持的所有".ctb"打印样式表。当然，可以利用【新建向导】来新建一个打印样式表，也可以通过修改现有的打印样式表来满足当前打印的需要。如果选择样式"monochrome.ctb"，可以进行黑白打印。

（6）打印机设置：点击：【打印机/绘图仪】右方的【特性】按钮，弹出【自定义特性】对话框，用于设置纸张方向、打印份数、纸张类型、打印质量等。

（7）打印预览：点击【打印】对话框下方的【预览】按钮，可以预览所要打印的图形。检查无误后，点击【打印】选项即可打印输出。

　　AutoCAD 提供了灵活而强大的打印功能，用户既可以通过颜色设置线宽，也可以直接利用在图层中设置的线宽进行打印。AutoCAD 中".dwg"格式的矢量图形文件可以真实地打印到图纸上输出纸质内容，也可以使用虚拟的打印机驱动程序及相关设置，虚拟打印到某个文件中。如打印".pdf"".bmp"".jpg"".tiff"等格式的文件，或是用于网络传输的".dwf"文件。为了避免重复设置，用户可以将常用的打印格式设置为打印样式文件，在以后的打印中，直接调用已经设置好的打印样式，无须再进行页面设置。

👆 **专家点拨**　　　　　**如何在 Word 中插入 AutoCAD 图形？**

　　在 AutoCAD 中将要插入 Word 中的图形部分在当前窗口最大化显示，用"Ctrl＋C"复制图形，然后在 Word 中用"Ctrl＋V"粘贴。AutoCAD 图形插入 Word 文档后，往往空边过大，效果不理想，利用 Word 图片工具栏上的裁剪功能进行修整，空边过大问题即可解决。以后再 Word 中双击该图形可在 AutoCAD 中打开编辑，并可在 Word 中进行更新。当然也可以采用截图工具对需要的图形部分进行截图插入 Word 中，但是以后对其修改会比较困难，不建议采用后者。

7.9 应用实例

7.9.1 井田边界线

在采矿与安全工程图纸绘制过程中,有许多特殊线型,很容易出现线型、线宽或线型比例不合理的情况,本实例以绘制井田边界线为例介绍特殊线型的绘制步骤方法及要求,其他线型的绘制基本类似,可以举一反三。井田边界线大致线型及线型比例如图7-35所示,线宽为 1 mm。

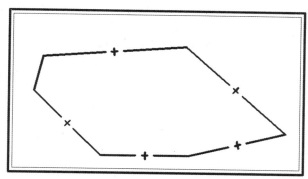

图 7-35 井田边界线

井田边界线绘制思路:

01 按照采矿与安全工程图纸绘制要求制作 1∶1 000 井田边界线线型,新建一文本文件输入或拷贝下面两行内容(相关参数可能要反复试验优化),将文件另存为"mine.lin"。

> ＊井田边界线(1.0),——十——十——十——十——十——十——十——十
> A,40,－4.5,[TRACK1,ltypeshp.shx,S＝2.5,X＝2],－4.5,[TRACK1,ltypeshp.shx,S＝2,X＝－2.5,R＝90],－4.5

02 将 mine.lin 文件拷贝到 AutoCAD 类似"C:\Users\Administrator\AppData\Roaming\Autodesk\AutoCAD 2019-Simplified Chinese\R19.0\chs\Support\acadiso.lin"文件的 Support 目录中(不同 AutoCAD 版本该目录有所不同)。

03 利用 AutoCAD 线型管理器窗口加载井田边界线线型并置为当前,如图 7-36 所示。

04 新建井田边界图层,并设置图形线型为井田边界线线型,线宽为 1.0 mm,并将该图层设置为当前,如图 7-37 所示,然后关闭该窗口。

05 运用多段线命令绘制井田边界线,效果如图 7-38 所示。

06 成图以后要进行最终检查确认,确保线型、线宽及线型比例正确合适,这个环节很容易出现线宽及线型比例不合适的情况。

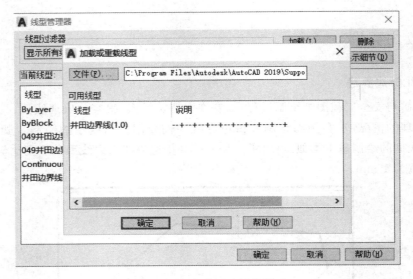

图 7-36 加载井田边界线线型

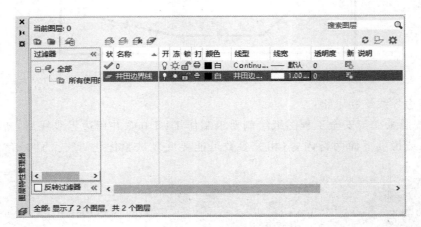

图 7-37 新建井田边界图层

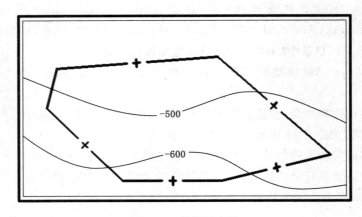

图 7-38 绘制等高线

🔔 **提示**　　　　　　　　　　**关于线型文件**

多个线型定义可以放在同一个线型文件中。

7.9.2 等高线

等高线一般可以用样条曲线来绘制,宽度为 AutoCAD 默认宽度,等高线最好能与内框相连,不够的要延伸,多余的要修剪。

等高线绘制思路:

01 用样条曲线绘制等高线,用延伸和修剪命令修改完善等高线;

02 新建标高标注所需文字样式(选择合理的字体和高度)并置为当前;

03 用多行文本(不要用单行文本,单行文本没有背景遮罩特性)标注标高,如图 7-38 中标注的－500;

04 逐一将标注的标高多行文本选中,修改特性中的背景遮罩特性,利用背景色进行遮罩如图 7-39 所示,最终效果如图 7-38 中的－600 所示(－500 标注没有设置背景遮罩特性),等高线无须打断,还是一个整体。

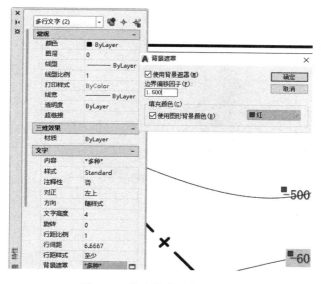

图 7-39　等高线中的背景遮罩

7.10　本章小结

本章主要介绍了比例尺及比例因子的概念,学习本章以后要熟练掌握标注样式、尺寸标注的类型、尺寸标注的编辑,了解模型空间、图纸空间和布局,练习和学会打印图形。

7.11　思考与练习

① 尺寸标注都有哪几种？

② 练习设置尺寸标注。

③ 完成实例 7.9.1 和 7.9.2。

第8章 安全工程图的绘制与规范

前几章主要介绍了 AutoCAD 的平面基础知识,本章主要讲解安全工程图的绘制规范,矿井开拓平面图、矿井通风系统平面图、矿井通风系统网络图、矿井通风系统立体图、主要通风机特性曲线图及矿井开拓剖面图的绘制等内容。

本章要点

- 掌握安全工程图的绘制规范;
- 掌握矿井通风系统平面图和网络图的绘制;
- 了解矿井通风系统立体图的绘制;
- 熟悉主要通风机特性曲线的绘制;
- 熟悉矿井开拓剖面图的绘制。

8.1 安全工程图绘制规范

为使图面简洁清晰,符合工程要求,提高设计图纸的编制质量,需要制定一套制图标准。工程制图标准主要包括:比例、图纸幅面、字体及符号、图层、线型线宽、标注及图例等。总体要求如下:

① 图纸布局合理、美观、清晰、紧凑、线条均匀光滑;

② 图纸使用统一标准符号,标注、文字、数字等样式统一;

③ 图纸符合实际,充分反映矿井的实际情况,准确无误,能够起到指导生产作用。

8.1.1 比例

制图时所有的比例应根据设计阶段图纸内图形的复杂程度按表 8-1 的规定选取,并将图形的比例标注在标题栏内。当采矿制图常用比例内没有合适的比例可选,需采用一般制图比例时,应按 $1:(1\times10^n)$、$1:(2\times10^n)$、$1:(5\times10^n)$ 的比例系列选取适当的比例(n 为正整数)。

比例标注应符合下列规定:

① 在同一幅图中,主要视图宜采用相同的比例绘制,并将比例标注在标题栏中。当主要视图的比例不一致时,应分别在各视图图名标注线下居中标注比例,同时应在比例栏内注明"见图"字样。

② 在同一视图中图样的纵横比过大,而又要求详细标注尺寸时,纵向和横向可采用

不同比例绘制,并应在视图名称下方或右侧标注比例。

③ 必要时,视图的比例可采用比例尺的形式,即在视图的铅垂或水平方向加画比例尺。

④ 不能按比例绘制的视图,可不按比例绘制,但应注明"×××示意图"的字样,并应防止严重失真。

表 8-1 图纸比例

图 名	常 用 比 例	可 用 比 例
矿区井田划分及开发方式图	平面 1∶10 000;剖面 1∶20 000	平面 1∶50 000;剖面 1∶5 000
井田开拓方式图,开拓巷道工程图,矿井通风系统平面图,采区年进度计划图	平面 1∶5 000;剖面 1∶2 000	平面 1∶10 000,1∶2 000 剖面 1∶5 000
采区巷道布置及机械配备图	平面 1∶2 000;剖面 1∶2 000	平面 1∶5 000
采区通风系统图(采区或带区巷道布置平面图和剖面图)	平面 1∶2 000	平面 1∶2 000,1∶1 000
井底车场布置图	平面 1∶500;断面 1∶50	平面 1∶1 000
安全煤柱图	1∶2 000	—
各种井筒	1∶20	1∶30,1∶50
各种硐室	平面 1∶50,1∶100; 断面 1∶50; 剖面 1∶50,1∶100	平面 1∶200 剖面 1∶200
采区车场	平面 1∶200;断面 1∶50; 剖面 1∶200	平面 1∶500,1∶100 剖面 1∶100
各种详图	1∶2,1∶5,1∶10	—

8.1.2 图纸幅面

① 所有设计图纸的幅面,均按规定绘制,见表 8-2 及图 8-1。

表 8-2 设计图纸幅面规定

幅面代号	A0	A1	A2	A3	A4
尺寸 B×L/(mm×mm)	841×1 189	594×841	420×594	297×420	210×297
C	10			5	
a	25				

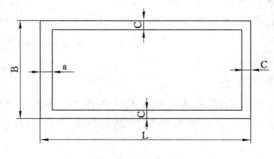

图 8-1 标准工程图

② 必要时可以将表 8-2 中幅面的长边加长(0 号及 1 号幅面允许加长两边),其加长量应按 5 号幅面相应的长边或短边尺寸成整数倍增加,如图 8-2 所示。

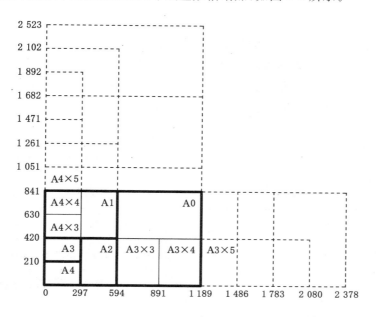

图 8-2　图纸幅面(粗实线为基本幅面;细实线、细虚线为加长幅面)

8.1.3　图纸字体规格

① 字体应字型、大小一致,笔画清楚,间隔均匀,排列整齐。

② 字体高度宜符合字体高度的公称尺寸系列:1.8 mm、2.5 mm、3.5 mm、5 mm、7 mm、10 mm、14 mm、20 mm。

③ 汉字应写成长仿宋体字,并应采用简化字。汉字的高度不应小于 3.5 mm。

④ 书写字母和数字时,其书写格式、基本比例和尺寸宜符合表 8-3 的规定。

⑤ 在同一幅图纸上,宜选用一种形式的字体。

表 8-3　　　　　　　　　　　　　字　体

书写格式		基本比例	尺寸/mm							
大写字母高度	h	(14/14)h	1.8	2.5	3.5	5	7	10	14	20
小写字母高度	c1	(10/14)h	1.3	1.8	2.5	3.5	5	7	10	14
字母间间距	a	(2/14)h	0.26	0.36	0.5	0.7	1	1.4	2	2.8
词间距	e	(6/14)h	0.78	1.08	1.5	2.1	3	4.2	6	8.4
基准线最小间距(大写字母)	b3	(17/14)h	2.21	3.06	4.25	5.95	8.5	11.9	17	23.8

⑥ 尺寸标注、数字、高程、煤厚、断层名称及测点编号采用 2.5 mm 字高,工作面编

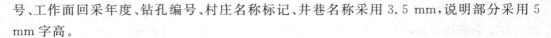

号、工作面回采年度、钻孔编号、村庄名称标记、井巷名称采用 3.5 mm,说明部分采用 5 mm 字高。

8.1.4　图线

（1）图线的宽度应根据图纸的类别、比例和复杂程度选用。采矿制图常用的各种线型宜符合表 8-4 的规定。图线宽度系列一般应为 0.18 mm、0.25 mm、0.40 mm 和 0.80 mm。井田边界线线宽一般为 0.80 mm,水平、采区边界线一般为 0.40 mm,巷道线一般为 0.25 mm,等高线及经纬网线宽一般为 0.18 mm。

名　称	线　型	线宽/mm	主　要　用　途
粗实线		0.80	主要可见轮廓线、主要可见过渡线
中实线		0.40	次要可见轮廓线、次要可见过渡线
中虚线		0.40	次要不可见轮廓线、次要不可见过渡线
细实线		0.18 或 0.24	尺寸线、尺寸界线、剖面或断面线、引出线、范围线
细虚线		0.18 或 0.24	不可见轮廓线、不可见过渡线
粗单点画线		0.80	有特殊要求的线或表面的表示线
细单点画线		0.18 或 0.24	中心线、轴线、轨迹线
细双点画线		0.18 或 0.24	剖面图中表示被剖切去的部分形状的假想投影轮廓线、中断线
折断线		0.40	井巷断裂处的分界线
波浪线		0.18 或 0.24	井巷断裂处的边界线 视图和剖视的分界线

表 8-4　　线　型

（2）图线的宽度要根据图形的大小和复杂程度来选取,在同一图纸上按同一比例绘制图形时,其同类图线的宽度应保持一致。

（3）剖切线的线段长度,应根据图形的大小来决定,一般的在 5～20 mm,特殊的在 5～40 mm 的范围内选取。

（4）虚线的线段长度,一般为 2～6 mm,线段间的间隔为其长度的 1/2～1/4,同时各线段长度应大致相等,若线加粗,则线段也相应地加长。

（5）点画线和双点画线的线段长度,一般为 20～50 mm,各线段间的间隔为其长度的

1/5~1/7,各类线段长度应大致相等。

(6)各类线型的画法:

① 折断线和波浪线一般可用鼠标手工绘制,其他各种线条一律按制图标准绘制。

② 虚线和虚线或者点画线和点画线相交于线段中间,两端应以短线收尾,并超出物体轮廓界线之外 4~5 mm。

③ 直径小于 12 mm 的圆,其中心线可画成实线。

④ 虚线成为实线的连接线时,应留出一段空隙,但两者成某一角度相交时,结合处不应留出空隙。

(7)矿井各种边界线图例宜符合表 8-5 的规定。

表 8-5　　　　　　　　　　　　　　　边界线图例

序 号	名　　称	图　　例
1	勘探边界线	——— ∣ ———
2	矿区边界线	——— ∥ ———
3	井田境界线	——— ＋ ———
4	煤柱边界线	——— ○ ———
5	采区边界线	——— — — ———
6	可采边界线	——— ▲
7	剖切线	⌐ · ⌐
8	煤层巷道	—————————
9	岩石平巷	— · — · — · —
10	岩石斜巷	＝＝＝＝＝＝

ⓘ 知识补充站　　　　　双线巷道双线距离如何确定

比例尺为 1∶10 000 时,AutoCAD 中双线宽度为 10 mm,打印图纸中双线宽度为 1 mm;

比例尺为 1∶5 000 时,AutoCAD 中双线宽度为 10 mm,打印图纸中双线宽度为 2 mm;

比例尺为 1∶2 000 时,AutoCAD 中双线宽度为 4 mm,打印图纸中双线宽度为 2 mm。

8.1.5　图层颜色

① 图框、图例、经纬网、等高线、剖面线、表格、指北针、钻孔、文字、数字等：White（黑色）。

② 断层线、断层标注：红色（索引颜色 10）。

③ 岩层巷道：深黄（索引颜色 40）。

④ 煤层、半煤岩巷道：蓝（Blue）、第二层绿（Green）、第三层紫（Purple）等。

⑤ 地面建筑及其他：深绿（索引颜色 64）。

⑥ 地面河湖等水域：浅蓝（索引颜色 121）。

⑦ 保护煤柱、冲击层与基岩分界线、冲击层充填等：深棕（索引颜色 32）。

⑧ 煤层或厚煤层充填：深灰（第二调色板，索引颜色 8）。

⑨ 辅助线：白色（第三调色板，索引颜色 255）。

8.1.6　图例

① 在复制地质图时，仍采用原地质图例；需要在复制图中增添设计内容时应按本标准规定的图例绘制。

② 为了图纸美观，同一张图纸应采用统一图例绘制。

③ 绘制 1∶500～1∶5 000 比例的剖面图时，对剖面图中的井巷应按剖切情况进行处理，剖切到的井巷，用单实线表示；没有剖切到的井巷，当井巷在剖切线的前面，用虚线表示；井巷在剖切的后面用双点画线表示。

④ 图例部分放置在图纸的最左下角，如图 8-3 所示。

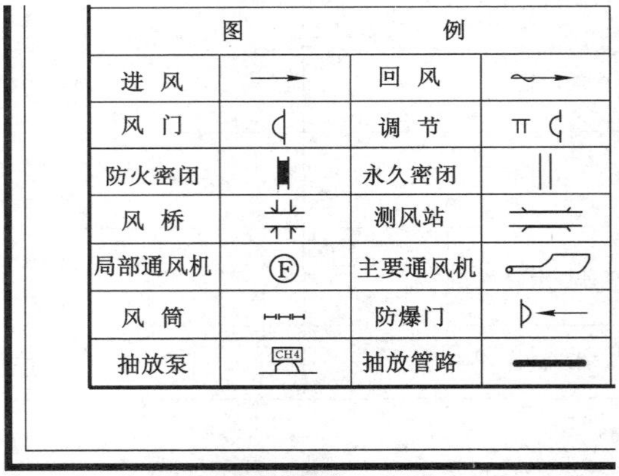

图		例	
进　风	→	回　风	
风　门		调　节	
防火密闭		永久密闭	
风　桥		测风站	
局部通风机	Ⓕ	主要通风机	
风　筒		防爆门	
抽放泵	CH4	抽放管路	

图 8-3　图例示意图

8.2　矿井通风系统平面图的绘制

矿井通风系统平面图是表示矿井通风系统的风流路线与方向、流速、风量及阻力、通风装备和通风设施等情况的总图，由各巷道在水平面上投影绘制而成。根据线型的不

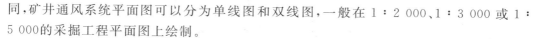

同,矿井通风系统平面图可以分为单线图和双线图,一般在 1：2 000、1：3 000 或 1：5 000 的采掘工程平面图上绘制。

对于单一煤层开采的采区通风系统和矿井通风系统,其通风系统平面图一般是在复制的开拓平面图上标注风流方向、风量、通风装备和通风设施符号和有关技术参数绘制而成。其绘制方法简单,便于分析、研究矿井开拓开采与矿井通风的关系,制定生产技术措施。适宜于反映井下巷道系统简单的中、小型矿井,单水平开采的单一中厚煤层矿井的通风系统。

8.2.1　矿井通风系统图的主要内容

矿井通风系统图是矿井安全工程图中的一种,必须标明矿井进风井和回风井的布置方式、风流方向(新风、乏风)、风量、主要通风机、局部通风机、通风设施、采掘工作面、硐室及巷道名称、标高以及瓦斯突出、火区位置等。绘制矿井通风系统图的依据资料有：

① 矿井开拓开采技术资料。矿井开拓开采技术资料是绘制矿井通风系统图的首要基础资料。这些资料主要有：矿井采掘工程平面图,矿井采掘工程剖面图；矿井开拓平面图,矿井开拓方式剖面图；采区巷道布置平面图,采区巷道布置剖面图；采掘工程单项图等。

② 矿井通风技术资料。矿井通风技术资料是指依据矿井开拓开采布置所确定的矿井通风技术方案和参数。主要包括：矿井通风方式,通风方法,通风网络结构,通风路线,风流方向,采掘工作面,硐室、巷道配风量,通风设备(包括地面和井下)型号、技术参数、数量及设置位置,控制风流设施结构及设置位置。

通风系统图的主要内容如下：

① 图中应标注各用风地点及总进、总回风量和巷道断面,风量单位为 m^3/s,断面单位为 m^2,精确度为 0.01；也可以只标注数值,不标单位,但数值前应增加“Q=”“S=”。有测风站的,风量及巷道断面要标注在测风站处；无测风站的,只标注风量。在采面上隅角标注采面风量。在掘进工作面附近标注风筒末端风量。

② 风流方向标注箭头：长度 12 mm,宽度不超过 1.2 mm,空间较小处,可适当缩短箭头长度。新风风流为红色,乏风风流为蓝色。其位置应放在巷道上方或左方,采面一般放在内侧。

③ 主要通风机：工作参数标注位置尽量靠近风井。多风井主要通风机参数可集中放在左下角。

④ 局部通风机：标注内容有代表符号、供风地点、功率、全风压供风量。双风机只用一个符号表示,风筒不绘制。

⑤ 通风设施位置必须准确,符号符合本规定。通风设施包括：测风站、调节风墙、防突门、防爆门、风帘或风障、风桥、永久风门、临时风门、永久密闭(挡风墙)、调节风门、调节风窗等。

硐室调节风窗应绘制在回风侧。采煤工作面回采结束必须构筑永久密闭。密闭以里巷道长度绘制到停采线,并标注停采线、停采时间、机风巷名称。设置挡风墙的巷道应绘制。

⑥ 采煤工作面应标注采面名称、月推进度、推进方向、采面风量等,掘进工作面应标注巷道名称、风量等,硐室应标注硐室名称、风量等。

⑦ 火区位置及影响范围:火点用 10 mm 的圆划出,"火"字红色,影响范围用红线框出,已注销火区可不填图。

⑧ 标高标注:井口、井底、大巷、车场、上下山变坡点、采掘工作面机风巷以及标高变化较大地点要标注标高,在需标注地点巷道内点".",在巷道外标注标高。

8.2.2 绘制方法和步骤

绘制矿井通风系统图,首先应识读矿井采掘工程平面图,或矿井开拓平面图,并弄清巷道空间相互联系。然后,根据通风系统方案、矿井井巷复杂程度确定绘制矿井通风系统图的类别和图幅大小。

矿井通风系统工程平面图是直接在采掘工程平面图或矿井开拓平面图上,加上风流方向、风量、通风设备及通风构筑物而绘制成的,其绘制方法和步骤如下:

① 先复制一张采掘工程平面图或矿井开拓平面图。为使图纸清晰、明了,可删去图中与矿井通风系统关系不大的内容,如保安煤柱线、运煤路线及采区、区段划分线等。保留坐标网、指北方向、煤层底板等高线、断层、采空区范围、巷道及采掘工作面等。

② 根据确定的矿井通风方式、通风方法和通风风网结构,在复制图上用专用符号标注进风和回风路线、通风构筑物、巷道风量、局部通风机位置及数量。标注顺序从进风井开始,先进风系统后回风系统,先采煤工作面系统后掘进工作面系统和硐室系统。

③ 标注矿井主要通风设备的型号、台数及技术参数。

④ 标注绘制矿井通风系统图的依据资料。

⑤ 绘制图例。

8.3 矿井通风系统网络图的绘制

矿井通风网络图是用不按比例、不反映巷道空间关系的单线条表示矿井通风路线连接形式的示意图。它反映的内容包括风网结构,风流分汇点,支路性质(串联、并联、角联),风流方向、进风、回风及用风地点。在矿井通风网络图中,应注明节点号、风流方向和风量以及主要通风设施(风桥、风门、风墙等);注明主要通风机和局部通风机的位置。

8.3.1 矿井通风网络图的绘制方法与步骤

① 在矿井通风系统图上,沿风流方向对风流的分点和汇点进行有序编号。

② 以通风系统图为依据,用单线条代表巷道,由下而上或从左到右按节点的编号顺序和通风巷道的连接形式绘制风网图,如图 8-4 所示。

③ 按风流系统先绘主干线,后绘支线,尽量减少交叉。

④ 完成风网图的雏形后,应适当美化加工。

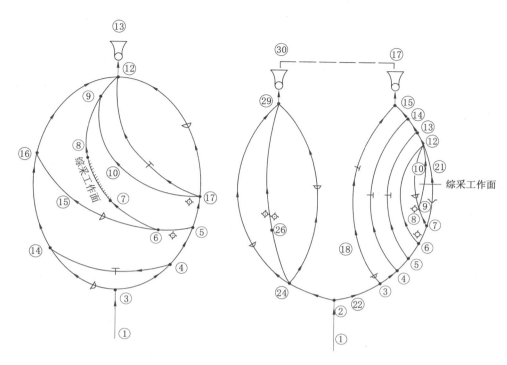

图 8-4　通风网络图

⑤ 在各条风路上标注风流方向、风量等数值,以及通风设备和设施,工作面的位置等。

8.3.2　具体简化原则

按上述方法绘制的通风网络图,往往比较复杂,不便使用。还应根据分析问题的需要作进一步简化。

① 阻力很小的局部风网或两个节点之间阻力很小时,可简化为一个点,如井底车场。

② 某些并联(或串联)的分支群,可用风阻值与该并联(或串联)分支群的总风阻相等的等效分支来代替。

③ 正在掘进的局部通风巷由于不消耗主要通风机功率,可以不在通风网络图中绘出。

④ 简化、合并那些对整个风网不产生影响,解算风网时又不影响准确性的部分(一般多在风网的进风和回风区内)。但对重点分析的部分要慎重处理,不可随意简化,以免疏漏实际存在的通风问题。

⑤ 简化后的网络图,还应将节点编号、风量等重新调整。各分支巷道也应按风流方向重新进行编号。

8.3.3　网络图绘制技巧

① 根据绘制的网络图草图,确定网络图的两条最长通路,进而用比较优美的两条对称圆弧将网络图的大概形状确定下来,以此类推,将剩余的最长通路也用类似方法确定下来,同时应注意布置的均匀性。

② 如果一条圆弧要布置多个节点,并且可以均匀布置,那么可以用点的等分命令将该圆弧等分,在等分点处插入节点,将节点比较均匀地分布在圆弧上。

③ 将用到的各种通风设施提前做成块,需要的时候插入相应的块即可。

④ 要素不能缺少,通风网络图主要包括节点编号、分支连线、风流方向、通风设施、通风动力及图例等要素。

⑤ 分支上标注井巷名称、风量等信息。

8.4 矿井通风系统立体图的绘制

矿井通风系统立体图是根据投影原理把矿井巷道的立体图投影到平面上而形成的图形。如图 8-5 所示,它能较好地表达巷道的空间关系,是进行通风系统设计和现场生产

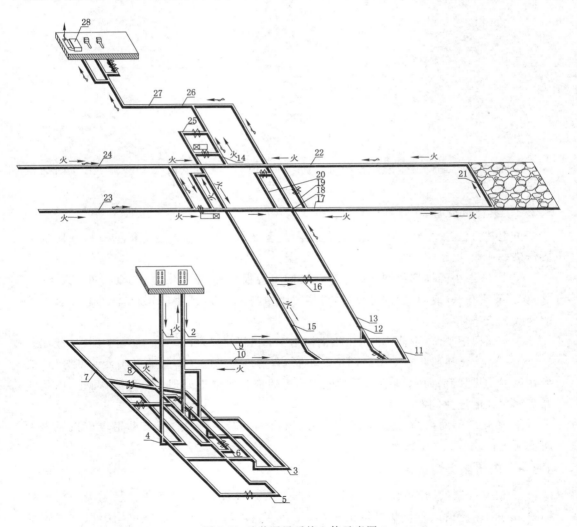

图 8-5 矿井通风系统立体示意图

管理必不可少的资料。一般采用轴测投影法绘制矿井通风系统立体图。轴测投影的实质就是把空间物体连同空间坐标轴投影于投影面上,利用三个坐标轴确定物体的三个尺度。其特点是:平行于某一坐标轴的所有线段,其变形系数相等。

8.4.1 绘制要求

矿井通风系统立体示意图要求能够比较准确地反映实际的巷道空间关系,布局合理、立体感强,宜用 0 号图纸绘制。

绘制矿井通风系统立体图宜符合下列规定:

① 可采用轴测投影法按比例绘制;

② 不能按比例绘制的系统图,可不按比例绘制,但应防止严重失真,并应注明"×××示意图"的字样;

③ 立体图中的井巷,可按表 8-4 规定,用一粗一细的两条线段表示。在水平巷道中,粗实线画在井巷的下侧、右侧;在倾斜巷道、垂直巷道中,粗实线画在井巷的右侧,细实线则画在井巷的另一侧。

根据矿井开拓绘制矿井通风系统立体图。为了使作图方便和增强轴测图的立体感,一般多采用斜角二测投影和斜角三测投影。

8.4.2 绘制方法及步骤

01 在通风系统平面图上选定假定坐标系的坐标原点和坐标轴方向。坐标轴原点宜采用平面图上已有的特征点(如立井中心),坐标轴 X 和 Y 宜平行于主要巷道方向(如石门和平巷),然后在平面图上画出坐标轴网格。

02 确定轴间角(两轴测投影轴间的夹角)和变形系数(沿某一投影轴的线段的投影长度与该线段真实长度之比)。轴间角一般为 $45°\sim60°$,变形系数 p(X 轴)、q(Y 轴)和 r(Z 轴)一般为 $0.5\sim1$。p、q 和 r 可相等(称为等侧投影),也可各不相等(称为三侧投影),或者有两个相等,而第三个系数不同(称为二侧投影)。若以 X 轴表示煤层走向,Y 轴表示煤层倾向,Z 轴表示空间垂直方向,X—Y 轴间角可取 $30°$,$45°$,$60°$,$75°$ 中任何一种,X—Z 轴间角为 $90°$。X 轴的轴向变形系数和 Z 轴的轴向变形系数取 1,Y 轴的轴向变形系数取 0.5。

03 根据各水平的巷道平面图作出轴测投影图。如在作图 8-6 所示的 -30 m 水平巷道轴测投影时,首先绘制 X、Y、Z 轴,并根据平面图的比例尺和变形系数,画 -30 m 水平的坐标格网;然后,在轴测坐标格网中画出巷道特征点,最后用双线连接各特征点,即得各井巷轮廓。

04 画完上水平后,将 Z 轴向下延长,在延长线上按比例尺截取两水平间高差的投影长度(如图 8-6 所示的 -30 m 水平与 -230 m 水平间高差为 200 m,乘上变形系数 $r=1$,即得投影长度为 200 m),然后过截取点,平行于上水平的 X 轴和 Y 轴作下水平的 X 轴和 Y 轴,最后按上一步骤所述,作出下水平(如 -230 m 水平)的巷道轴测投影。依此类推,即可作出各水平的轴测投影。

05 用双线连接各水平之间的井巷(如上、下山,立井、斜井)。

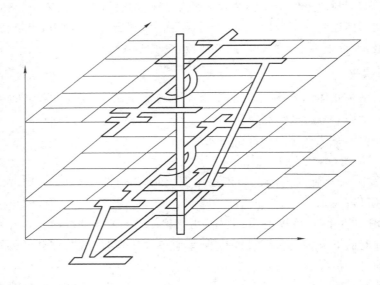

图 8-6　通风系统立体示意图

06 用阴影线或其他线条对各井巷进行修饰(如两平行线中某一侧线条粗,另一侧线条细),即得全矿或某地区的巷道轴测投影图。

07 关闭轴测投影图上的坐标网格图层,标注巷道名称、风向、通风设备和构筑物等内容,即得通风系统立体图。

由于通风系统立体示意图是一种示意性的图,在绘制过程中,为了避免某些巷道重叠和拥挤,使图纸更清晰,立体感更强,可以不必拘泥于某些巷道的严格尺寸及其位置,作些放大、缩小、简化和移动,这样画出的图即为通风系统立体示意图。

8.5　主要通风机特性曲线图的绘制

由于收集到的通风机特性曲线图一般是光栅图,有时候不够清晰,因此需要在AutoCAD 中重新绘制。根据通风容易和困难两个时期风量分配情况,在图中绘出两时期的工作风阻曲线,标注设计工况点和实际工况点及相关的风量风压参数,具体如图 8-7所示。

主要通风机特性曲线图具体绘制方法参照"6.4 光栅图像矢量化及实例",通风容易和困难两个时期的风阻特性曲线分别根据公式 $h = RQ^2$ 取 5～10 个点,然后平滑连接即可绘制风阻特性曲线,工况点用小黑点表示。图形绘制完毕后重点检查单位 Pa、kW、m^3/s 等单位的大小写、上下标是否正确,风阻特性曲线是否平滑、是否通过坐标原点。

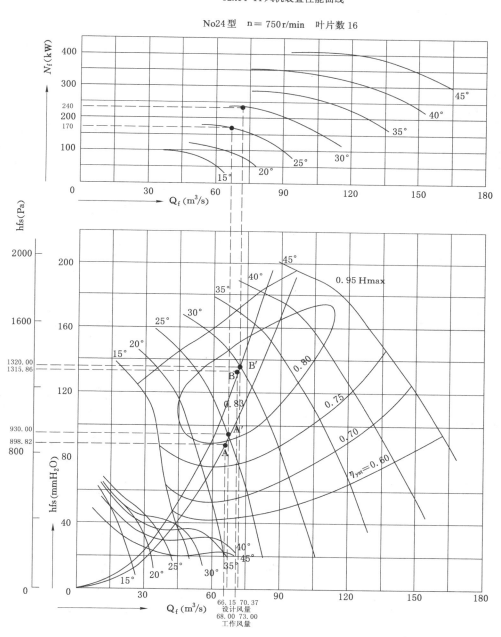

图 8-7　62A14-11 风机装置性能曲线

8.6 矿井开拓剖面图的绘制

矿井开拓剖面图与矿井开拓平面图相对应,共同反映了巷道的空间位置关系。本部分主要介绍矿井开拓剖面图绘制方法。绘图过程中,保证矿井开拓剖面图与平面图中的图纸元素严格一致、一一对应,这是必须遵循的基本原则。

① 矿井开拓剖面图绘制常用的比例是 1∶2 000 和 1∶5 000,一般采用和矿井开拓平面图相同的比例尺。

② 在剖面图中,选择合适的位置绘制好第一条等高线(如标高为±0 的等高线),之后利用阵列方法或多次偏移的方法,绘制出矿井开拓剖面图中其余的等高线,具体的绘图效果(局部)详见图 8-8。

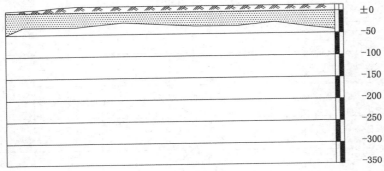

图 8-8　矿井开拓剖面图等高线绘制局部效果图

③ 在绘制右侧等高线标尺时,可先绘制两排方格,然后利用 AutoCAD 的图案填充功能填充即可。

④ 煤层赋存条件的体现。等高线作为标高定位,适当地引入一些辅助线,根据煤层的厚度,可采用前文介绍过的多线和偏移命令来绘制煤层,在菜单栏中的格式选项中新建多线样式,将偏移量设置成煤层厚度,填充颜色选择黑色即可,本例中绘制效果(局部)如图 8-9 所示。

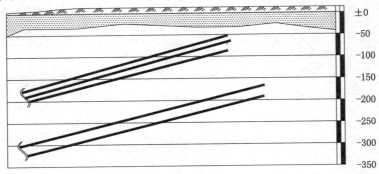

图 8-9　煤层赋存条件绘制局部效果图

⑤ 根据矿井开拓平面图,通过尺寸定位,并结合实际的地质资料确定井田边界,将平面图中具体的煤层赋存、地质构造、水文构造等内容,在矿井开拓剖面图上加以体现。平、剖面图上相同元素要一一对应。

⑥ 通过矿井开拓平、剖面图的比照,借助定位辅助线,可以将开拓平面图中的主、副井筒位置在剖面图上确定下来。井筒在矿井平面图中是体现其在水平范围内的尺寸或相对位置,而在剖面图中则主要表现其在竖直方向上的布局及相对位置,详见图 8-10。因此,同一元素在不同图上的体现方式是不一样的,需要注意这个问题。

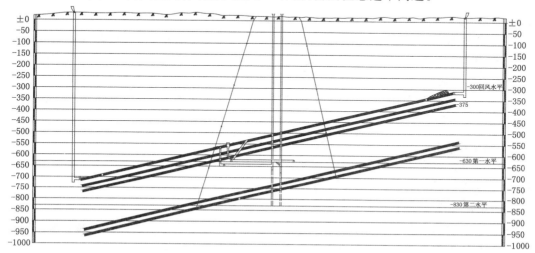

图 8-10 矿井开拓剖面图

⑦ 矿井开拓平面图中,主要表现矿井主要开拓巷道在某一水平范围内的总体走向及布局,而在剖面图中则主要是体现开拓巷道在竖直范围内的布局。只有通过以上两个方向的共同定位,矿井的主要开拓巷道位置才能得以精确的确定。因此,在矿井开拓剖面图上绘制主要开拓巷道时,要以平面图内容为依据,重点体现巷道在竖直范围内的布局,主要包括各个巷道空间位置关系、连通关系等内容,详见图 8-10。

⑧ 准备巷道的绘制,准备巷道和回采巷道的绘制和主要开拓巷道的绘制方法是完全一致的。稍有不同的是,准备巷道多数是在煤层中布置的。因此,将当前图层切换到"煤层巷道"图层中,根据相关的准备巷道位置及走向关键点,利用多段线和偏移来完成矿井开拓系统中准备巷道的绘制,详见图 8-10。

⑨ 采空区在矿井开拓剖面图中属于示意性绘图,因此在绘制出采空区的示意图之后,可以选择"图案填充"中的"GRAVEL"预定义图案进行填充。

⑩ 关于矿井工业广场保护煤柱绘制方法参考《采矿学》等相关的内容。本例中矿井开拓剖面图中工业广场保护煤柱的绘制效果详见图 8-10。

⑪ 井底车场的绘制,确定主、副井筒的位置之后,根据相关关系来确定井底车场的各种巷道和硐室的位置。此利用矿井开拓平面图中已体现的井底车场的相关巷道或硐室,经过辅助定位,将井底车场进一步体现在矿井开拓剖面图中。本例中井底车场在矿井开

拓剖面图中的体现,详见图 8-10。

8.7　出图前的十大注意事项

出图前可以参照以下几条注意事项,对图纸进行逐一检查,图形要素要全,一般包括图框、图例、标题栏、经纬网、标注、指北针、图名等,矿井通风网络图一般包括分支、风流方向、调节设施、通风动力、文字标注、图例等要素。根据多年经验总结出图前的十大注意事项如下:

①　部分图不需要指北针,没有比例尺(如矿井通风系统立体示意图),比例尺处可以填写示意图或者不填;其他一般都需要指北针,宜放置图纸右上角,具体大小和样式(不建议使用其他样式)如图 5-31 所示。

②　打印一定要按照比例尺进行打印(示意图例外),打印出来后经纬网的间距为100 mm。

③　图例都不能少,且要放置在最左下角。

④　外框宜打印成粗线(0.8 mm)。

⑤　图纸中,文字大小一定要合适,按不同比例设置,特别是图名、经纬网标注、等高线标注及井巷名称等字体名称和大小一定要合适。

⑥　辅助线图层打印前要关闭,辅助线不宜打印出来;关于颜色,在打印前都要调成黑白打印(彩色打印例外),否则有些彩色(黄色、绿色等)会打印不清楚。

⑦　图框、标题栏、图例等内容底下的线条必须进行修剪;有些内容需要延伸到内框(如经纬线、某些底板等高线)。

⑧　标题栏,每张图都要有,宜放置在右下角,且大小合适。

⑨　线型、线宽要合理、合适,符合规范,例如:井田边界线一定要用井田边界线的线型,并且线宽一定要为 0.8 mm 等。

⑩　现在图纸宽度最大为 881 mm 不是 841 mm,可以比 A0 稍微大一点,出图前一定要按照比例尺计算一下,一张图纸是否可以完全打印出来;如果一张打印不下,那么要提前做好按两张图打印的准备。

> **⬤☀ 注意**　　　　　　打印错误的后果 ⋯⋯⋯
>
> ①　很难得到别人的认可;
> ②　需要修改重新打印,并重新审核(会很麻烦)。

8.8　设计说明书中插图的注意事项

①　说明书中的插图一般可大致按比例绘制,要求其尺寸大体与实际情况相似,不应在同一图上出现实际较长的巷道(管路)反而比实际较短的巷道(管路)短的现象。

②　说明书中的插图可直接绘在说明书的纸上,亦可单独绘制附在说明书中,说明书

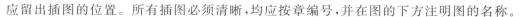

应留出插图的位置。所有插图必须清晰,均应按章编号,并在图的下方注明图的名称。

③ 说明书中的矿井通风网络图不能缺少要素,矿井通风网络图要素一般包括分支、风流方向、分支名称、风量、通风设施、通风动力(风机)等要素,具体如图 8-4 所示。

④ 说明书中的通风机性能曲线图,必须在 AutoCAD 中矢量化,准确绘制工作风阻曲线,并清楚标注设计工况点和实际工况点及相关的风量风压参数,具体如图 8-7 所示。

⑤ 说明书中矿井通风立体图,用单线图框即可,无须双线图框,标题栏也不需要。

8.9　本章小结

本章学习了安全工程图的绘制规范、矿井开拓平面图的绘制、矿井通风系统平面的绘制、矿井通风系统网络图的绘制、矿井通风系统立体图的绘制、主要通风机特性曲线图的绘制及矿井开拓剖面图的绘制等内容,对于绘制规范的图纸具有一定的参考作用。

8.10　思考与练习

① 矿井通风网络图由哪些要素组成? 简述绘制步骤。

② 通风机选型时,绘制通风机特性曲线图有哪些注意事项?

③ 矿井开拓剖面图如何绘制?

第 9 章　三维建模基础

在工程设计和绘图过程中,三维图形应用越来越广泛。使用 AutoCAD 不仅可以绘制出线条组成的平面图形,还可以使用三维绘图命令完成实体模型的绘制,三维技术可以更直观、更全面地描述几何对象,可以从空间的不同角度来观察和操作对象。本章主要介绍三维图形绘制的基础知识,包括 AutoCAD 2019 三维建模界面、三维坐标系、三维视图、模型显示及三维对象的创建等。

本章要点

- 了解三维建模界面及三维坐标系;
- 熟悉三维视图及模型显示;
- 熟悉三维线框对象、网格对象、曲面对象和三维实体对象的创建。

AutoCAD 提供强大的三维建模功能,主要的三维对象包括线框、网格、曲面和实体对象,不同的对象具有不同的特性,将这些不同的对象以及功能综合起来,即可以方便地实现复杂的三维对象建模。

9.1　三维建模界面

AutoCAD 2019 的三维建模界面与二维绘图界面总体类似,除有菜单浏览器、快速访问工具栏等外,还有面向三维建模的功能区、导航栏等,三维建模界面典型的功能组成如图9-1 所示。

（1）光标

在三维建模界面中,光标显示为三维光标,各维度指向与坐标轴保持一致。

（2）坐标系图标

坐标系图标显示成了三维图标,并且显示出坐标轴的方向（即 X、Y、Z）。

（3）功能区

与二维绘图环境相比,功能区是界面的主要变化部分。功能区中有【常用】、【实体】、【曲面】、【网格】、【渲染】、【参数化】、【插入】、【注释】、【布局】、【视图】、【管理】和【输出】等12 个选项卡,每一个选项卡中有一些面板,各面板上有相应功能的按钮。

（4）ViewCube

ViewCube 是一个三维导航工具,利用其可以方便地将视图按不同的方位显示。

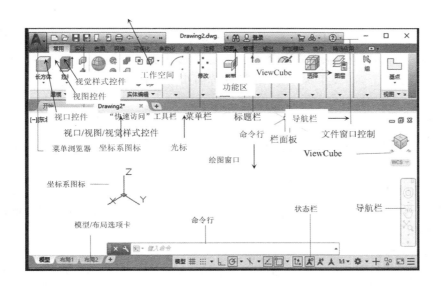

图 9-1　AutoCAD 2019 的三维建模工作空间

（5）导航栏

导航栏提供了一组三维模型查看功能，这包括全导航控制盘、动态观察、平移缩放等常用功能。

此外，视口控件、视图控件及视觉样式控件提供了快捷的三维模型显示功能，通过鼠标左键单击可调出相应快捷菜单。

9.2　三维坐标系

在 AutoCAD 中，要创建和观察三维图形，就一定要使用三维坐标系和三维坐标。因此，了解并掌握三维坐标系，树立正确的空间观念，是学习三维图形绘制的基础。

同二维绘图类似，在 AutoCAD 三维空间中，可以使用两种类型的三维坐标系。一种是固定不变的世界坐标系，另一种是可移动的用户坐标系。可移动的用户坐标系对于输入坐标、建立图形平面和设置视图非常有用。对于用户坐标系，可以进行定义、保存、恢复、删除等操作。

9.2.1　世界坐标系和用户坐标系

（1）世界坐标系（WCS）

在 AutoCAD 的每个图形文件中，都包含一个唯一的、固定不变的、不可删除的基本三维坐标系，这个坐标系被称为世界坐标系（WCS，World Coordinate System）。WCS 为图形中所有的图形对象提供了一个统一的度量。

当使用其他坐标系时，可以直接使用世界坐标系的坐标，而不必更改当前坐标系。使用方式是在坐标前加"＊"号，表示该坐标为世界坐标。例如，无论在哪个坐标系中，坐标（＊10,10,10）都表示世界坐标系的点（10,10,10）。

（2）用户坐标系（UCS）

在一个图形文件中，除了 WCS 之外，AutoCAD 还可以定义用户坐标系（UCS，User Coordinate System）。顾名思义，用户坐标系是可以由用户自行定义的一种坐标系。在 AutoCAD 的三维空间中，可以在任意位置和方向指定坐标系的原点、XOY 平面和 Z 轴，从而得到一个新的用户坐标系。

9.2.2 创建用户坐标系（UCS）

在 AutoCAD 中，可以使用多种方法创建 UCS，新建的 UCS 将成为当前 UCS。

（1）命令调用方法

01 工具栏：【UCS】；**02** 菜单项：【工具】→【新建 UCS】→【世界】、【对象】、【面】、【视图】、【原点】、【Z 轴矢量】、【三点】、【X】、【Y】、【Z】，如图 9-2 所示；**03**【UCS】功能区面板，如图 9-3 所示；**04** 命令行：ucs。

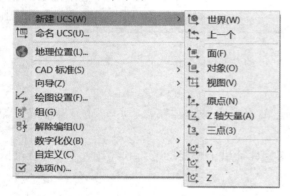

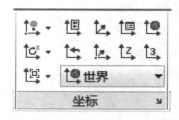

图 9-2 【UCS】菜单　　　　　　　　　　　图 9-3 【UCS】功能区面板

（2）命令操作

令：UCS
当前 UCS 名称：＊世界＊
指定 UCS 的原点或者【面（F）/命名（NA）/对象（OB）/上一个（P）/视图（V）/世界（W）/X/Y/Z/Z 轴（ZA）】＜世界＞：

在进行三维建模过程中为了方便快捷的实现对象定位，可以灵活地使用 UCS 命令实现用户坐标系的建立和变换。进入 UCS 命令后，面（F）选项可以实现 UCS 动态对齐到三维对象的面；对象（OB）选项可以将 UCS 与选定的二维或三维对象对齐；X/Y/Z 选项可以实现 UCS 按相应轴旋转；世界（W）选项将用户坐标系重置为世界坐标系。

（3）命令应用

命令应用如图 9-4 和图 9-5 所示。

9.2.3 控制 UCS 图标的显示（Ucsicon）

在 AutoCAD 的图形窗口中，可以使用 UCS 图标来显示 UCS 的坐标轴方向和原点相对于观察方向的位置。AutoCAD 提供了多种形式的 UCS 图标来表示 UCS 的类型、位置,并可以改变 UCS 图标的大小、位置和颜色等。

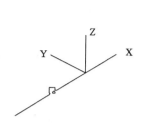

图 9-4　将 UCS 对齐到直线对象

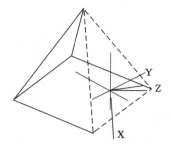

图 9-5　将 UCS 对齐到三维对象的面

命令调用方法:**01** 菜单项:【视图】→【显示】→【UCS 图标】→【开】、【原点】、【特性】;
02 命令行:ucsicon。

9.2.4　三维坐标输入方式

AutoCAD 可以使用多种形式的三维坐标,这主要包括:直角坐标、柱坐标、球坐标和这三种坐标的相对坐标输入方式,如图 9-6 所示。

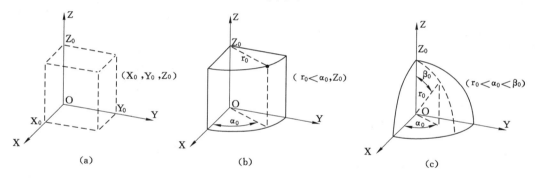

图 9-6　三维坐标输入方式
（a）直角坐标;（b）柱坐标;（c）球坐标

（1）直角坐标

三维绘图空间中的任一个点都可以使用直角坐标(X, Y, Z)进行表示,其中 X, Y, Z 分别表示该空间点在三维直角坐标系中 X 轴、Y 轴和 Z 轴上的分量。

（2）柱坐标

柱坐标使用$(r < \alpha, Z)$的形式表示空间中的任一点,其中,r 表示该点所在圆柱体的半径,α 表示该点在 XOY 面的投影和原点的连线与 X 轴的夹角,Z 表示该点所在圆柱体的高度。

（3）球坐标

球坐标使用$(r < \alpha < \beta)$的形式表示空间中的任一点,其中,r 表示该点所在球体的半径,α 表示该点与原点的连线在 XOY 平面上的投影与 X 轴之间的夹角,β 表示该点与原点的连线与 XOY 平面的夹角。

（4）相对坐标

以上三种坐标输入方式称为绝对坐标输入，即点的位置是相对于坐标原点来定位的。除了绝对坐标，AutoCAD 还提供了相对坐标输入方式。与二维绘图中相对坐标输入方式相同，在进行三维建模时仍然使用@符号来表示直角坐标、柱坐标和球坐标中的相对坐标输入。例如空间中的直线起点绝对坐标为(10,15,10)，终点坐标为(20,30,30)，则终点相对于起点的相对坐标为(@10,15,20)。

9.2.5　构造平面与标高

构造平面是 AutoCAD 三维空间中一个特定的平面，一般即为三维坐标系中的 XOY 平面。通常，创建的二维对象以及栅格显示都位于构造平面上。在进行三维绘图时，如果没有指定 Z 坐标，或者直接通过鼠标在屏幕上拾取点，则该点的 Z 坐标将与构造平面的 Z 坐标保持一致。

默认情况下构造平面的标高为 0，使用 ELEV 命令可以修改构造平面的标高，即在当前 UCS 的 XOY 平面以上或以下为新对象设置默认 Z 值，从而可直接在与 XOY 平面平等的平面上绘图。该值存储在 elevation 系统变量中。

一般情况下，建议将标高设置保留为零，并使用 UCS 命令控制当前 UCS 的 XOY 平面。elev 只控制新对象，而不影响现有对象。每次将坐标系更改为世界坐标系（WCS）时，标高都将重置为 0.0，如图 9-7 所示。

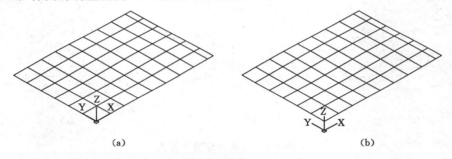

（a）　　　　　　　　　　　　　　　（b）

图 9-7　不同标高下栅格平面显示
(a) elev＝0；(b) elev＝10

9.3　三维视图

虽然 AutoCAD 中的模型空间是三维的，但只能在屏幕上看到二维的图像，并且只是三维空间的局部沿一定的方向在平面上的投影。根据一定的方向和一定的范围显示在屏幕上的图像称为三维视图。

为了能够在屏幕上从各种角度、各种范围观察图形，需要不断地变换三维视图。

9.3.1　使用导航工具栏查看图形

用户可使用导航工具栏查看三维图形，导航工具栏集成了全导航控制盘（SteeringWheels）、平移、缩放、动态观察以及视图动画（ShowMotion）等工具，如图 9-8 所示。使用 NAVBAR 命令可控制导航菜单的显示与关闭。

单击全导航工具盘 SteeringWheels 可弹出鼠标跟随菜单如图 9-9 所示,通过该菜单,可以使用左键拖动等操作实现图形查看中心设置以及图形的动态观察。导航工具栏的 ShowMotion 工具,可以创建快照,并向其中添加移动与转场等元素。

图 9-8 导航工具栏

图 9-9 全导航工具盘 SteeringWheels

9.3.2 选择预置三维视图(View)

AutoCAD 为用户预置了六种正交视图和四种等轴测视图,用户可以根据这些标准视图的名称直接调用,无需自行定义。

命令调用方法:**01** 工具栏:【标准】→【视图】,如图 9-10 所示;**02** 菜单项:【视图】→【三维视图】;**03** 命令行:View。也可使用绘图区中的视图控件或 ViewCube 进行快捷的视图查看,如图 9-10 和图 9-11 所示。

图 9-10 视图控件

图 9-11 ViewCube 导航工具

使用 View 命令可以进入视图管理器,创建、设置、重命名、修改和删除命名视图(包括模型命名视图)、相机视图、布局视图和预设视图等,如图 9-12 所示。

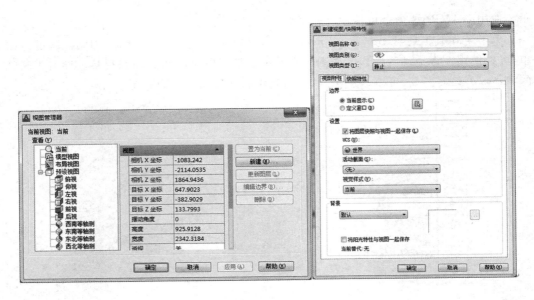

图 9-12　视图管理器和新建视图对话框

9.3.3　设置平面视图（Plan）

平面视图是指以平行于 Z 轴的视线查看坐标系 XY 平面（构造平面）的视图，相当于俯视图。AutoCAD 可以随时设置基于当前 UCS、命名 UCS 或 WCS 的平面视图。

（1）命令调用方法

01 菜单项：【视图】→【三维视图】→【平面视图】；**02** 命令行：plan。

（2）命令操作步骤

> 命令：plan
> 输入选项【当前 UCS(C)/UCS(U)/世界(W)】＜当前 UCS＞：

◉ 智慧锦囊　　　　　**使用 plan 命令时应注意以下几点**

① 使用 plan 命令设置平面视图时，需要指定该平面视图的基准坐标系。

② plan 命令只影响当前视口中的视图，而且不影响当前的 UCS。在图纸空间中不能使用 plan 命令。

9.3.4　视口配置（Viewports）

视口是 AutoCAD 中显示图形模型空间中某个部分的有边界区域，用来显示各种视图。默认情况下，模型空间的整个模型窗口即为一个单一的视口，显示一个三维视图。可以将图形窗口划分为多个视口，从而在不同的视口中显示不同的视图。

（1）命令调用方法

01 工具栏：；**02** 功能区：【视图】选项卡→【模型视口】面板→【视口配置】；**03** 命令行：vports。

（2）命令应用

命令：vports
输入选项［保存(S)恢复(R)删除(D)合并(J)单一(SI)？234 切换(T)模式(MO)］<3>：

AutoCAD 中使用功能菜单或 vports 命令进入视口配置，配置界面如图 9-13 所示。

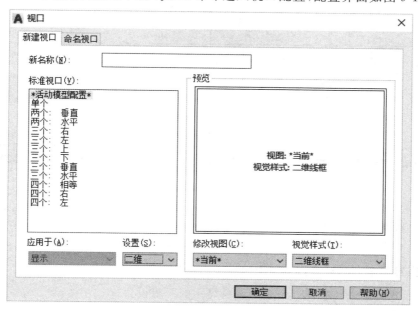

图 9-13　视口配置

新名称：为视口配置指定名称以重复使用，如果不输入名称，则确定后会应用视口配置但不保存配置。

标准视口：显示系统预设的视口数量以及排列形式，用户选择某一标准视口，程序会在预览部分相应显示。单击预览部分各个视口，即可对该视口进行视图以及视觉样式的配置。

应用于：将当前视口配置应用到整个显示窗口或是只应用于当前视口。

设置：设置当前所选视口以三维或二维形式显示。

修改视图：设置当前所选视口的显示视图类型。

视觉样式：设置当前所选视口的视觉样式。

例如，采用"四个：相等"的标准视口，则某三维实体的显示效果如图 9-14 所示。

必备技巧　　　　　　　　　　视口操作

通过视口配置，用户可以快速、方便、准确地从多个视图进行三维建模而不需要反复变换视图。使用多个视口时，用户只能在当前视口操作，但 AutoCAD 可以在操作过程中切换视口，从而实现在不同视口绘制相同图形。例如，在一个视口绘制直线的起点，之后单击切换到其他视口继续完成直线终点的绘制。

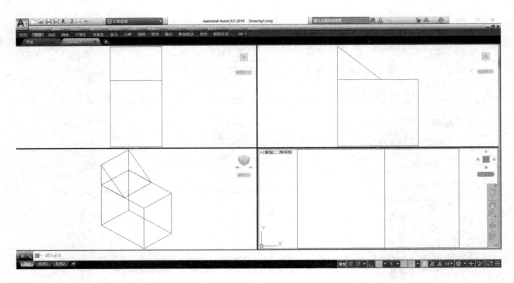

图 9-14　视口配置示例

9.4　三维模型显示

9.4.1　视觉样式（VSM，Visualstyles）

视觉样式是用来控制视口中边和着色显示的一组设置。

（1）命令调用方法

01 工具栏：▣；**02** 菜单：【视图】→【视觉样式】；**03** 功能区：【常用】选项卡→【视图】面板；**04** 命令行：visualstyles 或 vsm。

（2）命令应用

AutoCAD 通过视觉样式来控制三维模型的显示方式，可将模型以二维线框、三维隐藏、三维线框、概念或真实等视觉样式显示。视图面板以及视觉样式列表分别如图 9-15 和图 9-16 所示。用户也可以使用绘图区的视觉样式控件快速设置当前视口的视觉样式。

图 9-15　【视图】面板

除系统预定义的视觉样式外，用户也可在视觉样式管理器中，根据需要调整边、面和光照等参数，创建新的用户自定义视觉样式。典型的视觉样式显示效果如图 9-17 所示。

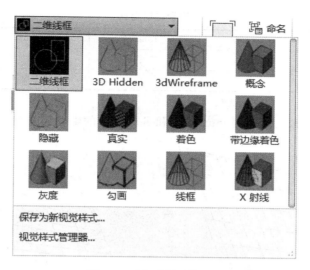

图 9-16　【视觉样式】列表

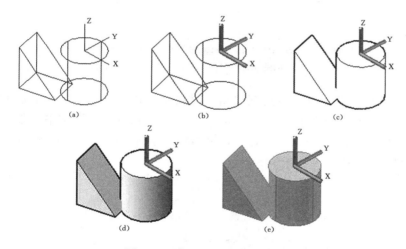

图 9-17　典型视觉样式显示效果

（a）二维线框；（b）三维线框；（c）三维隐藏；（d）概念；（e）真实

9.4.2　模型显示质量控制

通过设置相关变量参数，AutoCAD 允许用户提高或降低三维模型显示质量。当提高三维模型显示质量时，可能需要消耗更多的计算机资源、降低建模效率，但可以获得更好的模型显示效果。

对于网格模型而言，网格密度控制曲面上镶嵌面的数目，它由 M 乘 N 个顶点的矩阵定义，类似于由行和列组成的栅格。通过设置系统变量 Surftab1 和 Surftab2 大小可分别设置直纹曲面（Rulesurf）、平移曲面（Tabsurf）、旋转曲面（Revsurf）及边界曲面（Edgesurf）等网格模型在 M 方向和 N 方向上的网格密度。具体的变量影响情况如表9-1所示。

表 9-1   变量影响情况

	Rulesurf	Tabsurf	Revsurf	Edgesurf
Surftab1	N 方向	N 方向	M 方向	M 方向
Surftab2	/	/	N 方向	N 方向

以边界曲面 Edgesurf 为例,Surftab1 和 Surftab2 的影响如图 9-18 所示。

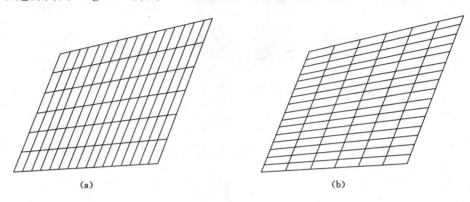

图 9-18   Surftab1 和 Surftab2 对曲面质量影响示例

(a) Surftab1＝6,Surftab2＝16;(b) Surftab1＝16,Surftab2＝6

  对于网格对象还可通过平滑处理以增加网格中镶嵌面的数目,从而使对象更加圆滑。镶嵌面是每个网格面的底层组件。Meshsmoothmore 命令可将网格对象的平滑度提高一级,相对应地,Meshsmoothless 命令可将网格对象的平滑度降低一级,系统一共提供了五级的平滑度,如图 9-19 所示。

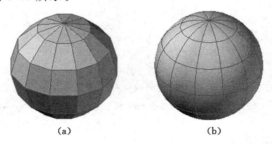

图 9-19   Meshsmooth 命令对曲面质量影响示例

(a) 平滑度:无;(b) 平滑度:层 4

> **⚒ 必备技巧**   **MeshSmooth 命令**
>
>   MeshSmooth 命令可以将三维实体和曲面等对象转换为网格对象,从而可以利用三维网格实现细节建模的功能。

  实体模型在线框模式下用曲线表示,曲线的网络越密集,数量越多,则实体的显示效果越好。网格的数量可以使用 Isolines 系统变量来设置。设置完成后,需要执行 Regen

（重生成）命令来更新显示，如图 9-20 所示。

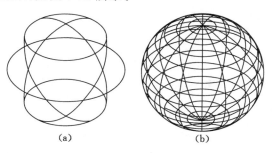

图 9-20　Isolines 对曲面质量影响示例

(a) Isolines＝4；(b) Isolines＝16

　　实体模型在消隐、概念及真实样式下以实体效果显示，AutoCAD 以很多小矩形平面替代三维实体的真实曲面。显然替代平面越小、越多，实体的显示效果越好。可以通过设置系统变量 Facetres 来设置三维对象的平滑度，其取值为 0.01～10，值越大，则实体显示越平滑。效果如图 9-21 所示。

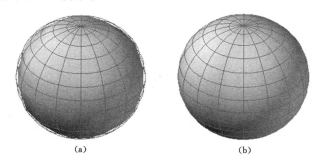

图 9-21　Facetres 对曲面质量影响示例

(a) Facetres＝0.01；(b) Facetres＝10

9.5　三维线框对象

　　三维线框对象包括三维点、三维直线和三维多段线等对象，也包括置于三维空间中的各种二维线框对象。这些对象由点、直线和曲线以边界的形式显示，没有面和实体信息，可以详细表现三维对象内外部信息，但不支持隐藏、着色和渲染等操作。

9.5.1　三维点（Point）

　　三维点是最简单的三维对象，创建三维点的过程与创建二维点相同，区别在于三维点需要指定点的三维坐标。

　　（1）命令调用方法

　　01 功能区：【常用】→【绘图】 ⋮ ；**02** 菜单项：【绘图】→【点】→【单点】、【多点】；**03** 命令行：point。

（2）命令操作步骤

> 命令：point
> 当前点模式：pomode＝0　pdsize＝0.0000
> 指定点：

📖 知识精讲　　　　　　　　　　**定义三维点的方法**

① 使用键盘在命令行中输入三维点的三维坐标值，可以精确地定义一个三维点。

② 使用光标在绘图窗口中单击左键，可以确定一个三维点。该点的 X、Y 坐标为单击鼠标时光标位置处的 X、Y 坐标，该点的 Z 坐标为当前的标高值。

③ 利用对象捕捉模式在已有的三维对象上捕捉三维点。在二维制图中所用到的各种对象捕捉模式均可用于三维点的捕捉。

④ 利用点过滤器提取不同点的坐标分量构成新的三维点。

9.5.2　创建三维直线（Line）

三维直线可以是 AutoCAD 三维空间中任意两点的连线，因此，二维直线也就是限制在构造平面上的三维直线。可以通过指定直线的三维端点来避开构造平面的限制，从而能够在三维空间中的任意位置创建三维直线。

（1）命令调用方法

02 功能区：【常用】→【绘图】✐；**02** 菜单项：【绘图】→【直线】；**03** 命令行：line。

（2）命令操作步骤

> 命令：line
> 指定第一点：　　　　　　　　　　//在绘图区中选择绘制直线的起点
> 指定下一点或【放弃(U)】：　　　　//在绘图区中选择绘制直线的终点或输入线段长度，
> 　　　　　　　　　　　　　　　　　按 Enter 键完成绘制
> 指定下一点或【放弃(U)】：　　　　//不退出 LINE 命令，以第一条直线的终点作为第二
> 　　　　　　　　　　　　　　　　　条直线的起点，在绘图区中单击鼠标拾取第二条直
> 　　　　　　　　　　　　　　　　　线的终点
> 指定下一点或【闭合(C)或放弃(U)】：　//指定第三条直线的终点
> 指定下一点或【闭合(C)或放弃(U)】：

（3）命令应用

例如，要绘制过点（0，0，0）和点（1，1，1）的三维直线，可在功能区选项板中选择【常用】选项卡，在【绘图】面板中单击【直线】按钮，然后输入这两个点坐标即可。

✍ 考考你　　　　　　　　　**三维直线与二维直线有何不同？**

创建三维直线的命令和操作过程与创建二维直线完全相同，唯一的区别在于直线的端点是三维点。用户可以使用创建三维点所用的各种方法指定三维直线的端点，从而确定三维空间中任意两点的连线，而不受构造平面的制约。与创建三维直线类似，在使用 RAY 命令创建射线对象、使用 XLINE 命令创建构造线对象时，都可以直接通过指定三维点的方法创建三维射线和三维构造线。

9.5.3　创建三维多段线(3P，3dpoly)

三维多段线是作为单个对象创建的直线段相互连接而成的序列。三维多段线可以不共面,但是不能包括圆弧段。

（1）命令调用方法

01 功能区:【常用】→【绘图】 ；**02** 菜单项:【绘图】→【三维多段线】；**03** 命令行:3dpoly 或 3p。

（2）命令操作步骤

> **注意**
>
> 命令:3dpoly
>
> 指定多段线的起点:指定点　　　　　 //在屏幕拾取点或输入三维点坐标
>
> 指定直线端点或【放弃(U)】:指定点或输入选项
>
> 　　　　　　　　　　　　　　　　　 //在屏幕拾取点或输入三维点坐标
>
> 指定直线端点或【放弃(U)】:指定点或输入选项
>
> 　　　　　　　　　　　　　　　　　 //在屏幕拾取点或输入三维点坐标
>
> 指定直线端点或【关闭(C)/放弃(U)】:指定点或输入选项

9.5.4　创建三维螺旋线(Helix)

（1）命令调用方法

01 功能区:【常用】→【绘图】 ；**02** 菜单项:【绘图】→【螺旋】；**03** 命令行:helix。

（2）命令操作步骤

> 执行 HELIX 命令,AutoCAD 提示:圈数 = 3.0000　　　扭曲=CCW
>
> 　　　　　　　　　　　　　　　　//表示螺旋线的当前设置
>
> 指定底面的中心点:　　　　　　　//指定螺旋线底面的中心点位置
>
> 指定底面半径或【直径(D)】:　　　//输入螺旋线的底面半径或通过【直径(D)】选项输入直径
>
> 指定顶面半径或【直径(D)】:　　　//输入螺旋线的顶面半径或通过【直径(D)】选项输入直径
>
> 指定螺旋高度或【轴端点(A)/圈数(T)/圈高(H)/扭曲(W)】:...

其中,【指定螺旋高度】选项用于指定螺旋线的高度。【轴端点(A)】选项用于确定螺旋线轴的另一端点位置。【圈数(T)】选项用于设置螺旋线的圈数(默认值为3,最大值为500)。【圈高(H)】选项用于指定螺旋线的圈高(即螺旋线旋转一圈后沿轴线方向移动的距离)。【扭曲(W)】选项用于确定螺旋线的旋转方向(即旋向)。

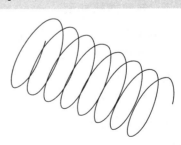

图 9-22　三维螺旋线的绘制

（3）命令应用

例如,绘制的三维螺旋线如图 9-22 所示。

9.6 三维网格对象

三维网格图元是由镶嵌面而不是由平滑曲面定义的基本网格对象。AutoCAD 提供标准形状的网格图元用以生成三维网格对象,这包括:网格长方体、网格圆锥体、网格圆柱体、网格棱锥体、网格球体、网格楔体以及网格圆环体等,所有这些图元对象都可以在三维建模环境中网格选项卡的图元面板进行选择创建,或者使用 MESH 命令创建各网格图元。

单击图元面板中选项按钮 ![icon],或运行命令 meshprimitiveoptions 可以打开网格图元选项设置界面,如图 9-23 所示。

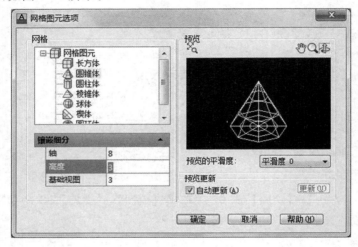

图 9-23   网格图元选项

通过此界面可以设置各网格图元的镶嵌密度(细分数)以及预览网格对象在不同平滑度和镶嵌细分下的显示效果。默认情况下,创建的网格对象平滑度或圆度为 0,可以通过 MESH 命令的"设置"选项更改网格对象默认的平滑度,其取值为 0~4 的整数。

9.6.1 创建网格曲面

以现有的二维图形为基础,AutoCAD 2019 可以创建多种网格曲面,包括:旋转网格曲面(revsurf)、边界曲面(edgesurf)、直纹曲面(rulesurf)和平移曲面(tabsurf)。可以通过设置 surftab1 和 surftab2 变量的值来改变网格密度。

(1)命令调用方法

01 功能区:【网格】→【图元】→【revsurf】 ![icon] 、【edgesurf】 ![icon] 、【rulesurf】 ![icon] 、【tabsurf】 ![icon];**02** 菜单项:【绘图】→【建模】→【网格】→【图元】→【旋转网格】、【边界网格】、【直纹网格】、【平移网格】;**03** 命令行:revsurf、edgesurf、rulesurf、tabsurf。

(2)命令操作步骤

命令：revsurf　　　　　　　　　　　　　　　　//创建旋转网格曲面

当前线框密度：SURFTAB1＝20　SURFTAB2＝20

选择要旋转的对象：

选择定义旋转轴的对象：

指定起点角度＜0＞：0

指定包含角（＋＝逆时针，－＝顺时针）＜360＞：120

旋转网格曲面示例见图 9-24。

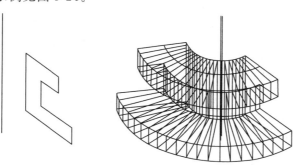

图 9-24　旋转网格曲面示例

命令：edgesurf　　　　　　　　　　　　　　　//创建边界网格曲面

当前线框密度：SURFTAB1＝20　　SURFTAB2＝20

选择用作曲面边界的对象 1：

选择用作曲面边界的对象 2：

选择用作曲面边界的对象 3：

选择用作曲面边界的对象 4：

边界网格曲面示例见图 9-25。

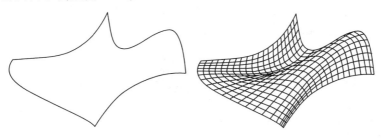

图 9-25　边界网格曲面示例

命令：rulesurf　　　　　　　　　　　　　　　//创建直纹网格曲面

当前线框密度：SURFTAB1＝20

选择第一条定义曲线：

选择第二条定义曲线：

直纹网格曲面示例见图 9-26。

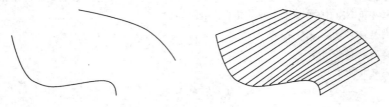

图 9-26　直纹网格曲面示例

```
命令：_tabsurf                              //创建平移网格曲面
当前线框密度：SURFTAB1＝20
选择用作轮廓曲线的对象：
选择用作方向矢量的对象：
```

平移网格曲面示例见图 9-27。

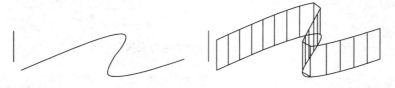

图 9-27　平移网格曲面示例

9.6.2　创建网格长方体（Mesh）

网格长方体包括六个表面，其底面将绘制为与当前 UCS 的 XY 平面（工作平面）平行。

（1）命令调用方法

01 功能区：【网格】→【图元】→网格长方体；**02** 菜单项：【绘图】→【建模】→【网格】→【图元】→【长方体】；**03** 命令行：mesh。

（2）命令操作步骤

```
命令：mesh
当前平滑度设置为：0
输入选项【长方体（B）/圆锥体（C）/圆柱体（CY）/棱锥体（P）/球体（S）/楔体（W）/圆环体（T）/设置（SE）】＜圆锥体＞：B
指定第一个角点或【中心（C）】：          //指定长方体第一个角点
指定其他角点或【立方体（C）/长度（L）】：  //指定长方体在平行 XY 平面上的另一
                                          点或创建立方体或指定长度
指定高度或【两点（2P）】＜10＞：          //指定长方体高度
```

（3）命令应用

例如，绘制的网格长方体如图 9-28 所示。

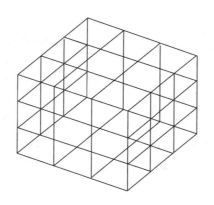

图 9-28　网格长方体

9.6.3　创建网格棱锥体（Mesh）

棱锥面是指棱锥体的表面，包括各种三棱锥、四棱锥以及三棱台、四棱台等三维对象的表面。

（1）命令调用方法

01 功能区：切换至"三维建模"工作空间→【网格】菜单→【图元】功能区→【网格棱锥体】▲；**02** 菜单项：【绘图】→【建模】→【网格】→【图元】→【棱锥体】；**03** 命令行：mesh。

（2）命令操作步骤

> 命令：mesh
> 当前平滑度设置为：0
> 输入选项【长方体（B）/圆锥体（C）/圆柱体（CY）/棱锥体（P）/球体（S）/楔体（W）/圆环体（T）/设置（SE）】＜长方体＞：P　4 个侧面　外切
> 指定底面的中心点或【边（E）/侧面（S）】：　　//使用 S 选项指定棱数
> 指定底面半径或【内接（I）】＜10＞：　　//输入底面外接圆半径，或用内接圆选项
> 指定高度或【两点（2P）/轴端点（A）/顶面半径（T）】＜10＞：
> 　　　　//指定棱锥体高度或使用 T 选项创建棱台
> 　　　　//或使用 A 选项创建倾斜棱锥

（3）命令应用

绘制的网格棱锥体创建 6 棱锥与 5 棱台如图 9-29 所示。

9.6.4　创建网格球体（Mesh）

（1）命令调用方法

01【网格】→【图元】→【网格球体】🌐；**02** 菜单项：【绘图】→【建模】→【网格】→【图元】→【球体】；**03** 命令行：mesh。

（2）命令操作步骤

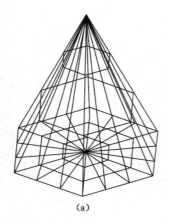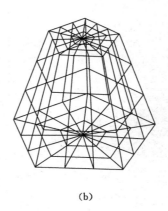

(a)   (b)

图 9-29   网格棱锥

(a) 6 棱锥;(b) 5 棱台

命令：mesh

当前平滑度设置为：0

输入选项【长方体(B)/圆锥体(C)/圆柱体(CY)/棱锥体(P)/球体(S)/楔体(W)/圆环体(T)/设置(SE)】＜球体＞：S

指定中心点或【三点(3P)/两点(2P)/切点、切点、半径(T)】：   //指定网格球体中心点或其他选项

指定半径或【直径(D)】＜10＞：   //指定球体半径或直径

（3）命令应用

网格球体是由多边形网格近似得到的,其纬线始终与当前 UCS 的 XY 平面相平行,并且中心轴与当前 UCS 的 Z 轴平行,如图 9-30 所示。

9.6.5   创建网格圆环体(Mesh)

AutoCAD 使用多边形网格来近似表示圆环面。

（1）命令调用方法

01 功能区：【网格】→【图元】→【网格圆环体】

;**02** 菜单项：【绘图】→【建模】→【网格】→【图元】

→【圆环体】;③ 命令行：mesh。

（2）命令操作步骤

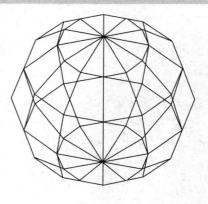

图 9-30   网格球体

命令：mesh

当前平滑度设置为：0

输入选项【长方体(B)/圆锥体(C)/圆柱体(CY)/棱锥体(P)/球体(S)/楔体(W)/圆环体(T)/设置(SE)】＜球体＞：T

指定中心点或【三点(3P)/两点(2P)/切点、切点、半径(T)】：   //指定圆环中心或其他选项

指定半径或【直径(D)】＜10＞：   //指定圆环半径或直径

指定圆管半径或【两点(2P)/直径(D)】：   //指定圆管半径或直径

（3）命令应用

网格圆环体是由多边形网格近似表示的圆环体的表面,其圆管中心所在平面与当前 UCS 的 XY 平面平行,如图 9-31 所示。

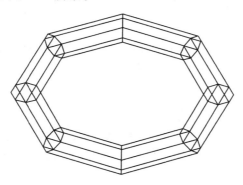

图 9-31 创建圆环体

在创建圆环面时,要求圆环面的半径和圆管半径都大于零,并且圆环面的半径要大于圆管半径。

9.6.6 其他网格对象（Mesh）

除以上三维网格对象外,AutoCAD 还提供了网格圆锥体、网格圆柱体、网格楔体等三维网格对象的创建。其创建过程与上类似,在三维线框视图下,各对象显示效果如图 9-32 所示。

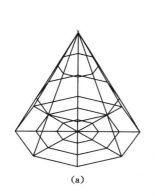 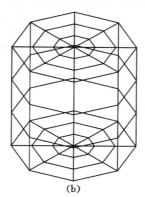 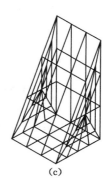

（a） （b） （c）

图 9-32 其他网格对象
（a）网格圆锥体；（b）网格圆柱体；（c）网格楔体

9.7 三维曲面对象

曲面对象由边界和表面组成,没有质量和体积,由于表面可以挡住视线,所以可以对曲面对象进行隐藏、渲染等。

9.7.1 创建平面曲面(Planesurf)

平面曲面可以通过指定矩形区域的对角点或转换封闭的对象来创建,这些对象可以是由直线、圆、多段线等形成的封闭区域。

(1)命令调用方法

01 功能区:【曲面】→【创建】→【平面】 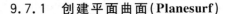 ;**02** 菜单项:【绘图】→【建模】→【曲面】→【平面曲面】;**03** 命令行:planesurf。

(2)命令操作步骤

命令:planesurf

指定第一个角点或【对象(O)】<对象>:   //指定矩形区域第一个角点,或者选择封闭对象

指定其他角点: //指定选择矩形区域第二个角点

(3)命令应用

使用 planesurf 命令创建平面曲面如图 9-33 所示。

平面曲面的素线数可以通过其特性面板中 U 素线与 V 素线属性来控制,如图 9-34 所示,或者在创建平面曲面前通过 surfu 和 surfv 系统变量来设置。

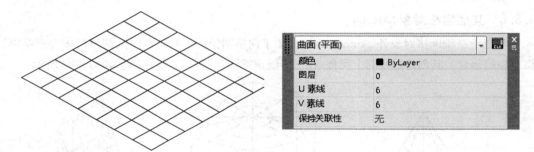

图 9-33 创建平面曲面   图 9-34 曲面 U、V 素线

9.7.2 创建网络曲面(Surfnetwork)

网络曲面是指在 U 方向和 V 方向(包括曲面和实体边子对象)的几条曲线之间的空间中创建曲面。

(1)命令调用方法

01 【曲面】→【创建】→【网络】 ;**02** 菜单项:【绘图】→【建模】→【曲面】→【网络曲面】;**03** 命令行:surfnetwork。

(2)命令操作步骤

命令:surfnetwork

沿第一个方向选择曲线或曲面边:找到 1 个   //选择图 9-35 中的 U1 边

沿第一个方向选择曲线或曲面边:找到 1 个,总计 2 个   //选择图 9-35 中的 U2 边

沿第一个方向选择曲线或曲面边:找到 1 个,总计 3 个   //选择图 9-35 中的 U3 边

沿第一个方向选择曲线或曲面边：✓
沿第二个方向选择曲线或曲面边：找到 1 个　　　　　　　//选择图 9-35 中的 V1 边
沿第二个方向选择曲线或曲面边：找到 1 个,总计 2 个　　//选择图 9-35 中的 V2 边
沿第二个方向选择曲线或曲面边：✓

（3）命令应用

使用 surfnetwok 命令创建网络曲面如图 9-35 所示。

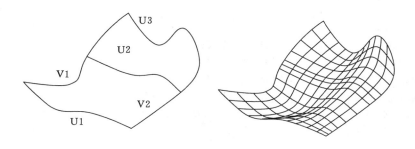

图 9-35　创建网络曲面

9.7.3　创建其他曲面

以二维对象为基础,AutoCAD 可以使用放样（loft）[图]、拉伸（extrude）[图]、扫掠（sweep）[图]和旋转（revolve）[图]等操作来创建曲面,相应命令使用过程可参见 9.9 节中关于三维对象的创建部分。

AutoCAD 中还可在现有曲面基础上创建曲面,这些命令包括偏移（surfoffset）[图]、过渡（surfblend）[图]和修补（surfpatch）[图]等。相关命令的组合使用操作步骤如下,图形创建过程如图 9-36 所示。

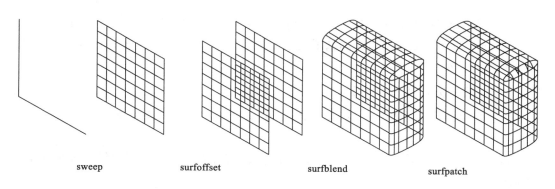

sweep　　　　　surfoffset　　　　　surfblend　　　　　surfpatch

图 9-36　创建曲面对象示例

命令：surfoffset
连接相邻边 ＝ 否
选择要偏移的曲面或面域：指定对角点：找到 1 个
选择要偏移的曲面或面域：
指定偏移距离或【翻转方向(F)/两侧(B)/实体(S)/连接(C)/表达式(E)】＜50.0000＞：50
1 个对象将偏移。
1 个偏移操作成功完成。
命令：
命令：surfblend
连续性 ＝ G1-相切,凸度幅值 ＝ 0.5
选择要过渡的第一个曲面的边或【链(CH)】：找到 1 个
选择要过渡的第一个曲面的边或【链(CH)】：
选择要过渡的第二个曲面的边或【链(CH)】：找到 1 个
选择要过渡的第二个曲面的边或【链(CH)】：
按 Enter 键接受过渡曲面或【连续性(CON)/凸度幅值(B)】：
命令：
命令：surfpatch
连续性 ＝ G0-位置,凸度幅值 ＝ 0.5
选择要修补的曲面边或【链(CH)/曲线(CU)】＜曲线＞：找到 1 个
选择要修补的曲面边或【链(CH)/曲线(CU)】＜曲线＞：找到 1 个,总计 2 个
选择要修补的曲面边或【链(CH)/曲线(CU)】＜曲线＞：
按 Enter 键接受修补曲面或【连续性(CON)/凸度幅值(B)/导向(G)】：
正在恢复执行 surfpatch 命令。
按 Enter 键接受修补曲面或【连续性(CON)/凸度幅值(B)/导向(G)】：CON
修补曲面连续性【G0(G0)/G1(G1)/G2(G2)】＜G0＞：G1
按 Enter 键接受修补曲面或【连续性(CON)/凸度幅值(B)/导向(G)】：

9.8 三维实体对象

实体模型不仅包含边界和表面,还包括体积等信息,实体间可以进行布尔运算。AutoCAD 提供了一系列预定义的基本三维实体对象,这些对象提供了各种常用的、规则的三维模型组件。

9.8.1 创建长方体实体(Box)

长方体实体是指长方体所包括的三维空间,其中也包括立方体实体。

（1）命令调用方法

01 功能区：【常用】→【建模】→【长方体】▭；**02** 菜单项：【绘图】→【建模】→【长方体】；**03** 命令行：box。

（2）命令操作步骤

> 命令:box
> 指定第一个角点或【中心(C)】:
> 指定其他角点或【立方体(C)/长度(L)】:
> 指定高度或【两点(2P)】:

(3) 命令应用

使用 box 命令创建的长方体实体,其底面始终与当前 UCS 的 XY 平面相平行,并且长方体的长度、宽度和高度分别与当前 UCS 的 X、Y 和 Z 轴平行。在指定长方体的长度、宽度和高度时,正值表示向相应的坐标值正向延伸,负值表示向相应的坐标值负向延伸。图9-37 显示了构成长方体的各个几何要素的示意图。

根据长方体的各个几何要素,可以用以下几种方法创建长方体实体:

① 分别指定角点 1 和角点 2,AutoCAD 将根据这两点的位置以及两点之间 X、Y、Z 坐标的差值定义长方体。

② 分别指定角点 1 和角点 3,AutoCAD 根据这两点得到长方体的底面,然后指定长方体的高度,由此可以定义长方体。

③ 指定了角点 1 后,可以选择"长度(L)"命令选项,依次指定长方体的长度、宽度和高度,由此定义一个长方体。

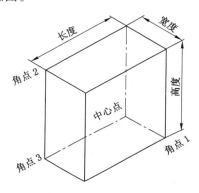

图 9-37 创建长方体实体

④ 指定了角点 1 后,可以选择"立方体(C)"命令选项,指定长方体的长度,AutoCAD 将宽度和高度设置为与长度相同的值,由此定义一个立方体。

⑤ 也可以选择"中心点(CE)"命令选项,指定长方体的中心点,以取代角点 1,然后可以使用以上四种方法创建长方体实体。

9.8.2 创建球体实体(Sphere)

球体实体是指球体所包含的三维空间。

(1) 命令调用方法

01 功能区:【常用】→【建模】→【球体】◎;**02** 菜单项:【绘图】→【建模】→【球体】;**03** 命令行:sphere。

(2) 命令操作步骤

> 命令:sphere
> 当前线框密度:isolines＝4
> 指定球体球心<0,0,0>:
> 指定球体半径或【直径(D)】:

(3) 命令应用

使用 sphere 命令创建的球体实体,其纬线始终与当前 UCS 的 XY 平面相平行,并且中心轴与当前 UCS 的 Z 轴平行。图 9-38 显示了构成球体的各个几何要素的示意图。

在确定了球体的球心后,可以进一步指定球体的半径或直径,从而得到一个球体实体。当球体实体显示为线框形式时,将利用球体的经线与纬线表示。

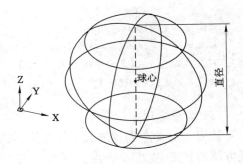

图 9-38　创建球体实体

9.8.3　创建圆环实体(Torus)

圆环体实体是指圆环体所包含的三维空间,通过圆环体实体也可以创建两极凹陷或突起的球体。

(1)命令调用方法

01 功能区:【常用】→【建模】→【圆环体】◎;**02** 菜单项:【绘图】→【建模】→【圆环体】;**03** 命令行:torus。

(2)命令操作步骤

> 命令:torus
> 当前线框密度:isolines＝4
> 指定圆环体中心＜0,0,0＞:
> 指定圆环体半径或【直径(D)】:
> 指定圆管半径或【直径(D)】:

(3)命令应用

使用 torus 命令创建的圆环体实体,其圆管中心所在平面与当前 UCS 的 XY 平面平行,图 9-39 显示了构成圆环体的各个几何要素的示意图。

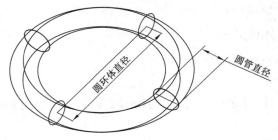

图 9-39　创建圆环体实体

由于圆环体实体是根据圆环体半径和圆管半径共同定义的,因此这两个半径的相关大小将影响着整个圆环体的形状。

圆环体实体同样根据系统变量 isolines 的值控制线框的密度。

9.9　由二维对象创建三维对象

在 AutoCAD 中,除了使用三维绘图命令绘制三维实体模型外,还可以将绘制的二维图形进行拉伸、旋转、放样和扫掠等编辑,将其转换为三维实体模型。

9.9.1　通过拉伸创建实体(Extrude)

通过拉伸命令,可以将绘制的二维平面图形对象沿指定的高度或路径进行拉伸,从而生成三维实体模型。使用拉伸命令时,开放的曲线创建曲面,闭合的曲线根据参数模式(MO)的取值不同,可创建曲面或实体。拉伸命令主要有以下几种调用方法:

01 菜单项:【绘图】→【建模】→【拉伸】;**02** 功能区:切换至"三维建模"工作空间→【常用】菜单→【建模】功能区→【拉伸】;**03** 命令行:EXTRUDE。

以绘制通风系统立体图中的巷道为例,首先使用多段线命令创建巷道截面,再执行 extrude 命令形成巷道曲面,效果如图 9-40 所示,绘制过程提示信息如下:

> 命令:extrude
>
> 当前线框密度:　isolines＝4,闭合轮廓创建模式 ＝ 实体
>
> 选择要拉伸的对象或【模式(MO)】:MO 闭合轮廓创建模式【实体(SO)/曲面(SU)】
> ＜实体＞:SU
>
> 选择要拉伸的对象或【模式(MO)】:找到 1 个
>
> 选择要拉伸的对象或【模式(MO)】:　　　　　　　　　　　　　　//选择巷道断面轮廓
>
> 指定拉伸的高度或【方向(D)/路径(P)/倾斜角(T)/表达式(E)】＜44.3681＞:50

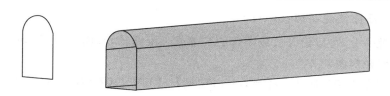

图 9-40　由拉伸创建实体示意图

9.9.2　通过旋转创建实体(Revolve)

在 AutoCAD 中,可以使用旋转命令,绕指定的轴旋转将二维对象旋转生成三维实体。

(1)命令调用方法。

01 菜单项:【绘图】→【建模】→【旋转】;**02** 功能区:【常用】→【建模】→【旋转】;**03** 命令行:revolve。

(2)执行以上命令之后,将提示选择要进行旋转的图形对象,然后设置旋转轴以及旋转的角度等。如图 9-41 所示,效果的执行步骤如下:

命令：revolve

当前线框密度： isolines＝4,闭合轮廓创建模式 ＝ 实体

选择要旋转的对象或【模式(MO)】：MO 闭合轮廓创建模式【实体(SO)/曲面(SU)】
＜实体＞：SU

选择要旋转的对象或【模式(MO)】：找到 1 个　　　　　　//选择轮廓曲线

选择要旋转的对象或【模式(MO)】：

指定轴起点或根据以下选项之一定义轴【对象(O)/X/Y/Z】＜对象＞：O

选择对象：　　　　　　　　　　　　　　　　　//选择作为旋转轴的直线

指定旋转角度或【起点角度(ST)/反转(R)/表达式(EX)】＜360＞：360

　　　　　　　　　　　　　　　　　　　　　　//指定旋转覆盖的角度

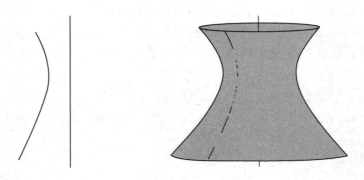

图 9-41　由旋转创建三维对象示意图

9.9.3　通过扫掠创建实体(Sweep)

使用扫掠命令,可以沿开放或闭合的二维或三维路径,来创建新实体或曲面,扫掠对象会自动与路径对象对齐。

命令调用方法：**01** 菜单项：【绘图】→【建模】→【扫掠】；**02** 功能区：【常用】→【建模】→【扫掠】；**03** 命令行：sweep。

扫掠命令用于沿指定路径将指定的扫掠对象生成三维实体或曲面。当扫掠对象为封闭线条时,可以使用模式(MO)选项扫掠为实体或曲面;如果不是封闭图形,则扫掠为曲面。如图 9-42 所示,效果的执行步骤如下：

图 9-42　二维对象扫掠生成三维对象

```
命令：sweep
当前线框密度： isolines＝4,闭合轮廓创建模式 ＝ 实体
选择要扫掠的对象或【模式（MO）】：MO 闭合轮廓创建模式【实体（SO）/曲面（SU）】
＜实体＞：SU
选择要扫掠的对象或【模式（MO）】:指定对角点:找到 1 个              //选择巷道轮廓线
选择要扫掠的对象或【模式（MO）】:
选择扫掠路径或【对齐（A）/基点（B）/比例（S）/扭曲（T）】：A     //设置对齐方式
扫掠前对齐垂直于路径的扫掠对象【是（Y）/否（N）】＜是＞：        //使轮廓法向与路径切向对齐
选择扫掠路径或【对齐（A）/基点（B）/比例（S）/扭曲（T）】:B      //使用 B 选项指定扫掠基点
指定基点：                                                      //选择巷道轮廓线底边中点
选择扫掠路径或【对齐（A）/基点（B）/比例（S）/扭曲（T）】:S      //使用 S 选项指定比例因子
输入比例因子或【参照（R）/表达式（E）】＜1.0000＞：              //设置为 1 表示不缩放
选择扫掠路径或【对齐（A）/基点（B）/比例（S）/扭曲（T）】:T      //使用 T 选项设置扭曲角度
输入扭曲角度或允许非平面扫掠路径倾斜【倾斜（B）/表达式（EX）】＜0.0000＞：
                                                                //设置为 0 表示不扭曲
选择扫掠路径或【对齐（A）/基点（B）/比例（S）/扭曲（T）】：        //选择多段线路径
```

👍专家点拨　　　在使用扫掠时需注意哪些?

在使用扫掠时,可以扫掠多个对象,但是这些对象必须位于同一平面中。

可使用路径扫掠的对象有直线、圆、圆弧、椭圆、椭圆弧、二维样条曲线、三维多段线、二维多段线、螺旋,以及实体和曲面的边等。

可以通过旋转扫掠对象以获得正确的扫掠结果。

通过设置 delobj 系统变量控制是保留还是删除原始几何图形。

9.9.4　使用放样进行绘制(Loft)

使用放样命令,可以在包含两个或更多横截面轮廓的一组轮廓中,通过对轮廓进行放样来创建三维实体或曲面。

命令调用方法:**01** 菜单项:【绘图】→【建模】→【放样】;**02** 功能区:【常用】→【建模】→【放样】;**03** 命令行:loft。

执行放样命令对图形进行放样处理时,如果是一组闭合的横截面曲线进行放样,则将生成实体对象;如果是对一组开放的横截面曲线进行放样,则将生成曲面对象。

```
命令：loft
当前线框密度： isolines＝4,闭合轮廓创建模式 ＝ 实体
按放样次序选择横截面或【点（PO）/合并多条边（J）/模式（MO）】：_MO 闭合轮廓创建模式【实
体（SO）/曲面（SU）】＜实体＞：SO
按放样次序选择横截面或【点（PO）/合并多条边（J）/模式（MO）】：找到 1 个
按放样次序选择横截面或【点（PO）/合并多条边（J）/模式（MO）】：找到 1 个,总计 2 个
按放样次序选择横截面或【点（PO）/合并多条边（J）/模式（MO）】：找到 1 个,总计 3 个
按放样次序选择横截面或【点（PO）/合并多条边（J）/模式（MO）】：
选中了 3 个横截面
输入选项【导向（G）/路径（P）/仅横截面（C）/设置（S）】＜仅横截面＞：C
```

由放样生成三维图如图 9-43 所示。

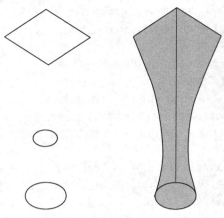

图 9-43　由放样生成三维图

9.10　应用实例

图 9-44 所示为某矿单线图,井下 23 个节点坐标如表 9-2 所示,主井、副井及风井地面 3 个点标高均为 0,试绘制该通风系统立体图。

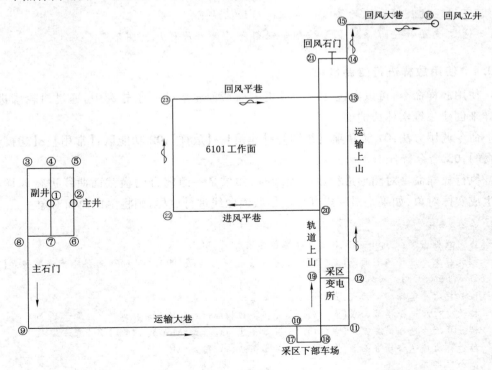

图 9-44　通风系统单线图

表 9-2   通风系统各节点(X,Y,Z)坐标   单位:m

编号	坐标	编号	坐标	编号	坐标
①	$(40, 240, -500)$	⑨	$(0, 0, -500)$	⑰	$(460, -30, -500)$
②	$(80, 240, -500)$	⑩	$(460, 0, -500)$	⑱	$(500, -30, -495)$
③	$(0, 300, -500)$	⑪	$(550, 0, -500)$	⑲	$(500, 100, -475)$
④	$(40, 300, -500)$	⑫	$(550, 100, -480)$	⑳	$(500, 220, -450)$
⑤	$(80, 300, -500)$	⑬	$(550, 420, -440)$	㉑	$(500, 490, -425)$
⑥	$(80, 180, -500)$	⑭	$(550, 490, -430)$	㉒	$(250, 220, -460)$
⑦	$(40, 180, -500)$	⑮	$(550, 550, -430)$	㉓	$(250, 420, -440)$
⑧	$(0, 180, -500)$	⑯	$(700, 550, -430)$		

绘制思路:

01 分析图形,简单串联巷道用多段线表示;

02 绘制每条巷道的三维多段线,以生成立体单线图;

03 使用多段线绘制巷道断面轮廓图形(立井断面用圆形,直径为 5 m,其他巷道用半圆拱表示,直径也为 5 m);

04 用扫掠方法生成立体,如图 9-45 所示;

05 用西南等轴测视图观察三维图,如图 9-46 和图 9-47 所示,即是通风系统对应的立体图。

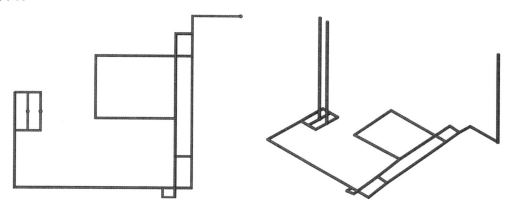

图 9-45   立体图俯视图   图 9-46   立体图

图 9-47   立体图局部

9.11 本章小结

本章主要对 AutoCAD 中三维建模基础知识做了讲解,介绍了三维建模界面、三维坐标系、三维视图、模型显示以及基本三维对象的创建等。

9.12 思考与练习

① 思考三维线框对象、网格对象、曲面对象和实体对象的异同。

② 分别使用线框、网格、曲面和实体创建一个 $10 \times 10 \times 5$ 的长方体,使用不同参数控制模型显示质量,结合不同视图及视觉样式观察对象显示。

③ 完成实例 9.10。

第10章　三维对象编辑与渲染

在进行三维建模时,只使用基本三维对象创建命令是很难绘制出复杂的三维模型的。除使用系统提供的基本三维图元建立三维对象外,AutoCAD还提供了多种三维编辑命令实现对象编辑,从而创建复杂的三维模型。本章主要介绍对象的三维操作、三维对象的修改及查看三维图形等命令应用。

为了从视觉上能更形象、真实地观测三维模型的效果,AutoCAD还提供了强大的渲染功能,通过创建光源、附着材质等,获得更为逼真的三维图形效果。

本章要点

- 熟悉对象的三维操作命令;
- 掌握三维对象的编辑命令,并能熟练使用;
- 掌握三维图形渲染的应用。

10.1　对象的三维操作

与二维阵列、镜像和旋转等操作类似,AutoCAD也提供了在三维空间中进行移动、阵列、镜像和旋转等命令,此外还可以通过一系列的移动、缩放和旋转操作将两个三维对象按指定的方式对齐。这些三维操作命令适用于三维空间中的任意对象。

10.1.1　三维移动(3M,3dmove)

在三维视图中,3DMOVE显示三维移动小控件以帮助在指定方向上按指定距离移动三维对象。使用三维移动小控件,可以自由移动选定的对象,或将移动约束到轴或平面。

(1)命令调用方法

01 工具栏:✦;**02** 菜单:【修改】→【三维操作】→【三维移动】;**03** 命令行:3dmove。

(2)命令操作步骤

命令:3dmove	
选择对象:找到 1 个	//选择对象
选择对象:	
指定基点或【位移(D)】<位移>:	//指定移动基准点
指定第二个点或 <使用第一个点作为位移>:正在重生成模型	//指定移动目标点

（3）命令应用

默认情况下，当指定基点后，再指定第二点，即以第一点为基点，以两点之间的距离为位移，移动三维对象，如图 10-1(a)所示。如果选择【位移】选项，则可以直接移动。

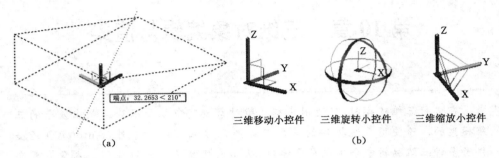

三维移动小控件　　　三维旋转小控件　　　三维缩放小控件

(a)　　　　　　　　　　　　　　　　　　　　(b)

图 10-1　三维小控件

(a) 移动小控件的使用；(b) 三维小控件

（4）三维小控件

控件可以帮助用户沿三维轴或平面移动、旋转或缩放一组对象，如图 10-1(b)所示。有三种类型的小控件：

① 三维移动小控件。沿轴或平面移动选定对象。

② 三维旋转小控件。绕指定轴旋转选定对象。

③ 三维缩放小控件。沿指定平面或轴或沿全部三条轴统一缩放选定对象。

默认情况下，选择视图中具有三维视觉样式的对象或子对象时，会自动显示小控件。由于小控件沿特定平面或轴约束所做的修改，因此，它们有助于确保获得更理想的结果。

10.1.2　三维旋转（3R，3drotate）

在 AutoCAD 中，可以使用三维旋转命令，在三维空间中将指定的对象绕旋转轴进行旋转，以改变其在三维空间中的位置。

（1）命令调用方法

01 工具栏：⬤；**02** 菜单：【修改】→【三维操作】→【三维旋转】；**03** 命令行：3drotate。

（2）命令操作步骤

```
命令：3drotate
UCS 当前的正角方向： angdir＝逆时针　angbase＝0
选择对象：找到 1 个
选择对象：
指定基点：                    //设置旋转的中心点
拾取旋转轴：
指定角的起点或键入角度：        //设置旋转的相对起点，也可以输入角度值
指定角的端点：正在重生成模型
```

（3）命令应用

命令：3drotate

UCS 当前的正角方向：　angdir＝逆时针　angbase＝0

选择对象：找到 1 个　　　　　　　　　　　//选择楔块,如图 10-2(a)所示

指定基点：　　　　　　　　　　　　　　//设置旋转的中心点,如图 10-2(b)所示

拾取旋转轴：　　　　　　　　　　　　　//指定旋转轴

指定角的起点或键入角度：30

正在重生成模型

重生成结果如图 10-2 所示。

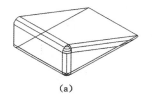 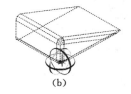 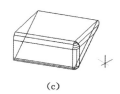

(a) (b) (c)

图 10-2 【三维旋转】示例

(a) 楔块；(b) 选择基点；(c) 旋转后的楔体

10.1.3　三维阵列(Array)

在 AutoCAD 2019 中,可以使用阵列命令在三维空间中创建指定对象的多个副本,并按指定的形式排列。阵列命令包括传统的 3darray 命令以及 array 命令。3darray 命令保持传统行为用于创建非关联二维矩形或环形阵列,在 AutoCAD 2019 中,3darray 功能已替换为增强的 array 命令,后者允许用户创建关联或非关联、二维或三维、矩形、路径或环形阵列。当进入阵列命令时,系统会按阵列方式的不同显示相应的阵列创建面板选项卡。

(1) 命令调用方法

01 功能区:【常用】选项卡→【修改】面板→【矩形阵列】、【路径阵列】、【环形阵列】;**02** 工具栏:【修改】;**03** 菜单:【修改】→【阵列】;**04** 命令行:array。

(2) 矩形阵列(arrayrect)

命令：array ↵

选择对象：　　　　　　　　　　　　　//选择将要进行阵列的实体↵

选择对象：输入阵列类型【矩形(R)/路径(PA)/极轴(PO)】＜矩形＞：R

　　　　　　　　　　　　　　　　　//选择阵列类型

类型 ＝ 矩形　关联 ＝是

选择夹点以编辑阵列或【关联(AS)/基点(B)/计数(COU)/间距(S)/列数(COL)/行数(R)/层数(L)/退出(X)】＜退出＞：

其中,输入基点(B)选项并在阵列对象上单击选择操作基点,即可通过拖动夹点来编辑阵列,如图 10-3 所示。其他各选项含义为:关联(AS)选项用于指定是否关联阵列,若不关联则各个阵列项目为独立的对象;计数(COU)选项用于指定阵列的列数和行数;间

距(S)指定列间距和行间距;或者使用行数(R)和列数(COL)分别指定阵列的行数/行间距和列数/列间距;层数(L)用来指定三维阵列的层数以及层距。

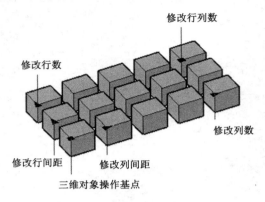

图 10-3　矩形阵列的夹点编辑

（3）路径阵列(arraypath)

```
命令：array
选择对象：                                        //选择将要阵列的对象↵
选择对象： 输入阵列类型【矩形(R)/路径(PA)/极轴(PO)】＜路径＞：PA
                                                 //选择阵列类型

类型 ＝ 路径  关联 ＝ 否
选择路径曲线：                                    //选择阵列路径
选择夹点以编辑阵列或【关联(AS)/方法(M)/基点(B)/切向(T)/项目(I)/行(R)/层(L)/对齐
项目(A)/Z 方向(Z)/退出(X)】＜退出＞：
```

其中,方法(M)指定阵列的测量特性,包括定数等分和定距等分两种。在定数等分特性下,可以通过项目(I)指定阵列的项目数。在定距等分特性下,可通过项目(I)指定项目之间的距离以及项目数,当然这两个数值必须协调以适应在路径长度;切向(T)可指定项目以何种方式与路径的起始方向对齐;行(R)与层(L)分别指定阵列的行数和层数;对齐项目(A)用以指定是否对齐每个项目以与路径的方向相切;Z 方向(Z)用以控制是否保持项目的原始 Z 方向或沿三维路径自然倾斜项目。

在增加行数以及调整项目数的情况下,路径阵列的夹点显示如图 10-4 所示,通过增加层数,系统将继续显示层数控制夹点。

（4）环形阵列(arraypolar)

环形阵列包括按中心点阵列和按旋转轴阵列两种方式。按中心点阵列是按旋转轴特殊情况,此时的旋转轴即为当前 UCS 的 Z 轴。当使用按旋转轴阵列时,需要用户指定由两个点定义的自定义旋转轴。

按中心点阵列方式中,用户需要指定阵列对象以及中心点。通过项目(I)选项指定阵列出的项目总数;项目间角度(A)和填充角度(F)控制项目之间旋转间隔角度以及阵列填充的角度范围;使用行(ROW)以及层(L)选项确定环形阵列的行数/行间距以及层数/

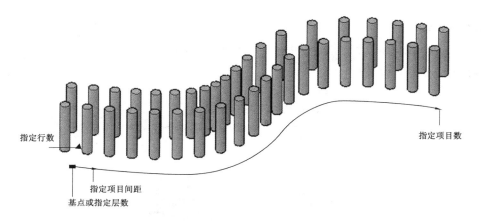

图 10-4 路径阵列的夹点编辑

层间距；使用旋转项目（ROT）用来控制在阵列时是否旋转项目。

通过调整阵列半径以及修改层数，可显示完全环形阵列中各夹点，如图 10-5 所示。

```
命令：array
选择对象：                          //选择将要阵列的对象
选择对象：输入阵列类型【矩形（R）/路径（PA）/极轴（PO）】＜路径＞：PO
                                    //选择阵列类型
类型 ＝ 极轴   关联 ＝ 否
选择路径曲线：                      //选择阵列路径
指定阵列的中心点或【基点（B）/旋转轴（A）】：//以中心点或旋转轴方式阵列
                                    //若以旋转轴（A）方式，则需进一步指定轴上两点
选择夹点以编辑阵列或【关联（AS）/基点（B）/项目（I）/项目间角度（A）/填充角度（F）/行
（ROW）/层（L）/旋转项目（ROT）/退出（X）】＜退出＞：
```

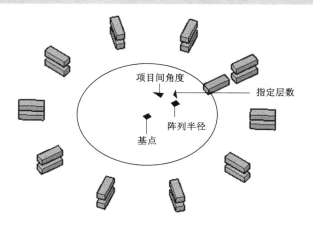

图 10-5 环形阵列的夹点编辑

10.1.4 三维对齐

在 AutoCAD 2019 中,可以使用三维对齐命令 3dalign 在三维空间中将两个对象按要求对齐,如图 10-6 所示。

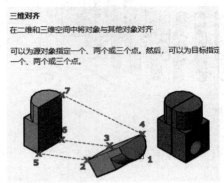

图 10-6 三维对齐

（1）命令调用方法

01 工具栏：；**02** 菜单：【修改】→【三维操作】→【三维对齐】；**03** 命令行：3dalign。

（2）命令应用

利用三维对齐命令可以将两个三维对象按照一次选定的三组对应点方位对齐。

```
命令：_3dalign
指定源平面和方向…
指定基点或［复制（C）］：
指定第二个点或［继续（C）］＜C＞：
指定第三个点或［继续（C）］＜C＞：
指定目标平面和方向…
指定第一个目标点：
指定第二个目标点或［退出（X）］＜X＞：
指定第三个目标点或［退出（X）］＜X＞：
```

10.1.5 布尔运算（Union、Subtract、Intersect）

布尔运算是一种逻辑算法,包括并集（union）、差集（subtract）和交集（intersect）的运算。在 AutoCAD 中可以通过两个或两个以上三维实体、曲面或面域的相交部分执行布尔运算来创建复合三维对象。

不能对网格对象使用布尔运算命令,当操作网格对象时,系统将提示用户将该对象转换为三维实体或曲面。

（1）命令调用方法

01 工具栏：；**02** 菜单：【修改】→【实体编辑】→【交集】、【并集】、【差集】；**03** 命令行：union（并集）、subtract（差集）、intersect（交集）。

（2）命令应用

利用 union（并集）命令可以将两个或多个三维实体、曲面或二维面域合并为一个复合三维实体、曲面或面域。通过工具栏或命令等方式执行 union 命令后，提示选择对象，用户逐个选择操作对象或同时选择多个对象，执行后即可完成所选择对象的并运算。

subtract（差集）命令通过从另一个对象减去一个重叠面域或三维实体来创建新对象，通常不建议对三维面域使用差集命令，而是使用 surftrim 命令更灵活的实现曲面的修剪。差集操作具有顺序性，首先选择要从中减去的实体、曲面和面域，确认后再选择要减去的实体、曲面和面域从而实现最终的运算。

intersect（交集）命令通过对重叠实体、曲面或面域进行运算以创建三维实体、曲面或二维面域。交集的操作过程与并集的操作类似。

对面域、实体及曲面对象分别做并运算、差运算及交运算的示例如图 10-7 所示。

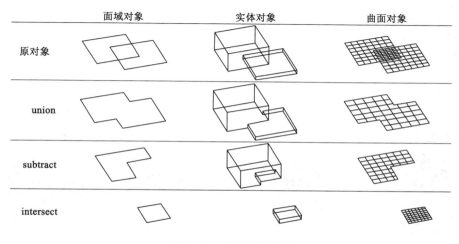

图 10-7　布尔运算示例

10.2　三维对象编辑

10.2.1　三维网格对象编辑

在 AutoCAD 中创建网格面后，可使用网格编辑命令对其进行编辑，典型的编辑命令包括拉伸面（meshextrude）、分割面（meshsplit）、合并面（meshmerge）、闭合孔（meshcap）、收拢面或边（meshcollapse）以及旋转三角面（meshspin）等。

图 10-8 显示了在 surftab1＝6，surftab2＝6 设置下，对一个边界网格曲面（edgesurf）分别使用以上部分命令的效果。

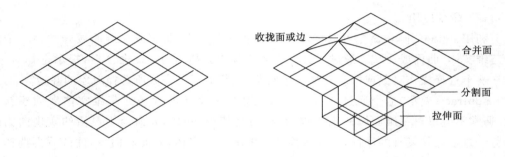

图 10-8　三维网格对象编辑示例

<table>
<tr><td>🖰 **必备技巧**</td><td>**网格对象转换**</td></tr>
</table>

可以使用 convtosurface 命令将网格转为曲面,结果曲面的平滑度和面数由 smoothmeshconvert 系统变量控制。对于体积封闭的网格可以使用 convtosolid 命令将之转为实体。

10.2.2　三维曲面对象编辑

AutoCAD 中对三维曲面对象典型的编辑功能包括圆角(surffillet)◠、修剪(surftrim)✂ 和延伸(surfextend)⇥ 等。这些命令的应用类似于 AutoCAD 中二维图形编辑中的圆角、修剪和延伸操作,但操作对象变为曲面,相应操作效果如图 10-9 所示。

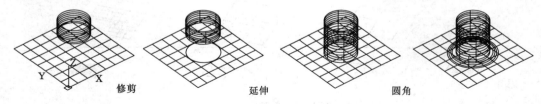

修剪　　　　　　延伸　　　　　　圆角

图 10-9　曲面编辑命令示例

10.2.3　三维实体编辑(**Solidedit**)

AutoCAD 提供了丰富的实体编辑功能,通过 solidedit 命令,可以分别实现对实体的体、面和边进行编辑,对实体的编辑包括压印(imprint)🔳、分割实体🔲、抽壳🔲、清除🔲等;对面的编辑包括拉伸👆、移动、旋转、偏移🔲、倾斜🔲、删除、复制、颜色、材质等;对边的编辑包括复制、着色等。

(1)命令调用方法

01 工具栏:相应命令按钮;**02** 菜单:【修改】→【实体编辑】;**03** 命令行:solidedit。

(2)命令操作步骤

① 编辑实体的边

以下操作将一个长方体的左侧边着色为红色,并复制出来,如图 10-10 所示,命令操作步骤如下。

命令：solidedit

实体编辑自动检查：solidcheck＝1

输入实体编辑选项【面(F)/边(E)/体(B)/放弃(U)/退出(X)】＜退出＞：E

输入边编辑选项【复制(C)/着色(L)/放弃(U)/退出(X)】＜退出＞：I

选择边或【放弃(U)/删除(R)】：

选择边或【放弃(U)/删除(R)】：

输入边编辑选项【复制(C)/着色(L)/放弃(U)/退出(X)】＜退出＞：C

选择边或【放弃(U)/删除(R)】：

选择边或【放弃(U)/删除(R)】：

指定基点或位移：

指定位移的第二点：

② 编辑实体的面

以下操作将长方体的前面以底边为轴旋转－20°,效果如图 10-11 所示。

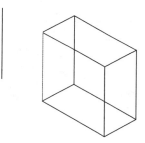

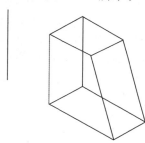

图 10-10　编辑实体的边　　　　　　　　图 10-11　编辑实体的面

命令：solidedit

实体编辑自动检查：　solidcheck＝1

输入实体编辑选项【面(F)/边(E)/体(B)/放弃(U)/退出(X)】＜退出＞：F

输入面编辑选项

【拉伸(E)/移动(M)/旋转(R)/偏移(O)/倾斜(T)/删除(D)/复制(C)/颜色(L)/材质(A)/放弃

(U)/退出(X)】＜退出＞：R

选择面或【放弃(U)/删除(R)】：找到一个面

选择面或【放弃(U)/删除(R)/全部(ALL)】：

指定轴点或【经过对象的轴(A)/视图(V)/X 轴(X)/Y 轴(Y)/Z 轴(Z)】＜两点＞：

在旋转轴上指定第一个点：

在旋转轴上指定第二个点：

指定旋转角度或【参照(R)】：－20

③ 编辑实体

实体编辑中的压印功能可以将二维几何图形压印到实体上,从而在实体表面创建更多的边和面。抽壳功能可以将三维实体转为中空的壳体,用户可以指定壳壁的厚度。

下面例子首先在长方体的表面绘制一个圆,通过压印在长方体上形成一个圆面,对这个圆面拉伸后,使用抽壳功能将对象形成一个壳体,实体编辑效果如图 10-12 所示。

压印　　　　　　　　　拉伸压印面　　　　　　　　抽壳并删除面

图 10-12　实体编辑示例

```
命令：solidedit
实体编辑自动检查： solidcheck＝1
输入实体编辑选项【面(F)/边(E)/体(B)/放弃(U)/退出(X)】<退出>：B
输入体编辑选项
【压印(I)/分割实体(P)/抽壳(S)/清除(L)/检查(C)/放弃(U)/退出(X)】<退出>：I
选择三维实体：                          //选择长方体
选择要压印的对象：                      //选择长方体表面的二维的圆
是否删除源对象【是(Y)/否(N)】<N>：Y
选择要压印的对象：
输入体编辑选项
【压印(I)/分割实体(P)/抽壳(S)/清除(L)/检查(C)/放弃(U)/退出(X)】<退出>：
实体编辑自动检查： solidcheck＝1
输入实体编辑选项【面(F)/边(E)/体(B)/放弃(U)/退出(X)】<退出>：F
输入面编辑选项
【拉伸(E)/移动(M)/旋转(R)/偏移(O)/倾斜(T)/删除(D)/复制(C)/颜色(L)/材质(A)/放弃
(U)/退出(X)】<退出>：E
选择面或【放弃(U)/删除(R)】：找到一个面        //选择压印得到的圆面
选择面或【放弃(U)/删除(R)/全部(ALL)】：
指定拉伸高度或【路径(P)】：20
指定拉伸的倾斜角度 <0>：
已开始实体校验
已完成实体校验
输入面编辑选项
【拉伸(E)/移动(M)/旋转(R)/偏移(O)/倾斜(T)/删除(D)/复制(C)/颜色(L)/材质(A)/放弃
(U)/退出(X)】<退出>：
实体编辑自动检查： solidcheck＝1
输入实体编辑选项【面(F)/边(E)/体(B)/放弃(U)/退出(X)】<退出>：B
```

输入体编辑选项

【压印(I)/分割实体(P)/抽壳(S)/清除(L)/检查(C)/放弃(U)/退出(X)】＜退出＞：S

选择三维实体：

删除面或【放弃(U)/添加(A)/全部(ALL)】：找到一个面,已删除1个

　　　　　　　　　　　　　　　　　　　　//选择圆柱上表面

删除面或【放弃(U)/添加(A)/全部(ALL)】：

输入抽壳偏移距离：2

已开始实体校验

已完成实体校验

输入体编辑选项

【压印(I)/分割实体(P)/抽壳(S)/清除(L)/检查(C)/放弃(U)/退出(X)】＜退出＞：

实体编辑自动检查：　SOLIDCHECK＝1

输入实体编辑选项【面(F)/边(E)/体(B)/放弃(U)/退出(X)】＜退出＞：

10.2.4　实体的剖切(Slice)

使用 SLICE 可以剖切或分割现有三维对象,将之分为独立的两部分,从而创建新的三维实体或曲面。

(1) 命令调用方法

01 工具栏：；**02** 菜单：【修改】→【三维操作】→【剖切】；**03** 命令行：slice。

(2) 命令操作步骤

命令：slice↵

选择要剖切的对象：找到 1 个

选择要剖切的对象：

指定切面的起点或【平面对象(O)/曲面(S)/Z 轴(Z)/视图(V)/XY(XY)/YZ(YZ)/ZX(ZX)/三点(3)】＜三点＞：

指定平面上的第二个点：

在所需的侧面上指定点或【保留两个侧面(B)】＜保留两个侧面＞：

剖切的关键操作是指定剪切平面,默认是通过指定切面的起点和第二点从而创建与当前 UCS 的 XY 平面垂直的面作为剖切面。此外,用户可以选择平面对象(O),如圆、椭圆、样条曲线等,将剪切面与平面对象所在的平面对齐;或者通过曲面(S)选项将剪切面与曲面对齐;Z 轴(Z)选项可以通过指定平面上的点及其法向上的点来确定剪切平面;通过 XY(XY)、YZ(YZ)、ZX(ZX)选项可以创建与当前 UCS 相应平面平行的面作为剪切面;视图(V)选项通过将剪切平面与当前视口的视图平面对齐,再指定一点来定义剪切平面的位置;三点(3)可以通过三点来定义剪切平面。在操作的最后,用户可以选择保留剖切后的单侧面或两个侧面。

(3) 命令应用

例如,以 3 点方式指定剖切平面对实体进行剖切的结果如图 10-13 所示。

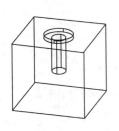
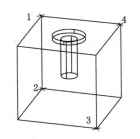
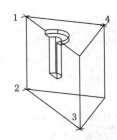

剖切前　　　依次选择 1、2、3 点指定剖切平面　　　选择点 4 以保留该点所在侧面

图 10-13　剖切示例

10.2.5　实体的干涉（INF,Interfere）

实体的干涉功能可以查看两组选定三维实体之间的重合部分,也可以根据实体间的干涉部分创建三维实体,如图 10-14 和图 10-15 所示。

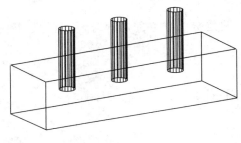
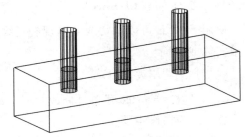

图 10-14　干涉检查前　　　　　　　　图 10-15　干涉检查

（1）命令调用方法

01 工具栏：▣；**02** 菜单：【修改】→【三维操作】→【干涉检查】；**03** 命令行：interfere 或 inf。

（2）命令操作步骤

```
命令:interfere
选择第一组对象或【嵌套选择(N)/设置(S)】:找到 1 个
                                    //选择图 10-13 所示长方体

选择第一组对象或【嵌套选择(N)/设置(S)】:
选择第二组对象或【嵌套选择(N)/检查第一组(K)】<检查>:找到 1 个
                                    //依次选择图 10-13 所示圆柱体
选择第二组对象或【嵌套选择(N)/检查第一组(K)】<检查>:找到 1 个,总计 2 个
选择第二组对象或【嵌套选择(N)/检查第一组(K)】<检查>:找到 1 个,总计 3 个
选择第二组对象或【嵌套选择(N)/检查第一组(K)】<检查>:
```

（3）命令应用

执行干涉命令时,用户可以仅选择一组对象,再使用检查功能对该单一选择集进行

干涉检查。也可以创建两个选择集,将两个集合之间的实体进行干涉检查。在干涉命令执行过程中可以使用设置(S)选项,对操作进行相关设置,如图 10-15 所示。干涉设置主要用来设置干涉结果对象的显示效果,如视觉样式和颜色等,以及设置执行干涉时视口的视觉样式。

图 10-16　【干涉设置】对话框

在干涉命令执行完成后,系统会弹出【干涉检查】对话框,如图 10-16 所示。根据选择,第一组选择集中包含 1 个长方体对象,第二组选择集中包含 3 个圆柱体,从而产生 3 个干涉点对。通过亮显按钮可以亮显上一个或下一个干涉对象,也可以使用相应按钮实现对干涉结果的放大,平移和旋转操作方便查看。如果取消勾选"关闭时删除已创建的干涉对象"(图 10-17),则关闭该对话框时,系统将保留两个选择集的干涉部分成为独立的三维实体,否则系统将恢复干涉前的绘图状态。

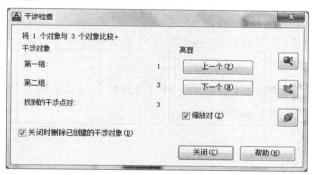

图 10-17　【干涉检查】对话框

10.2.6　实体的加厚(Thicken)

该命令可以用指定的厚度将曲面转换为三维实体,这也是创建复杂的三维曲面式实体的一种方法。

(1)命令调用方法

01 工具栏:⬭;**02** 菜单:【修改】→【三维操作】→【加厚】;**03** 命令行:thicken。

(2)命令操作步骤

```
命令:thicken
选择要加厚的曲面:指定对角点:找到 1 个
选择要加厚的曲面:                    //选择曲面
指定厚度<0.0000>:2                   //输入数值为曲面指定厚度
```

（3）命令应用

该命令只对曲面进行操作，如果选择要加厚某个网格面，则可以先将该网格对象转换为实体或曲面，然后再完成此操作。该命令对网络曲面的执行效果如图 10-18、图10-19所示。

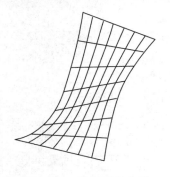

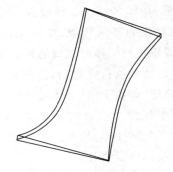

图 10-18　要加厚的曲面　　　　　　　　图 10-19　加厚后的曲面

10.2.7　转换为实体和曲面（Convtosolid、Convtosurface）

可以使用 convtosolid 命令将多种类型的对象转换为三维实体。这些对象包括具有一定厚度的闭合多段线和圆，以及无间隙网格和曲面。

使用 CONVTOSURFACE 命令可以将实体、网格、面域、开放的具有厚度的零宽度多段线、具有厚度的直线、具有厚度的圆弧、三维平面等转换为曲面。

（1）命令调用方法

01 工具栏：；**02** 菜单：【修改】→【三维操作】→【转换为实体】或【转换为曲面】；**03** 命令行：convtosolid 或 convtosurface。

（2）命令操作步骤

① 转化为实体

> 命令：convtosolid
> 网格转换设置为：平滑处理并优化。
> 选择对象：指定对角点：找到 1 个　　　　//选择目标对象
> 选择对象：

② 转化为曲面

> 命令：convtosurface
> 网格转换设置为：平滑处理并优化。
> 选择对象：指定对角点：找到 1 个　　　　//选择目标对象
> 选择对象：

（3）命令应用

使用 convtosolid 指定一个或多个要转换为三维实体对象的对象。可以选择具有一定厚度的对象或网格对象。如果选择集中的一个或多个对象对该命令无效，则系统将提示您重新选择对象。在概念视觉样式下，将闭合的多段线对象转为实体的过程如图10-20所示。

创建闭合的多段线对象　　　　设置对象厚度　　　　将对象转为实体

图 10-20　convtosolid 命令应用

使用 convtosurface 将对象转换为三维曲面。首先指定一个或多个要转换为曲面的对象。如果选择集中的一个或多个对象对该命令无效,则系统将提示您重新选择对象。设置 delobj 系统变量可控制在创建新对象时,是否自动删除用于创建三维对象的几何图形。不同对象转为曲面的应用如图 10-21 所示。

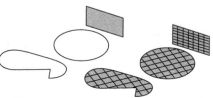

图 10-21　convtosurface 命令的应用

专家点拨

① 不能使用 convtosolid 将各种相邻对象转换为三维实体。但是,通过首先将这些对象合并在一起可以达到相同的效果。假设用户将三维实心长方体分解为面域。先使用 convtosurface 将每个面域转换为曲面。然后使用 union 创建复合曲面对象。最后,使用 convtosolid 将曲面转换为实体。

② 在启动命令前可以选择要转换的对象。

10.2.8　实体的倒角(Chamferedge)

在 AutoCAD 三维建模中,可以使用 chanferedge 命令为三维实体边和曲面边建立倒角。

(1)命令调用方法

01 工具栏: ;**02** 菜单:【修改】→【实体编辑】→【倒角边】;**03** 功能区:【实体】选项卡→【实体编辑】面板→【倒角边】;**04** 命令行:chamferdege。

(2)命令应用

对长方体顶部进行倒角的效果如图 10-22 所示。

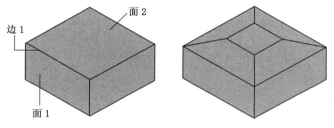

图 10-22　chamferedge 命令应用

命令：chamferedge 距离 1 ＝ 1.0000,距离 2 ＝ 41.2880

选择一条边或【环(L)/距离(D)】:D

指定距离 1 或【表达式(E)】＜1.0000＞:2

指定距离 2 或【表达式(E)】＜41.2880＞:1

选择一条边或【环(L)/距离(D)】:L

选择环边或【边(E)/距离(D)】:   //选择边 1

输入选项【接受(A)/下一个(N)】＜接受＞:N   //使用 N 选项循环至面 2 作为基准面

选择环边或【边(E)/距离(D)】:

输入选项【接受(A)/下一个(N)】＜接受＞:

选择环边或【边(E)/距离(D)】:

按 Enter 键接受倒角或【距离(D)】:

10.2.9 实体的圆角(Filletedge)

filletedge 命令为实体对象边建立圆角。

(1) 命令调用方法

01 工具栏: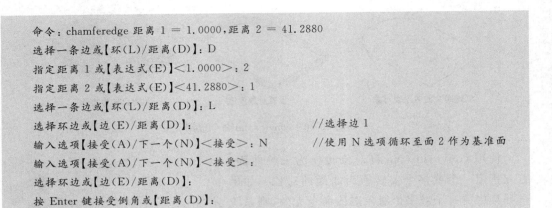;**02** 菜单:【修改】→【实体编辑】→【圆角边】;**03** 功能区:【实体】选项卡 →【实体编辑】面板→【圆角边】;**04** 命令行:filletedge。

(2) 命令操作步骤

命令：_filletedge

半径 ＝ 1.0000

选择边或【链(C)/环(L)/半径(R)】:

选择边或【链(C)/环(L)/半径(R)】:

已选定 1 个边用于圆角

按 Enter 键接受圆角或【半径(R)】:

(3) 命令应用

使用圆角命令为实体对象创建圆角时,首先需要选择实体对象上的边,然后指定圆角 的半径。也可以进一步选择实体对象上其他需要倒圆角的边,或选择【链(C)】命令选项一 次选择多个相切的边进行倒圆角,也可使用【环(L)】选项对边所在的环统一进行倒角。

例如,对图 10-23(a)中的长方体四条侧边进行圆角后,圆角结果如图 10-23(b)所示。

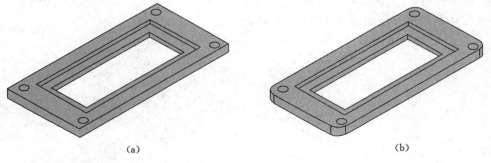

(a)   (b)

图 10-23 实体的圆角

🖐**专家点拨**

　　在选择棱边的过程中,可以随时选择【半径(R)】命令选项改变圆角的半径,修改后的圆角半径只用于其后选择的边,而对改变圆角半径之前选中的边不起作用,由此可以直接创建一系列半径不等的圆角。

🔔 **提示**

　　绘制三维实体模型时,使用简单的长方体、圆柱体、圆锥体等命令一般情况下不能完成复杂三维模型的绘制,除了使用布尔运算对实体进行各种布尔运算来完成比较复杂的三维模型外,还应结合拉伸、旋转、扫掠和放样等命令,将复杂的二维图形转换为三维模型,从而可以快速、准确地完成复杂三维模型的绘制。

10.3　光源、材质与渲染

　　使用 AutoCAD 创建三维模型后,为了获得更具真实感的视觉效果,可以对模型添加光源和材质,建立仿真的场景,并使用渲染程序输出逼真的图像。

10.3.1　创建光源

　　AutoCAD 提供了多种类型的光源,包括点光源、平行光、聚光灯和光域网灯光等。在 AutoCAD 中可以创建任意数量的点光源、平行光和聚光灯,并可以对这些光源以及环境光进行设置和管理。初始时,AutoCAD 提供默认光源对场景进行着色,默认光源来自视点后面的两个平行光源。模型中所有的面均被照亮,以使其可见。当用户添加自定义光源时,可选择关闭默认光源。

10.3.1.1　点光源(pointlight) 💡

　　点光源从其所在位置向所有方向发射光线,提供基本的照明效果。创建点光源时可同时设置光源名称,使用强度因子设置光源的强度和亮度,使用状态设置光源的开关,使用光度设置光的强度和颜色,使用阴影设置光源不同的阴影效果,使用衰减设置光线随距离逐渐减弱的形式等。

　　(1)命令调用方法

　　01 工具栏: 💡;**02** 菜单:【视图】→【渲染】→【光源】→【新建点光源】;**03** 功能区:【渲染】选项卡→【光源】面板→【点】;**04** 命令行:pointlight。

　　(2)命令操作步骤

　　以电缆挂钩模型为例,向场景中添加点光源,效果如图 10-24 所示,操作步骤如下:

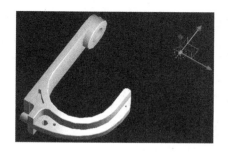

图 10-24　向场景添加点光源示例

命令：pointlight

指定源位置＜0,0,0＞：511,318,79

输入要更改的选项【名称(N)/强度因子(I)/状态(S)/光度(P)/阴影(W)/衰减(A)/过滤颜色(C)/退出(X)】＜退出＞：N

输入光源名称＜点光源6＞：pL1   //设置点光源名称

输入要更改的选项【名称(N)/强度因子(I)/状态(S)/光度(P)/阴影(W)/衰减(A)/过滤颜色(C)/退出(X)】＜退出＞：I

输入强度(0.00-最大浮点数)＜1＞：0.01

输入要更改的选项【名称(N)/强度因子(I)/状态(S)/光度(P)/阴影(W)/衰减(A)/过滤颜色(C)/退出(X)】＜退出＞：S

输入状态【开(N)/关(F)】＜开＞：N

输入要更改的选项【名称(N)/强度因子(I)/状态(S)/光度(P)/阴影(W)/衰减(A)/过滤颜色(C)/退出(X)】＜退出＞：P

输入要更改的光度控制选项【强度(I)/颜色(C)/退出(X)】＜强度＞：

输入强度(Cd)或输入选项【光通量(F)/照度(I)】＜1500＞：

输入要更改的光度控制选项【强度(I)/颜色(C)/退出(X)】＜强度＞：X

输入要更改的选项【名称(N)/强度因子(I)/状态(S)/光度(P)/阴影(W)/衰减(A)/过滤颜色(C)/退出(X)】＜退出＞：W

输入【关(O)/锐化(S)/已映射柔和(F)/已采样柔和(A)】＜锐化＞：F

输入贴图尺寸【64/128/256/512/1024/2048/4096】＜256＞：

输入柔和度(1-10)＜1＞：

输入要更改的选项【名称(N)/强度因子(I)/状态(S)/光度(P)/阴影(W)/衰减(A)/过滤颜色(C)/退出(X)】＜退出＞：A

输入要更改的选项【衰减类型(T)/使用界限(U)/衰减起始界限(L)/衰减结束界限(E)/退出(X)】＜退出＞：T

输入衰减类型【无(N)/线性反比(I)/平方反比(S)】＜无＞：I

输入要更改的选项【衰减类型(T)/使用界限(U)/衰减起始界限(L)/衰减结束界限(E)/退出(X)】＜退出＞：X

输入要更改的选项【名称(N)/强度因子(I)/状态(S)/光度(P)/阴影(W)/衰减(A)/过滤颜色(C)/退出(X)】＜退出＞：C

输入真彩色(R,G,B)或输入选项【索引颜色(I)/HSL(H)/配色系统(B)】＜255,255,255＞：

输入要更改的选项【名称(N)/强度因子(I)/状态(S)/光度(P)/阴影(W)/衰减(A)/过滤颜色(C)/退出(X)】＜退出＞：X

10.3.1.2　聚光灯(spotlight)

聚光灯发射出一个圆锥形光柱,通过聚光角(也称光束角)和照射角(也称现场角)来控制光锥的范围。

(1) 命令调用方法

01 工具栏：；**02** 菜单：【视图】→【渲染】→【光源】→【新建聚光灯】；**03** 功能区：【渲染】选项卡→【光源】面板→【聚光灯】；**04** 命令行：spotlight。

（2）命令操作步骤

以电缆挂钩模型为例,向场景中添加聚光灯光源,效果如图 10-25 所示,操作步骤如下:

命令:spotlight
指定源位置＜0,0,0＞:
指定目标位置＜0,0,-10＞:
INTERSECT 所选对象太多
输入要更改的选项【名称(N)/强度因子(I)/状态(S)/光度(P)/聚光角(H)/照射角(F)/阴影(W)/衰减(A)/过滤颜色(C)/退出(X)】＜退出＞:

10.3.1.3　平行光(distantlight)

平行光仅向一个方向发射统一的平行光线,通过指定光源来向与去向以定义光线的方向。创建平行光过程与创建聚光灯光源类似,不再赘述。

使用 lightlist 命令可以查看模型中的光源列表,如图 10-26 所示。

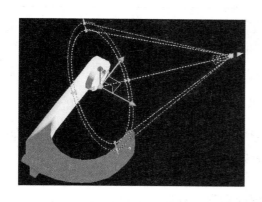

图 10-25　向场景添加聚光灯光源示例

图 10-26　光源列表窗口

10.3.2　应用材质(Matbrowseropen)

通过添加材质,可以显著提高模型的真实感,AutoCAD 2019 内置了 700 多种材质和 1 000 多种纹理,用户也可以编辑和创建自定义材质。

AutoCAD 中可使用材质浏览器完成材质贴图的选择、编辑和添加至场景模型,如图 10-27 所示。

（1）命令调用方法

01 工具栏: ;**02** 菜单:【视图】→【渲染】→【材质浏览器】;**03** 功能区:【渲染】选项卡→【材质】面板→【材质浏览器】;**04** 命令行:matbrowseropen、matbrowserclose。

（2）操作示例

以电缆挂钩模型的反光标志部分添加材质为例,通过材质浏览器选择墙漆类型中"反射-红色"材质,添加到文档,再使用面过滤器选择工具选择反光标志面,最后在"反射-

图 10-27　材质浏览器

红色"材质上单击右键将材质"指定给当前选择"，如图 10-28 所示。在此过程中可以使用材质贴图工具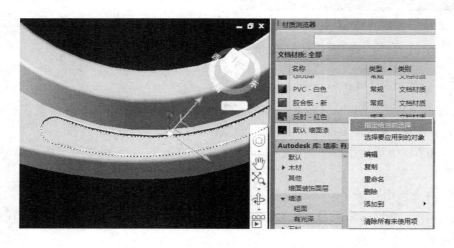和材质编辑器对材质贴图效果进行调整。

图 10-28　添加材质

10.3.3　渲染 (RR, Render)

渲染可将三维场景输出为图片,以查看真实的概念设计效果,它使用已设置的光源、已应用的材质和环境设置(例如背景和雾化)对场景进行着色输出。

使用渲染面板,如图 10-29 和图 10-30 所示,可以对渲染进行参数设置,单击渲染即可将完成当前视图或相机视图的渲染输出,如图 10-31 所示。

图 10-29　渲染面板　　　　　　　　　　图 10-30　高级渲染设置

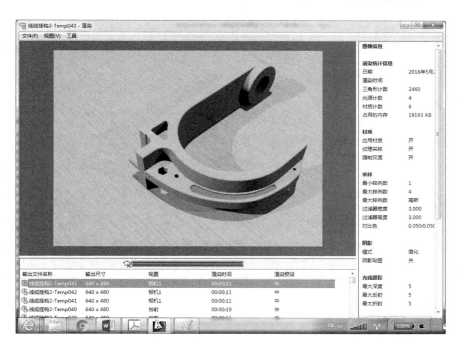

图 10-31　渲染窗口

10.4　应用实例

结合 AutoCAD 实体编辑命令完成电缆挂钩模型，主要参数尺寸如图 10-32 所示。

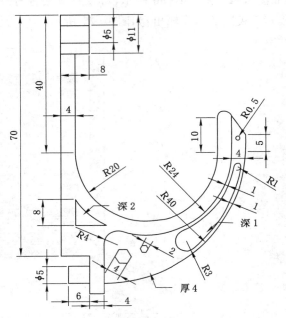

图 10-32　电缆挂钩模型主要尺寸

主要绘图思路：

01 绘制电缆挂钩侧面轮廓；

02 使用拉伸形成模型主体；

03 使用压印、拉伸、布尔运算等实现凹槽及孔；

04 根据实际显示效果添加光源及调整材质贴图；

05 最后进行渲染输出。

10.5　本章小结

本章主要介绍对象的三维操作、三维对象的编辑等命令应用，并对三维图形的光源、材质和渲染进行了基本介绍。

10.6　思考与练习

① 使用相应编辑命令完成 10.2 节各实例。

② 创建若干三维实体，添加灯光并材质并进行渲染输出，体会各过程参数设置的影响。完成实例 10.4。

附录1　常用矿井通风安全图例

编号	名　称	图　例	说明(单位 mm,明显的对称关系就不再叙述)
1	进风风流		总长12,箭头高1.2,宽3.6,图例为绿色
2	回风风流		总高度2.4,样条曲线5个点水平投影距离为1.2,左侧短线段长为1.2,其余尺寸同图例1,图例为红色
3	调节风窗		横线和竖线长度分别为3和4,图例为红色
4	控制风门		半圆半径为1.5,两竖线长度为5,间距为1
5	调节风门		尺寸同图例4
6	临时调节风门		尺寸同图例4
7	双向控制风门		尺寸同图例4
8	防突风门		水平短线长度为0.5,其余尺寸同图例4
9	双向调节风门		尺寸同图例4
10	风筒		竖线长度为1,竖线间距为5和1两种情况
11	风桥		竖线长度为3.5,水平线长度为9,斜线长度为2,角度为40°和140°两种情况
12	离心式主要通风机		圆半径为1,短斜线长度为3,与圆象限点相连,与水平线夹角为110°,水平线长度为4,长斜线与圆相切
13	轴流式主要通风机		圆半径为1,下部两条水平线与圆相切,长度分别为3、5,左边斜线长为3,与上水平线夹角为110°,上水平线长度为4
14	节点	●	圆半径为0.9,图例为红色
15	节点编号	Ⓝ	圆半径为4,文字高度为3,字体 Times New Roman,图例为红色
16	井下火药库	药	矩形宽高分别为9、4.5,字体高度为3

编号	名　称	图　例	说明(单位 mm,明显的对称关系就不再叙述)
17	井下消防材料库	 消	矩形宽高分别为 9、4.5,字体高度为 3
18	调节风墙		水平线和正方形边长均为 3,上下短竖线长度分别为 1.3、1.7
19	栅栏		图例高度和竖线长度均为 4.8,图例宽度为 2
20	永久密闭或挡风墙		图例内大矩形宽高分别为 1、2.5,小矩形宽高分别为 1、1.25
21	工作面		4 条线段角度为 45°或 135°,长度为 1.5 和 4 两种
22	工作面推进方向		矩形部分宽 4.2、高 3,图例总高度为 6.6,总长度为 5.7,图例为绿色
23	局部通风机	 F	圆半径为 2.5,字体高度为 4,字体 Times New Roman
24	局部通风机	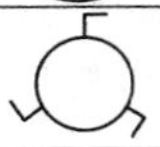	圆半径为 1.5,竖直线长度为 0.7,水平线为 0.8
25	湿式除尘风机		尺寸同图例 24
26	局部通风机		矩形宽高分别为 6、2,图例总长 12,图例为品红色
27	平硐	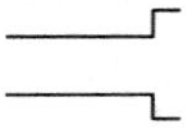	两条长水平线长为 5、间距为 2,竖线和短水平线的长度分别为 1、0.9
28	斜井	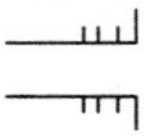	图例总长 5,竖线间距为 0.7,竖线长度有 0.65、1.4 两种,水平线间距为 2
29	立井		图例总长 7.5、总高 5,水平线长度有 1、1.75、2.5 三种,水平线间距为 1
30	防爆门	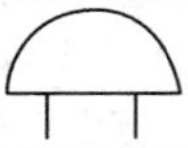	半圆半径为 3.3,竖线长度为 1.65,竖线距离圆心的距离为 1.65
31	回风立井		大圆半径为 2.5,小圆半径为 1.75
32	圆形立井		大圆半径为 2.5,小圆半径为 1.75
33	瓦斯传感器	 CH4	圆半径为 4,文字高度为 2.5,字体 Times New Roman,图例为红色

注:表中尺寸是按比例打印在图纸上的尺寸,在绘图过程中要根据具体比例尺进行调整尺寸。绘制通风安全图纸时一般默认单位为 m,因此一般在 1:10 000 AutoCAD 图中图例尺寸是表中尺寸的 10 倍,1:5 000 AutoCAD 图中图例尺寸是表中尺寸的 5 倍,1:2 000 AutoCAD 图中图例尺寸是表中尺寸的 1 倍,1:1 000 AutoCAD 图中图例尺寸就是表中尺寸。

附录2　常用命令快捷键

（1）绘图命令

快捷键	命令	说明	快捷键	命令	说明
A	ARC	圆弧	ML	MLINE	多线
H	HATCH	图案填充与渐变色	MT、T	MTEXT	多行文本
B	BLOCK	块定义	PL	PLINE	多段线
C	CIRCLE	圆	PO	POINT	点
	DDPTYPE	修改点样式	POL	POLYGON	正多边形
DIV	DIVIDE	定数等分	REC	RECTANGLE	矩形
DIV	DIVIDE	等分	REG	REGION	面域
DO	DONUT	圆环	SPL	SPLINE	样条曲线
EL	ELLIPSE	椭圆	TEXT	TEXT	单行文字
I	INSERT	插入块	W	WBLOCK	定义块文件
L	LINE	直线	XL	XLINE	射线
ME	MEASURE	定距等分			

（2）修改命令

快捷键	命令	说明	快捷键	命令	说明
CO	COPY	复制	EX	EXTEND	延伸
MI	MIRROR	镜像	S	STRETCH	拉伸
AR	ARRAY	阵列	LEN	LENGTHEN	直线拉长
O	OFFSET	偏移	SC	SCALE	比例缩放
RO	ROTATE	旋转	BR	BREAK	打断
M	MOVE	移动	CHA	CHAMFER	倒角
E/DEL 键	ERASE	删除	F	FILLET	倒圆角
X	EXPLODE	分解	PE	PEDIT	多段线编辑
TR	TRIM	修剪			

（3）符号输入法

快捷键	符号	说明	快捷键	符号	说明
％％94	ˉ		％％148	9	上标
％％130	A		％％149～157	数字 1～9	字体偏小
％％131	B		％％163	△	上三角
％％132	△		％％164	▽	下三角
％％133	I		％％c,％％129	φ	直径
％％138	0	上标	％％d,％％127	°	度
％％139	1	上标	％％p,％％128	±	正负号
％％140	2	上标	％％u		下划线
％％141	3	上标	％％o	—	上划线

（4）尺寸标注

快捷键	命令	说明	快捷键	命令	说明
DLI	DIMLINEAR	直线标注	TOL	TOLERANCE	标注形位公差
DAL	DIMALIGNED	对齐标注	LE	QLEADER	快速引出标注
DRA	DIMRADIUS	半径标注	DBA	DIMBASELINE	基线标注
DDI	DIMDIAMETER	直径标注	DCO	DIMCONTINUE	连续标注
DAN	DIMANGULAR	角度标注	D	DIMSTYLE	标注样式
DCE	DIMCENTER	中心标注	DED	DIMEDIT	编辑标注
DOR	DIMORDINATE	点标注	DOV	DIMOVERRIDE	替换标注系统变量

（5）视窗缩放

快捷键	命令	说明	快捷键	命令	说明
P	PAN	平移	Z＋P	ZOOM	返回上一视图
Z＋空格	ZOOM	实时缩放	Z＋E	ZOOM	显示全图
Z	ZOOM	局部放大			

（6）其他常用命令

快捷键	命令	说明	快捷键	命令	说明
PRINT	PLOT	打印	ATE	ATTEDIT	编辑属性
PU	PURGE	清除垃圾	BO	BOUNDARY	边界创建
R	REDRAW	重新生成	AL	ALIGN	对齐
REN	RENAME	重命名	DS	DSETTINGS	设置极轴追踪
EXIT	QUIT	退出	EXP	EXPORT	输出其他格式
IMP	IMPORT	输入文件	OS	OSNAP	设置捕捉模式
V	VIEW	命名视图	OP	OPTIONS	自定义 CAD 设置
AA	AREA	面积	PR、CH	PROPERTIES	修改特性 Ctrl+1
DI	DIST	距离	ADC	ADCENTER	设计中心 Ctrl+2
MA	MATCHPROP	属性匹配	LI	LIST	显示图形信息
UN	UNITS	图形单位	ST	STYLE	文字样式
ATT	ATTDEF	属性定义	LA	LAYER	图层操作

附录3 常用功能键

功能键	功能	功能键	功能	功能键	功能
F1	获取帮助	F2	文本窗口	F3	对象捕捉
F4	数字化仪	F5	等轴平面	F6	动态 UCS
F7	栅格	F8	正交模式	F9	捕捉模式
F10	极轴模式控制	F11	对象追踪	F12	动态输入

功能键	功能	功能键	功能	功能键	功能
Ctrl+0	全屏显示	Ctrl+1	特性对话框	Ctrl+2	设计中心
Ctrl+3	工具选项板	Ctrl+4	图纸管理器	Ctrl+5	快捷帮助
Ctrl+6	数据库连接	Ctrl+7	标记集管理器	Ctrl+8	快速计算器
Ctrl+9	命令行				

功能键	功能	功能键	功能	功能键	功能
Ctrl+A	选择当前文档全部对象	Ctrl+B	捕捉模式(F9)	Ctrl+C	将选择的对象复制到剪贴板
Ctrl+D	动态 UCS(F6)	Ctrl+E	等轴平面切换(F5)	Ctrl+F	对象捕捉(F3)
Ctrl+G	栅格(F7)	Ctrl+H	更选编组的变量组	Ctrl+I	坐标动态显示
Ctrl+J	选择坐标显示方式	Ctrl+K	对象添加超链接	Ctrl+L	正交模式(F8)
Ctrl+M	打开对话框	Ctrl+N	新建图形文档	Ctrl+O	打开已有文档
Ctrl+P	打印文档	Ctrl+Q	退出 CAD 程序	Ctrl+S	保存当前图形
Ctrl+T	数字化仪	Ctrl+U	极轴模式控制(F10)	Ctrl+V	插入剪贴板数据
Ctrl+W	对象追踪(F11)	Ctrl+X	剪切数据到剪切板	Ctrl+Y	恢复之前一个用 UNDO 或 U 命令放弃的效果
Ctrl+Z	取消前一步的操作				

附录 4　常用 AutoCAD 术语

序号	AutoCAD 术语	术语说明
1	Alpha 通道	Alpha 是一种数据类型(存在于 32 位的位图文件中),用于指定图像中像素的透明度。24 位真彩色文件包含三种颜色信息通道:红、绿和蓝(或 RGB)。真彩色位图文件的每一个通道都通过 8 位定义,提供 256 个强度等级。每一个通道的强度可以确定图像中像素的颜色。因而,RGB 文件是 24 位文件,红、绿和蓝均具有 256 个等级。通过添加第四个通道(Alpha 通道),文件可以指定每个像素的透明度或不透明度。Alpha 值为 0 时,像素透明;Alpha 值为 255 时,像素不透明;值介于两者之间时,像素半透明。RGBA 文件(红、绿、蓝、Alpha)是 32 位文件,Alpha 的其余 8 位提供透明度的 256 个等级。要输出具有 Alpha 通道的渲染图像,可以使用与 Alpha 兼容的格式(例如 PNG、TIFF 或 Targa)进行保存
2	BYBLOCK	一种特殊的对象特性,用于指定对象从它所在的块中继承颜色或线型。请参见 BYLAYER
3	BYLAYER	一种特殊的对象特性,用于指定对象继承与它所在的图层关联的颜色或线型
4	CMYK	Cyan,Magenta,Yellow and Key Color(青、洋红、黄和关键色)的缩写形式。通过指定青、洋红、黄和关键色(典型情况下为黑)的百分比来定义颜色的系统
5	DWF	由 Autodesk 开发并发布的一种开放、安全的文件格式,DWF 使用户可以合并和发布设计数据,并与其他用户共享
6	DWG	保存基于 AutoCAD 的矢量图形的标准文件格式。请参见 DWF 和 DXF
7	DXF	Drawing Interchange Format(图形交换格式)的缩写形式。这是图形文件的 ASCII 或二进制文件格式,用于向其他应用程序输出图形和从其他应用程序输入图形。请参见 DWF 和 DWG
8	NURBS	Nonuniform Rational B-Spline Curve(非均匀有理 B 样条曲线)的缩写形式。由一系列加权控制点及一个或多个节点矢量定义的 B 样条曲线或曲面。请参见 B 样条曲线
9	NURBS 曲面	由 NURBS 曲线定义的四方面片的平滑合并集合。NURBS 曲线将沿着并穿过 U 方向和 V 方向中的曲面进行排列,且它们在控制顶点处相交。另请参见程序曲面和基本曲面
10	OLE	Object Linking and Embedding(对象链接和嵌入)的缩写形式。一种在 Windows 操作系统中可用的共享信息的方法,使用该方法可将源文档中的数据链接或嵌入到目标文档中。选择目标文档中的数据时,将打开源应用程序,以便对数据进行编辑。请参见嵌入和链接
11	PC3 文件	局部绘图仪配置文件。PC3 文件包含打印设置信息(例如设备驱动程序和型号、设备所连接的输出端口和各种设备相关设置),但是不包括任何自定义的绘图仪校准或自定义的图纸尺寸信息。请参见 PMP 文件、STB 文件和 CTB 文件
12	PWT	用于将图形发布到网上的样板文件格式
13	RGB	Red,Green and Blue(红、绿和蓝)的缩写形式。通过指定红、绿和蓝的百分比定义颜色的系统

续表

序号	AutoCAD 术语	术语说明
14	SteeringWheels	提供访问二维和三维导航工具（对于 AutoCAD）权限的工具集
15	UCS	请参见用户坐标系（UCS）
16	UCS 定义	已命名并保存的 UCS 位置和方向。每个 UCS 定义都可以有其自己的原点和 X、Y 和 Z 轴。可以根据需要创建和保存任意数量的 UCS 定义
17	ViewCube	用户界面元素，显示模型的当前方向，并使用户可以交互式旋转当前视图或恢复预设视图
18	位图	由称为"像素"的位表示的数字化图像。在彩色图形中，不同的值代表像素中每种红、绿、蓝的成分
19	先选择后执行	先选择对象，然后对该对象执行操作；而不是先输入命令，然后选择对象
20	关联图案填充	与其边界对象保持一致的图案填充，修改边界对象时会自动调整填充（BHATCH）
21	关联标注	当修改关联的几何图形时，自动调整其大小和值的标注。（DIMASSOC 系统变量）另请参见"非关联标注和分解标注"
22	几何约束	用于定义对象或对象上点的几何关系的规则，可控制对象更改形状、大小或位置的方式。样例包括重合、共线、同心、相等、固定、水平、平行、垂直、相切和竖直约束
23	分解	将复杂的对象（例如块、标注、实体或多段线）分解成较为简单的对象。分解块时，块定义不会改变（EXPLODE）
24	别名	用于在命令提示下输入命令的快捷方式。例如，CP 是 COPY 命令的别名，Z 是 ZOOM 命令的别名。您可以在特定的产品中定义别名。pgp 文件，例如 acad.pgp 或 aclt.pgp
25	动态约束	可自动调整其大小并可以显示或隐藏的标注约束。另请参见：参数约束、注释性约束
26	厚度	拉伸以提供三维外观的二维对象的传统特性（PROPERTIES、CHPROP、ELEV 和 THICKNESS）
27	命令行	为键盘输入、提示和信息保留的文字区域
28	命名视图	可在以后恢复的保存的视图（VIEW）
29	图元	基本三维形式，例如长方体、圆锥体、圆柱体、棱锥体、楔体、球体和圆环体。用户可以创建图元三维实体和网格
30	图层	一组具有一定逻辑关系的数据，类似于覆盖在图形上的透明硫酸纸。可以单独查看每个图层，也可以同时查看多个图层（LAYER）
31	图形界限	请参见栅格界限。绘图区域中用户定义的矩形边界，当栅格打开时界限内部将被点覆盖。也称为图形界限（LIMITS）
32	图形范围	包含图形中所有对象的最小矩形区域（ZOOM）
33	块	常用术语，表示结合起来以创建单一对象的一个或多个对象。常用于块定义或块参照（BLOCK）
34	基点	① 在编辑夹点操作过程中，夹点会在选定时变为实体填充色，用以指定随后的编辑操作的目标点。② 复制、移动和旋转对象时，用来指定相对距离和角度的点。③ 当前图形的插入基点（BASE）。④ 块定义的插入基点（BLOCK）

序号	AutoCAD 术语	术语说明
35	夹点	显示在所选对象上的小方格和三角形。选择夹点后，您可以编辑对象，方法是单击或在夹点上单击鼠标右键，而不是输入命令
36	宽高比	通常与图形显示和图像相关联的宽度与高度的比值
37	对象	作为单个元素进行创建、操作和修改的一个或多个图形元素，例如文字、标注、直线、圆或多段线。以前称为图元
38	属性值	存储在属性中的文字或数字信息。请参见属性定义、属性提示和属性标记
39	属性定义	包含在块定义中的对象，存储字母数字型数据。属性值可预定义或在插入块时指定。属性数据可以从图形中提取并保存到文本文件中（ATTDEF）
40	布局	二维环境，用户可以在其中创建布局视口和放置标题栏以进行打印。可以为每个图形创建多个布局
41	拾取点	在输入命令或动作宏开始之前进行的对象选择
42	文字样式	已命名并保存的设置集合，用来确定文字字符的外观，如拉伸、压缩、倾斜、镜像或竖排
43	模型空间	放置对象的两个主要空间之一。通常，将在模型空间中创建几何模型。此模型的特定视图和注释的布局将显示在图纸空间中的布局上。请参见图纸空间（MSPACE）
44	视口	显示图形模型空间中某个部分的有边界区域。可用 TILEMODE 系统变量确定创建的视口的类型。① 当 TILEMODE 处于关闭状态（值为 0）时，可以在布局上移动视口和改变视口大小（MVIEW）。② 当 TILEMODE 处于打开状态（值为 1）时，整个绘图区域分为互不重叠的多个模型视口。请参见 TILEMODE、视图和视点（VPORTS）
45	视图（AutoCAD）	模型从空间中特定位置（视点）观察的图形表示。请参见视点和视口（3DORBIT、VPOINT、DVIEW、VIEW）
46	追踪	相对图形中的其他点来确定点的方法
47	透明命令	另一命令尚在执行过程中时开始的命令。透明命令前有一单引号
48	重生成	通过从数据库中重新计算屏幕坐标来更新绘图区域中的对象（REGEN）
49	阵列	① 按矩形或环形（弧形）图案排列的选定对象的多个副本（ARRAY）。② 数据项集合，其中每项均由下标或关键字标识、排列，以便计算机能够检查集合、按关键字检索数据
50	外部参照	从图形文件参照的文件。外部参照是指向参照文件的链接。支持的外部参照包括以下文件类型：DWG、光栅图像、DWF、DWFx、DGN、PDF 和 PCG（点云）。另请参见外部参照（EXTERNALREFERENCES）

参 考 文 献

[1] 郑西贵,李学华.实用采矿 AutoCAD2010 教程[M].第 2 版.徐州:中国矿业大学出版社,2012.

[2] 李伟,李宝富,王开.采矿 CAD 绘图实用教程[M].第 2 版.徐州:中国矿业大学出版社,2013.

[3] 天工在线.AutoCAD2018 建筑设计从入门到精通[M].北京:中国水利水电出版社,2018.

[4] 王德明.矿井通风与安全[M].第 2 版.徐州:中国矿业大学出版社,2012.